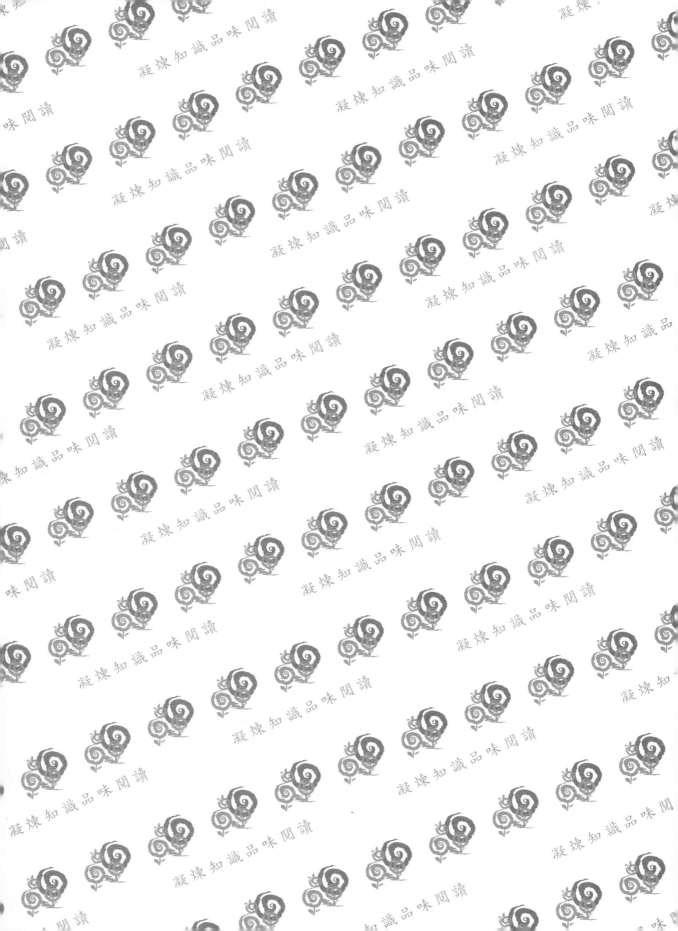

雲端運算概論

五南圖書出版公司 印行

推薦序一

　　有一句話說「No magic, only basic」（沒有魔術，只有基本），表示做任何事或學習任何東西都要從基礎做起。英文的基礎就是ABC，而現在資訊的應用基礎也是ABC，A代表AI（Artificial Intelligence, 人工智慧），B代表Big Data（大數據），C代表Cloud（雲端），因為大數據都存在雲端，而且雲端才有很多的CPU（Central Processing Unit）或GPU（Graphical Processing Unit）來做大數據的運算，也才能夠有AI，所以雲端才是一切的基礎。

　　本書《雲端運算概論》即是一本讓學生可以瞭解雲端運算的好書，除了介紹雲端運算和儲存的基礎原理之外，重要的是本書也有將現今大家使用最頻繁的公有雲，包括亞馬遜的AWS（Amazon Web Services）、微軟的Azure和OneDrive、谷歌的Google Cloud和Google Drive和Dropbox等做了介紹，讓學生可以去實際體驗使用雲端的好處。

　　總之現在學資訊科技一定要懂得雲端，而本書就是最好的開始。

張瑞雄　國立臺北商業大學校長

推薦序二

　　21世紀最具突破性的科技之一，即是「資訊隨時、隨身、隨地」的全面化服務；而其中「雲端運算」就像其中的大腦，將智慧、控制、儲存、網路等資源，統合成一氣呵成的全面性服務。欣見本書完稿出版，正呼應這個大潮流之需求，為教育及產業提供一個重要的工具。「雲端運算」之核心技術在於「軟體化」及「虛擬化」，提供運算及網路等設備一個更具彈性的運行環境，相信本書能提供讀者豐富的學習資源。

曾煜棋　國立交通大學終身講座教授

作者簡介

廖文華 教授

國立臺北商業大學資訊與決策科學研究所教授兼所長，中華民國資訊管理學會監事，於中央大學資訊工程系取得博士學位。專長領域為人工智慧、物聯網、大數據分析、雲端運算和金融科技等。指導團隊參加經濟部AIGO競賽獲全臺灣第一名。曾獲教育部「特殊優秀人才彈性薪資」和科技部「獎勵特殊優秀人才」的獎勵。

張志勇 教授

淡江大學資訊工程系特聘教授，於中央大學資訊工程系取得博士學位。專長領域為物聯網、人工智慧與數據分析、健康照護等。出版全臺灣第一本《物聯網概論》的書籍，其物聯網作品多次受各電視、報紙、電台與數位媒體報導，並常受邀於科技類雜誌專稿發表物聯網相關評論，指導學生參加經濟部AIGO競賽多次獲全臺灣第一名。

蒯思齊 教授

國立臺北商業大學資訊管理系助理教授，於大同大學資訊工程系取得博士學位。專長領域為物聯網、人工智慧和雲端運算等。曾於國立臺北商業大學金融科技研究中心與洗錢防治研究中心擔任研究員。指導團隊參加AI金融科技競賽與華南金融科技競賽等全國比賽，並取得銀牌的成績。

作者序

　　雲端運算在近年來已受到產官學界的高度重視，在台灣教育部的推動下，已在全國許多大專院校成立雲端學程，積極地在校園建置雲端運算的實驗環境及培養雲端運算的人才，而在全世界雲端技術快速發展的同時，各式各樣的雲端服務及應用已如雨後春筍般地出現，並快速影響著產業資訊系統的佈建與營運。

　　筆者有鑑於雲端運算的快速發展，對於初學者而言，希望能有一個淺顯易懂的教材，以理解雲端運算的觀念為主要的教材內容，並融入雲端運算的實務經驗，透過淺顯易懂的方式，供初學者、自學者或在校修課者，能快速且全面地掌握雲端運算的概念、洞悉雲端運算發展的動機與脈絡、了解雲端運算所提供的各種應用服務與商業模式，並對支撐各類服務的軟硬體架構及技術予以深入了解。

　　這本書共有15個章節，每個章節均有豐富的內容、課後習題練習以及完整的參考文獻，既適合自學，也適合當作教科書，供雲端運算相關課程的開課老師及修課同學們在課堂上使用，整本書的內容除了介紹雲端運算的概念、架構、應用平台與技術外，還包括時下熱門的物聯網、大數據、行動App及SDN與雲端運算的關聯性與整合應用。期望本書的讀者能透過本書內容的研讀，撥雲見日，開啓雲端運算的一扇窗，成為具備雲端運算背景知識與專業知識的專家。

廖文華　國立臺北商業大學資訊與決策科學研究所教授兼所長

張志勇　淡江大學資訊工程系特聘教授

蒯思齊　國立臺北商業大學資訊管理系助理教授

目錄

第一章　雲端運算簡介

1-1 雲端運算簡介

雲端運算（Cloud Computing）已經成為非常普遍的名詞，廣泛被使用在各種不同的技術、服務和觀念。雲端經常與下列的項目相關聯，例如虛擬化架構、即時需求的硬體、公共運算、IT 外包、平台即服務、軟體即服務等，現在比較注重在 IT 的產業。圖 1-1 顯示許多對於雲端運算的技術、觀念和想法。「雲」這個字以前是用在通訊產業，在系統中代表網路的抽象化，之後變成最流行的電腦網路，Internet 的符號。它的意義也引伸為雲端運算，以 Internet 為主的運算。Internet 在雲端運算中扮演一個非常重要的角色，因為它代表媒介或是平台，許多雲端的服務藉由它傳送出去。

圖 1-1　雲端運算的技術、觀念和想法。

由於處理器、儲存裝置和 Internet 的快速發展，計算資源比起以前更便宜、更豐富而且無所不在。技術的演進使得雲端運算成為 Internet 下一階段的重要趨勢。對於使用者和資訊的提供者可達到費用的減少和創造新的商業模式。雲端運算主要的優點是較低的硬體需求、維護費用的減少、隨處皆可容易存取、高彈性、自動處理流程和幾乎不需要軟體的更新。同時有許多業界的公司開始提供各式的雲端平台和服務，像是 Amazon 的 Amazon Web Services，Google 的 Google Cloud Platform 和 Microsoft 的 Microsoft Azure 等。雲端運算對於企業的商業模式有著重要的影響，同時也改變管理企業資訊設備的方式。例如紐約時報成功地利用 Amazon 的雲端平台將 1,100 萬篇的文章（4 Terabytes TIFF 格式的資料）在 24 小時內只花費 \$240 元就轉換成 1.5 Terabytes PDF 格式的資料。Facebook 利用雲端技術儲存超過 2 Petabytes 未壓縮的資料，每天處理將近 15 Terabytes 的資料。在這些例子中雲端運算確實提供了便宜、快速和方便的運算資源和儲存空間。

在雲端運算環境裡的資源（例如 CPU 和儲存裝置）就像是一般的水、電、瓦斯、電話等公用計算（Utility Computing）的使用方式，用戶可以透過 Internet 根據他們的需求（on-demand）來使用他們的資源，而且付費的方式是隨用隨付（Pay-as-you-go）。在雲端的環境裡，傳統的服務供應商可分成兩種，一種是基礎設施的提供者，他們負責管理雲端的平台，根據使用的價格模式出租資源；另一種是服務的提供者，他們向基礎設施提供者租賃資源，然後服務使用者。雲端運算可說是一種新的服務模式，可以隨時、隨處、根據需求，方便使用共享的計算資源，像是網路、伺服器、儲存空間、應用程式和服務，而這些資源可以由服務的供應商來提供快速的部署和較少的管理成本。

雲端運算的一些基本特色，包括自主服務、網路存取、資源共享、快速彈性、按量計價。它是一種可以方便和隨時透過網路使用共享的計算資源（例如網路、伺服器、儲存空間、應用程式和服務），也可以用較少的管理成本快速部署，使用者不必自己建置資訊基礎設施，可以從各處去使用雲端服務。而且這些計算資源同時可以提供給多租戶（Multi-tenancy）使用，根據不同的用戶需求，快速有彈性地動態調整這些資源，並且依據用戶的使用量計費。雲端最終的目的就是提供一個擴展性、便宜的即時運算基礎設施，而且擁有高品質的服務。

雲端運算最重要的概念是以服務為導向，包含軟體、硬體、平台、基礎設施、資料、商業等服務。但是一般主要分成三種服務模式，包含基礎設施即服務（Infrastructure-as-a-Service, IaaS）、平台即服務（Platform-as-a-Service, PaaS）和軟體即服務（Software-as-a-Service, SaaS）。基礎設施即服務主要提供用戶運算、儲存、網路和其他基本的計算資源，在上面部署或執行各種作業系統或應用軟體。使用者無需管理雲端的基礎設施、但是可以控制作業系統、儲存裝置和應用程式，也可控制網路的原件，例如防火牆。使用者可以藉由終端的設備去使用這些服務。平台即服務主要是提供用戶部署開發應用程式所需的程式語言、程式庫、服務和工具的雲端基礎設施。使用者無需去管理或控制相關的雲端基礎設施，只需操控部署的應用程式和設定應用的環境變數。軟體即服務主要是用戶在雲端的基礎架構上使用供應商的軟體服務，軟體可以透過各種不同的終端設備，利用瀏覽器來使用軟體，而無需擔心如何管理網路、伺服器、作業系統、儲存裝置等雲端基礎設施。圖 1-2 為雲端運算的生態環境。

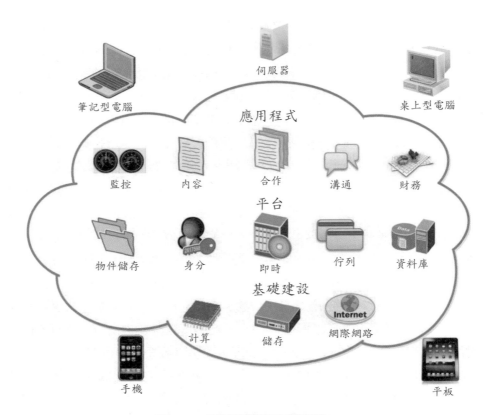

圖 1-2 雲端運算的生態環境。

　　雲端的部署方式主要可分為四種，包括私有雲（Private Cloud）、公有雲（Public Cloud）、混合雲（Hybrid Cloud）和社群雲（Community Cloud）。私有雲主要由一個組織自己建置雲端基礎設施。私有雲可能由組織自己或其他人建置、管理或營運，這些設備可能建置在組織內或組織外，公有雲的雲端基礎設施主要是提供一般大眾用戶來使用，公有雲可能由企業、學術機構、政府組織所建置、管理或營運，這些設備建置在雲端的提供者內。混合雲是由兩種或兩種以上的雲端部署模式（私有雲、公有雲、社群雲）混合而成，藉由標準或產業的技術將各自的特色組合起來使得資料和應用程式容易轉移。社群雲主要由一些具有特定任務、安全需求、政策、承諾的社群所共同建置。社群雲也與私有雲一樣可能由組織自己或其他人建置、管理或營運，這些設備可能建置在組織內或組織外。以上是簡單介紹雲端運算具備的特性、服務的類別和部署的模式，可以參考圖 1-3。

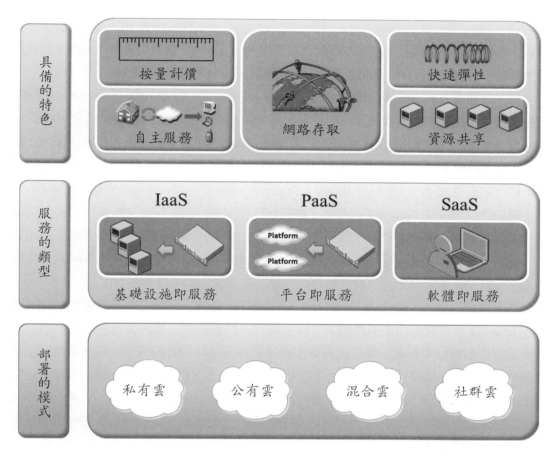

圖 1-3　雲端運算的特色、服務類型和部署模式。

1-2 雲端運算的演進和技術

　　雲端運算具有許多的創新性。不管在計算能力的進展，運用虛擬的觀念，使得硬體的使用更有效率，提供計算資源和應用程式藉以打破傳統的價值鏈，創造新的商業模式。首先雲端運算算不算是新的電腦技術？我們先從電腦計算的演進開始探討。

　　自從 1947 年電晶體發明之後，電腦的發展非常快速。1957 年，IBM 推出 704，是第一台具有浮點運算的大型主機電腦（Mainframe），之後 1964 年又推出 System/360 系列產品。這個時期電腦主要的特色是周邊設備都可以更換，軟體都可在這系列的電腦上執行。之後演進到所謂的迷你電腦（Minicomputer），1964 年 DEC 推出了 PDP-8，1974 年 Xerox 推出了 Alto。因為 Intel 在 1969 年開發出第一顆微處理器 4004，之後 1971 年開發微處理器 8008，所以個人電腦（PC）在 1970 年代也開始發展。1975 年 MITS 開始販售第一台家庭電腦（Home Computer）Altair 8800，隨後 Apple、Atari、Commodore 也開始製造。到了

1981 年，IBM 進入這個市場，並且以個人電腦（PC）的名稱來銷售。之後個人電腦持續發展，不但有優異的執行效率，並搭配圖形使用介面（GUI）讓使用者操作方便，而且尺寸不斷縮小，演進到現今的筆記型電腦、平板電腦、甚至是行動手持設備。

另一方面重要的里程碑應是 Internet 的發展，1969 年，ARPANET 開始發展，電腦間可以開始互相通訊，到了 1981 年，已經有大約 200 個組織的電腦在這個網路上互相聯結。1983 年，網路協定開始採用 TCP/IP，把所有的子網路連接到 ARPAnet，這種連接所有網路的網路就稱為 Internet。剛開始 Internet 主要是用在軍事和科學上，從 1988 年起，Internet 開始使用在商業的服務，像是電子郵件、Telnet、Usenet 等。然而 Internet 獲得突破性的進展應歸功於，1989 年 Berners-Lee 發明了網際網路（World Wide Web, WWW）。Berners-Lee 開發 WWW 最開始是為了歐洲核能研究組織（CERN）的資訊管理系統，是基於文件超連結（Hypertext）的技術，而文件超連結的基本觀念就是經由一個邏輯的參考點來取得相關的知識內容。而 WWW 蔚為風行主要是因為 Mosaic 瀏覽器的開發。

隨著頻寬的增加，加上 Java、PHP、Ajax 等新的技術，開始發展互動性的網站，現今在 Internet 上有許多的多媒體網站、線上購物、路線規劃、通訊平台、社交網站、還有辦公室的相關應用程式，像是文書處理和試算表。這種部署的概念被稱作軟體即服務（Sofeware-as-a-Service），在 2000 年非常風行。類似的部署觀念被用在硬體的資源上，特別是運算能力和儲存空間。以此觀念建置稱為網格計算（Grid Computing），開始於 1990 年代。雲端運算的名詞出現在 2007 年，主要的觀念是將硬體和軟體一起部署。最開始是由 Google、IBM 和六所美國的大學開始研究。圖 1-4 是電腦運算演進的重要里程碑。

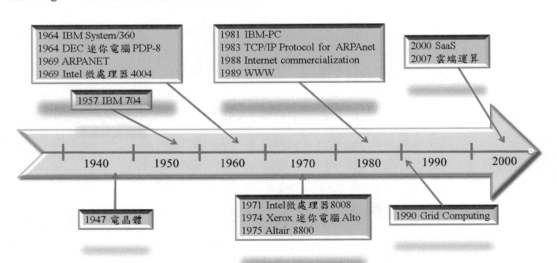

圖 1-4　電腦運算演進的重要里程碑。

事實上雲端運算是從集中式計算、叢集式計算、分散式計算和網格計算一路演進而來，如圖 1-5，以下分別介紹。

1. 集中式計算

集中式計算中以大型主機和超級電腦為代表。大型主機發展於 1960 年代，主要用於大量資料和關鍵專案的計算，例如銀行金融交易及資料處理、人口普查、企業資源規劃等等。主機通常強調大規模的資料輸入輸出，著重強調資料的吞吐量。有些大型電腦可以同時執行多作業系統，因此不像是一台電腦而更像是多台虛擬機器，因此，一台主機可以替代多台普通的伺服器，是虛擬化的先驅，同時主機還擁有強大的容錯能力。超級電腦指能夠執行一般個人電腦無法處理的大資料量與高速運算的電腦，其基本組成元件與個人電腦的概念無太大差異，但規格與效能則強大許多。1960 年代是比較原始的純量處理器。到了 1970 年代，大部分超級電腦就已經是向量處理器了，很多是自行開發的廉價處理器。1980 年代初期，業界開始轉向大規模平行運算系統，這時的超級電腦由成千上萬的普通處理器所組成。

2. 叢集式計算

叢集式計算是透過一組鬆散整合的電腦軟體和／或硬體連線起來高度緊密地協作完成計算工作。在某種意義上，他們可以被看作是一台電腦。叢集系統中的單個電腦通常稱為節點，通常透過區域網路連線，但也有其他的可能連線方式。叢集電腦通常用來改進單個電腦的計算速度和／或可靠性。一般情況下叢集電腦比單個電腦，比如工作站或超級電腦效能價格比要高得多。

3. 分散式計算

分散式計算是透過計算機網路相互連結與通訊後形成的系統。把需要進行大量計算的工程資料分割成小塊，由多台電腦分別計算，在上傳運算結果後，將結果統一合併得出資料結論的科學。

4. 網格計算

網格計算透過利用大量異構電腦（通常為桌上型電腦）的未用資源（CPU 週期和磁碟儲存），將其作為嵌入在分布式電信基礎設施中的一個虛擬的電腦集群，為解決大規模的計算問題提供一個模型。網格計算的焦點放在支援跨管理域計算的能力，這使它與傳統的電腦集群或傳統的分布式計算相區別。

5. 雲端運算

雲端運算描述了一種基於網際網路的新的 IT 服務增加、使用和交付模式，通常涉及通過網際網路來提供動態易擴充功能而且經常是虛擬化的資源。使用者透過瀏覽器、桌面應用程式或是行動應用程式來存取雲端的服務。使得企業能夠更迅速的部署應用程式，並

降低管理的複雜度及維護成本，及允許 IT 資源的迅速重新分配以因應企業需求的快速改
變。

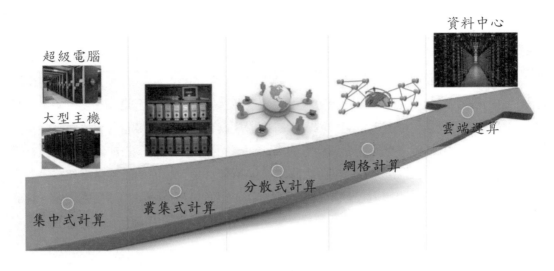

圖 1-5　雲端運算的演進。

　　雲端運算快速的進展，主要來自於許多技術的進步，特別是硬體（例如虛擬化、多核
心 CPU）、Internet 技術（例如 Web 服務、服務導向架構、Web 2.0）、分散式計算（例如公
用計算、網格計算）和系統管理（例如自主計算、資料中心自動化）。圖 1-6 顯示對雲端運
算有重大影響的各種技術。

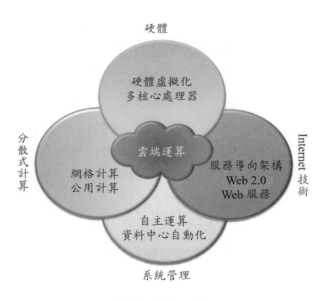

圖 1-6　雲端運算重要的技術。

1. 網格計算和公用計算

網格計算利用大量異構計算機的未用資源（CPU 和磁碟存儲），作為分散式網路中的一個虛擬計算叢集，為解決大規模的計算問題提供了一個模型。網格計算和傳統的高速計算（例如叢集計算）不同的地方在於它提供鬆散耦合、異質性和分散的特性。

公用計算是整合計算資源，例如 CPU、儲存裝置和服務，而且可以計量的服務。這種方式可以達到以較低的初始成本來使用計算資源。計算服務已經演進到所謂需求即用的方式，而雲端運算更是將這種概念運用到將計算、應用程式和網路都當成服務。IBM、HP 和 Microsoft 是公用計算早期的領導廠商，他們致力於架構、付費、發展新的計算模型。Google 和 Amazon 於 2008 年開始建立自己對於計算、儲存裝置和應用程式的公用計算。公用計算經由大量的電腦能夠支援大量或是突然巨量計算的需求。

2. 自主計算（Autonomic Computing）

由於計算系統愈來愈複雜，所以需要自主計算來協助，而自主計算主要是減少人為的操作來改進系統的效率，換言之，系統只需人的高階指示，便能自行管理。IBM 從 2001 年起，開始發展自我管理的系統，克服日漸複雜的電腦系統管理，減少因為複雜性帶來的困難。自主計算使用高階策略來自我決策，將持續檢查以達最佳化的狀態，自動自我調整去適合現況。一個自主計算的框架包含互相溝通的自主元件，一個自主元件包含兩個控制迴路（區域和整體）使用感測器（Sensor）來自我監控，受動器（Effector）來自我調整，知識和決策器基於自我和環境的認知來制定策略。

3. Web 服務（Web Service, WS）、服務導向架構（Service-oriented Architecture, SOA）、Web 2.0

Web 服務的開放標準已經在軟體整合上產生重大的影響。Web 服務可以在不同訊息的產品平台上將應用軟體整合起來，使得在一個應用程式的資訊可以在另外一個應用程式上使用，也可以使得內部的應用程式可以透過 Internet 使用。Web 服務是一個軟體系統，用以支援網路間不同機器的互動操作。網路服務通常是許多應用程式介面（API）所組成的，它們透過網路，例如 Internet 的遠程伺服機端，執行客戶所提交服務的請求。Web 服務的標準已經在許多現存的協定，例如 HTTP 和 XML 上開發出來，提供一個傳送服務的一般機制，可以在服務導向架構上實作。服務導向架構是在整合服務中為了設計和開發軟體所制定的原則和方法。這些服務是商業上需要的功能，而這些功能是建置軟體的原件，可以被不同的程式重複使用。

服務導向架構一般是提供使用者一些服務，像是 Web-based 的應用程式，就是一種 SOA-based 的服務。例如，在一家公司裡不同的部門可能使用不同的程式語言來開發和部屬 SOA 服務。使用者將使用這些定義好的介面方便存取。XML 在 SOA 服務中，通常被用來當作介面。

　　Web 2.0 是將網路在 WWW 上分享資訊、容易溝通、使用者為中心和互相合作。在傳統的網頁上使用者只是被動地瀏覽一些網頁內容，然而在 Web 2.0 的網站上，使用者可以透過虛擬社群中與使用者產生內容的互動。在 Web 2.0 典型的例子，如社交網站、部落格（Blog）、Wiki 百科全書（Wiki）、影音分享網站等。

4. 虛擬化技術

　　雲端運算的服務通常後端都由數千台電腦規模龐大的資料中心所支援。建置這些資料中心是為了服務許多的用戶和執行許多的應用程式。為了這個目的，虛擬化技術在資料中心建置和維運操作時是一個好的解決技術。電腦系統資源的虛擬化主要的想法是將處理器、記憶體和 I/O 設備等資源，增進資源的分享和使用率。虛擬化技術可以在一個實體機器上執行許多的作業系統和軟體。像圖 1-7，在軟體層中有一個虛擬機監控器（Virtual Machine Monitor, VMM），也稱作超級監控者（Hypervisor），當作存取實體機器以提供 Guest 作業系統虛擬機的橋樑。許多著名的虛擬機監控器，像是 VMware ESXi、Xen、KVM 等。

- VMware ESXi：VMware 是虛擬化市場的先驅。它的產品包含桌上型電腦或伺服器的虛擬化到高階的管理工具。ESXi 是 VMware 中的虛擬機監控器，它是一個裸機（Bare-Mental）的超級監控者，也就是說它直接安裝在實體伺服器上，無需事先安裝 Host 作業系統。它提供處理器、記憶體和 I/O 的虛擬化。它特別採用 Memory ballooning 和 Page sharing 的技術，可以使記憶體超量使用（Overcommit memory），在一台實體伺服器上增加虛擬機的數量。

- Xen：開始是一個開放原始碼的產品，提供商業或是開放原始碼虛擬化產品的基礎。它開始創造 Para-virtualization 的技術，也就是說藉由特殊的核心程式，Guest 作業系統可以直接和超級監控者溝通，大大提升執行的效率。現在許多商業的產品，例如 Citrix XenServer 和 Oracle VM 都是採用 Xen 為基礎開發。

- KVM（Kernel-based Virtual Machine）：是 Linux 虛擬化的一個子系統，此外因為現有核心程式（Kernel）的記憶體管理和排程的功能使得 KVM 可以比一般的超級監控者更容易控制整台機器。KVM 協助硬體完成虛擬化，可以改善執行的效率而且可以支援許多不同的作業系統，例如 Windows、Linux 和 UNIX。

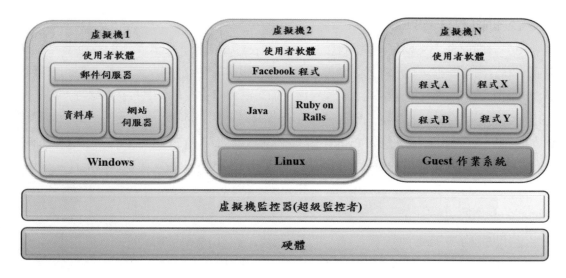

圖 1-7　虛擬機運作在虛擬機監控上。

1-3 雲端運算的架構

　　雲端運算的服務依據提供服務能力的層次和提供者的服務模式，可分成三類包含基礎設施即服務（IaaS）、平台即服務（PaaS）和軟體即服務（SaaS），如圖 1-8。在這三層的架構中，較高層的服務可以由較低層的服務來構成。在基礎設施層的核心中介軟體主要管理實體的資源，而虛擬機就部署在上面，此外它也提供多租戶（Multi-tenant）和隨用隨付的會計和帳單的功能。雲端的開發環境是建置在基礎設施服務之上，提供應用程式開發和部署的能力，在此層中提供了各種的程式模組（Programming models）、程式庫（Library）、API 等區開發相關的商業、Web 和科學的應用程式。一旦這些服務部署好，使用者就可以去使用這些應用程式了。

1. 基礎設施即服務（IaaS）

　　在基礎設施即服務中，主要是提供計算、儲存裝置、通訊等資源的虛擬化或虛擬機。這些虛擬機可以由超級監控者 Xen、KVM 的管理下執行，而且可以透過資源池的管理工具依據使用的需求來動態調整虛擬機的數量和運作。基礎設施即服務還提供其他虛擬機映像（VMI）、防火牆、IP 位置、虛擬區域網路（VLAN）、和軟體套件（Software bundle）。透過 Internet 可以依照需求在資料中心的資源池中動態提供這些資源。基礎設施即服務的例子有 Amazon EC2、Google Compute Engine、Rackspace Cloud、Flexiscale、GoGrid、Joyent Cloud、RightScale 等。

2. 平台即服務（PaaS）

在平台即服務中主要是提供開發的平台，包括作業系統、程式語言的執行環境、資料庫、網頁伺服器等。應用程式開發人員能夠在這個雲端平台上開發和執行他們的軟體而無需考慮購買和維護軟硬體的成本和複雜度。而且應用程式在平台即服務上執行，會依據應用程式的需求自動調整相關的資源，無需手動調整。為了開發者的方便性，平台即服務通常提供多種的程式語言，例如 Python 和 Java（在 Google App Engine）、.Net（在 Microsoft Windows Azure）、Ruby（在 Heroku）、Apex（在 Force.com）。平台即服務的例子有 Amazon Elastic Beanstalk、Google App Engine、Microsoft Windows Azure、Heroku、Force.com、EngineYard、Mendix 等。

3. 軟體即服務（SaaS）

在軟體即服務中主要是將應用程式在雲端上安裝和執行、而雲端的使用者透過終端使用軟體，而無需管理相關的基礎設施和平台。軟體即服務不同於傳統的應用程式，在於具有高度的彈性，例如在應用程式執行時，可以複製多份到虛擬機上同時執行以達成工作需求的改變，而負載平衡也可將工作分配到其他的虛擬機上。為了滿足許多的雲端用戶，雲端應用程式可以是多租戶的模式，也就是一個伺服器可以同時服務許多的雲端用戶。軟體即服務的例子有 Google Apps、Microsoft Office 365、Saleforce.com、Quickbooks Online 等。

圖 1-8　雲端運算的服務模式。

當一個企業的應用程式想轉移到雲端運算的環境中，有許多需要考慮的因素。例如，有些服務供應商想要降低營運成本，有些想要較高的可靠度和安全性，所以雲端的部署可分為四種，即私有雲（Private Cloud）、公有雲（Public Cloud）、混合雲（Hybrid Cloud）和社群雲（Community Cloud），這些部署架構各有其優缺點，選擇的方式依據需求而不同。

1. 私有雲（Private Cloud）

私有雲也稱作內部雲（Internal Cloud），私有雲是為了一個組織自己使用所設計的。一個私有雲可能由組織自己建置也可能委託外部的供應商建置。私有雲在效率、可靠度和安全上有高度的控制能力。但是仍然需要自己購買、建置和管理，沒有初期無需建置成本的好處。

2. 公有雲（Public Cloud）

在公有雲中，服務供應商提供他們的計算、儲存和應用程式資源給一般大眾使用。通常是由一個大型組織所提供的雲端模式（例如 Amazon Web Service（AWS）、Google 和 Microsoft）。企業或用戶透過資源供應商提供基礎設施服務，利用 Internet 來存取服務，並且通常採用隨用隨付的收費方式。這種模式的好處是在初期不用大量投資成本在基礎設施，但是由於缺乏較好的控制資料、網路和安全的機制，所以在許多企業的運用中大大降低效能。

3. 混合雲（Hybrid Cloud）

混合雲是結合公有雲和私有雲，保有各自的特點又採用所有的優點。在混合雲中，有一部分的服務在公有雲中執行，一部分在私有雲中執行。混合雲比公有雲和私有雲更有彈性，它比公有雲具有更緊密的控制和安全性，可以有較佳的隨取即用的好處。另一方面，在設計混合雲時需要仔細考慮公有雲和私有雲結合的分割點。

4. 社群雲（Community Cloud）

社群雲主要是一些組織有共同特定的考量（例如任務、安全要求，政策法規）共享基礎設施，可能由自己、第三方或是外部的供應商來管理。所需花的費用比私有雲少比公有雲多。

1-4 雲端運算的實例

許多商業雲端公司提供各式的雲端服務，以下將介紹一些全球具有代表性的一些商業雲端公司，包括 Amazon Web Services（AWS）、Microsoft Azure、Google Cloud Platform 和 Salesforce.com。

1. Amazon Web Services (AWS)

Amazon Web Services 是 Amazon 提供的雲端運算平台，於 2006 年開始提供服務。AWS EC2 使用 Xen 的虛擬化技術來執行使用者上傳的映像檔，許多 Linux 的版本都有內建 Xen 軟體及系統核心，因此可以在虛擬機中執行多種作業系統。AWS EC2 平台的特色是可以客製虛擬平台，可以依照使用者的需求進行不同的配置。AWS EC2 只是雲端運算平台，沒有提供資料儲存的服務，因此有資料儲存的需求，通常都會搭配 AWS 提供的 Amazon Simple Storage Service（Amazon S3）資料儲存平台來作為儲存空間，且 S3 的儲存空間相當大，EC2 企業用戶基本上都會一起租用，讓整體使用更方便。圖 1-9 為 Amazon Web Services 的主要服務。

圖 1-9　Amazon Web Services 的主要服務。

AWS 在新創公司的市占率很高，因為使用介面簡單及用多少算多少的計價方式。此外 AWS 也讓新創團隊在擴大規模時，依照不同成長階段的實際使用情況計費。AWS 非常積極往創業社群扎根，2013 年 10 月成立 AWS Activate 計畫，由 AWS 技術顧問直接與創業家一對一技術交流。AWS 也與全球最大的連續創業活動 Startup Weekend、各地孵化器及加速器建立夥伴關係，奠定 AWS 在新創社群的影響力。此外，AWS 在舊金山也成立「AWS

Pop-up Loft」空間，幫新創公司快速創新，傾聽新創公司對 AWS 的需求。圖 1-10 為使用 AWS 服務的新創公司。

圖 1-10　使用 AWS 服務的新創公司。

2. Microsoft Azure

　　Microsoft Azure 是 Microsoft 於 2008 年發表、2010 年正式運轉的雲端平台。Microsoft Azure 服務平台包含了五個主要部分：Microsoft Azure、Live Services、Microsoft .NET Services、SQL Services、Share Point Services & Dynamics CRM Services。Microsoft Azure 是 Microsoft 一次重大的變革，在 Internet 架構上打造新的雲端平台，希望借助全球的 Windows 使用者的桌面和瀏覽器，讓 Windows 實現從 PC 到雲端領域的轉型。Microsoft Azure 平台的特色是同公司的 Live 服務全部整合在一起，對於 Microsoft 的愛好者是一項利多。在免費方案方面，新推出在高峰和非高峰時間入站的數據傳輸全部免費，並於 2011 年 7 月 1 日開始實行，以此做為鼓勵使用者加入的策略。圖 1-11 為 Microsoft Azure 網站。

3. Google Cloud Platform

　　Google Cloud Platform 是 Google 所提供的雲端服務，其中 Google App Engine（GAE）是一個開發及管理網路應用程式的雲端平台。提供給使用者一個安全、快速、穩定的開發環境，並協助使用者更方便地去建置可靠的網路應用程式。GAE 的首要目標是讓使用者操作容易，因此 GAE 提供了完整的服務，讓使用者只需專心開發自己的 Web 應用程式，由 Google 來管理資料庫、網路資源、作業系統的部分。GAE 平台的特性是動態易擴充的運算、儲存與網路資源，並提供 10 個免費的開發應用程式。如果付費後，可額外加購 CPU Time、I/O 頻寬、儲存空間與電子信箱等資源。因為 GAE 在一定的額度內提供免費的服務，以提高一般使用者的使用意願。目前 GAE 支援的程式語言有 Java、Python。資料庫的部分則是 Big table 及 GData，測試環境是 Apache、HTTP Server。圖 1-12 為 Google Cloud Platform 網站。

圖 1-11　Microsoft Azure 網站。

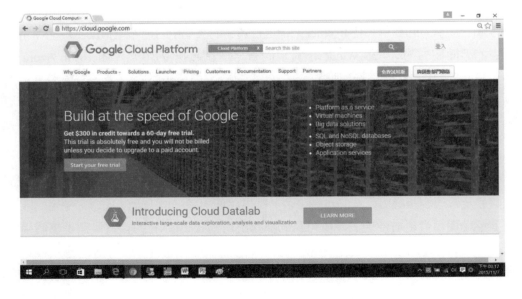

圖 1-12　Google Cloud Platform 網站。

4. Salesforce.com

　　Salesforce.com 是在雲端環境中提供軟體的公司。Salesforce.com 是第一個知名和成功的 SaaS 應用程式的公司。該公司現已推出 Force.com，一套完整工具和應用服務，獨立軟體供應商和企業 IT 部門可以使用它來建立任何業務應用程序，並運行在相同的基礎設施，提供 Salesforce CRM 應用程序。超過 10 萬個商業應用程式已經在 Force.com 平台上運行。另一個競爭的對手是 NetSuite 公司，它提供了一個更加完整的業務包括 ERP，CRM，會計和電子商務工具的軟體套件。圖 1-13 為 Salesforce.com 的主要服務。

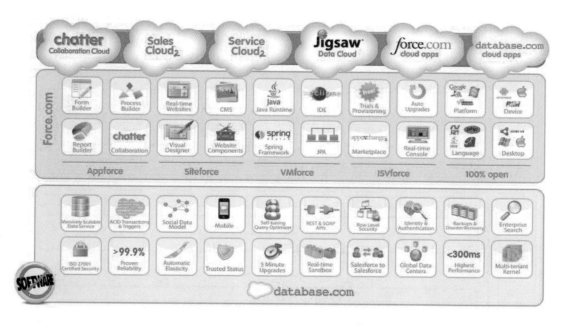

圖 1-13　Salesforce.com 的主要服務。

1-5 雲端運算的服務等級協定

　　雲端運算的服務就像是公用資源的使用一樣，不同的服務品質（QoS）必須保證能符合使用者的需求。服務等級協定（Service Level Agreement, SLA）是服務供應商和使用者間確保服務品質的正式契約。圖 1-14 是典型雲端運算的系統架構。使用者提交他們的需求給雲端系統，雲端系統將確認與控管服務需求。服務等級協定管理層負責資源的分配。在以上的系統架構中，服務等級協定用來制定服務供應商和消費者間的電子商務、計算和委外程序等最起碼的期待和義務。服務等級協定包含一般和技術的規範，像是當事人、價格策略，服務的資源需求等。制定良好的服務等級協定可以帶來以下的好處：

1. 加強客戶的滿意程度

一個清楚且簡要的服務等級協定可以增加客戶的滿意程度，幫助供應商注重消費者的需求，確保將心力放在正確的方向。

2. 改善服務品質

服務等級協定中的每一個項目都對應到關鍵績效指標（KPI），在組織內部可確保客戶的服務品質。

3. 改善雙方的關係

一個清楚的服務等級協定明確制定服務的獎賞和懲罰條款，客戶可以根據服務等級協定中的服務品質目標的規範來監控這些服務。

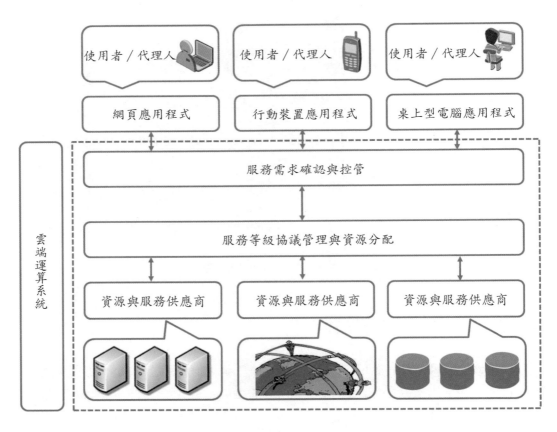

圖 1-14 雲端運算的系統架構。

服務等級協定定義了供應商的服務能力、客戶期待的效率需求、保證可用性的範圍、量測和報告的機制。服務等級協定主要包含下列幾項元素：

1. 目的：使用服務等級協定的目標。
2. 限制：為了確保服務品質的需求所需採取的步驟或行動。
3. 有效期間：服務等級協定執行的時間。
4. 範圍：在服務等級協定中規範服務的範圍。
5. 當事人：包含哪些組織或個人和他們的角色（供應商和客戶）。
6. 服務品質目標（Service Level Objective, SLO）：雙方同意的服務品質，例如可用性、效率和可靠度。
7. 懲罰：如果服務沒有達到服務品質目標或是效率不佳等，將會有懲罰機制。
8. 選擇性的服務：有些不是強制但是需要的服務。
9. 管理：為了確保達到服務品質目標的程序，為了這些程序相關組織需要負擔的責任。

　　為了能有效實現服務等級協定，清楚地定義服務等級協定的生命週期是必要的。一般生命週期包含六個步驟，如圖 1-15。

1. 尋找服務供應商：根據使用者的需求去尋找服務供應商。
2. 定義服務等級協定：服務等級協定包含服務、當事者、懲罰機制和服務品質的參數。在這個步驟中，雙方可以經由協商來達成協議。
3. 建立協議：建立服務等級協定的樣板，並且填入雙方協議的內容，雙方開始遵循協議。
4. 監控是否違反服務等級協定：監控提供者的服務效率是否違反服務等級協定的內容。
5. 結束服務等級協定：由於時間到期或雙方違反協議都必須結束服務等級協定。
6. 違反服務等級協定的懲罰：如果任一方違反服務等級協定，必須履行協議中的懲罰內容。

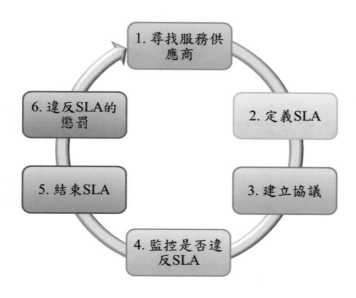

圖 1-15　雲端運算的生命週期。

　　我們將說明雲端的廠商如何來執行服務等級協定。在 Amazon 和 Microsoft 中執行服務等級協定的生命週期是非常簡單的，因為服務等級協定都是由提供者事先制定好。生命週期的第一步是根據使用者的需求去尋找服務供應商，使用者可能利用 Internet 去尋找，然後到服務供應商的網站上收集相關的資訊。大部分的雲端廠商都會提供事先定義好的服務等級協定文件。在這種情況下，第二、三步驟因為已經事先定義好服務等級協定，所以無需再執行。第四步驟可以經由第三方的監控工具，如 Cloudwatch、Cloudstatus、Monitis，Nimsoft 來監控是否違反服務等級協定。開發者也可使用這些工具來開發自己的監控系統。在第五步驟結束服務等級協定中，我們以基礎設施即服務來舉例，在這個例子中有三種情況會結束服務等級協定。第一種是使用者使用完雲端資源，然後釋放資源，服務等級協定正常結束。第二種是使用者使用資源超過原先規定的時間，提供者主動結束服務等級協定。第三種是提供者的資源無法滿足使用者的服務品質，將會結束服務等級協定並且加以懲罰。現今大部分提供者違反協議時將補償使用者一些額外的服務。

1-6 雲端運算的挑戰

　　雲端運算雖然已經受到大家的重視，也有許多人開始採用雲端運算的解決方案，也獲得許多的好處。但是在雲端運算的發展中，仍然有許多挑戰性的議題需要討論和解決。以下是一些需要重視和認真思考的議題，包括使用者隱私（Privacy）、資料安全（Security）、資料套牢（Lock-in）、服務可用性（Availability）、資料復原（Recovery）、效率（Performance）、可擴張性（Scalability）、能源效益（Energy-efficiency）、可程式性（Programmability）。

1. 安全、隱私和法規

　　在公有雲的雲端系統環境中，暴露的系統帶來更多攻擊的機會。所以如何讓雲端系統環境的安全性像自己建置的資訊系統一樣安全，是非常重要的議題。因為在雲端運算的環境中，使用了許多第三方（third-party）的服務和基礎設施去處理重要的資料和執行緊急的運算，所以安全和隱私會影響整個雲端運算的運作。另外法規問題也是需要重視的，當資料放在雲端中，雲端的提供者可以選擇全球的任何地方來儲存這些資料。而存放這些資料的實際資料中心地點卻會受到當地法規的限制。例如某些特定的加密技術不允許在某些國家使用，而有些國家的法律也限定一些敏感的資料（例如病歷）只能儲存在自己的國家內。

2. 資料套牢和標準

　　雲端的使用者可能會擔心他們的資料會被某些雲端提供者套牢。使用者也許會因為服務不符他們的需求，所以想將資料或應用程式移出雲端。然而在現今的雲端環境中，雲端的基礎設施或平台並沒有提供標準的方法去儲存資料和應用程式。因此，他們並不具備透通性，資料也不能任意轉移。為了解決這個問題，需要開始制定雲端的標準。雲端運算互通論壇（CCIF, Cloud Computing Interoperability Forum）是由 Intel、Sun、Cisco 等廠商所組成，主要是在雲端運算的生態環境中，透過採用廣泛的雲端運算工業技術，使得各個廠商可以無間隙的一起合作。雲端運算互通論壇發展了一個"統一雲端介面"（Unified Cloud Interface, UCI），主要是建立一套在雲端基礎設施中標準的程式存取。另外在硬體虛擬化方面，「開放虛擬格式」（Open Virtual Format, OVF）主要是制定軟體在虛擬機上封裝和散佈的格式，使得虛擬裝置（Virtual appliance）在任何的超級監控者之下都可以執行。

3. 可用性、容錯和回復

使用者希望他們的應用程式放在雲端環境中，可以得到某些服務品質的保證。這些品質包括服務的可用性、全體的效能或當系統有問題時他們可以得知損失的程度。總之，使用者如果將他們的系統搬到雲端環境上，可以知道得到何種等級的服務品質保證。服務等級協定（SLA, Service Level Agreement）包含了許多服務品質的需求，用來設定使用者和提供者之間的規範。服務等級協定制定了提供服務的細節，包括可用性、效率的保證。此外這些協議必須所有相關的人或廠商都同意，甚至制定違反協議時要如何賠償。

4. 資源管理和能源效益

另外一個對於雲端服務供應商所需面對的重要議題是如何有效管理虛擬資源池。實體的資源像是 CPU 核心、磁碟空間、網路頻寬等必須被切割成小單元，在異質的工作項目下共同分享。虛擬機如何在實體資源中考慮一些因素找到好的對應方式，讓使用率最大化。這些因素包括 CPU 的數量、記憶體的數量、虛擬磁碟的大小和網路的頻寬。動態虛擬機的對應策略中，如果高優先權的工作可以比低優先權的工作先分配資源，可能藉由暫停、搬移、重新開始虛擬機來達成。搬移虛擬機需要考慮到一些因素，例如偵測什麼時候開始搬移、那一個虛擬機需要搬移，要搬移到那裡。此外也可能藉由即時搬移（Live migration）虛擬機而不中斷執行，達到更好的效率。由於資料中心消耗大量的能源，根據 HP 的報告顯示，100 台伺服器消耗 1.3MW 的電力，而為了冷卻系統也要額外花費 1.3MW 的電力。除了費用的花費外，資料中心因為冷卻系統排出的二氧化碳（CO_2）將會影響地球的環境。所以在資料中心中，最佳化應用程式效率、動態資源管理不但能改善資源使用的效率而且也會減少能源的消耗。

雲端運算是一個新的計算模式，提供大量的計算和儲存資源，個人或企業可以藉由少許的成本得到他們實際需要的資源。在本章中介紹了雲端運算的演進，從 Internet、WWW、電子商務、Web 2.0。也介紹雲端運算中重要的關鍵技術，像是硬體技術（例如虛擬化、多核心 CPU）、Internet 技術（例如 Web 服務、服務導向架構、Web 2.0）、分散式計算（例如公用計算、網格計算）和系統管理（例如自主計算、資料中心自動化）。雲端運算主要的概念是以服務爲主，所以主要分成基礎設施即服務、平台即服務、軟體即服務三種，當然還有許許多多的不同服務運作。雲端運算在現階段已經廣爲人知，而且各國、各組織、各廠商都致力於雲端運算這個領域發展，目前雲端運算的標準急需制定，這將會大大影響雲端運算的進展。此外目前可以積極利用現存的計算、儲存、軟體服務加以整合創造新的附加價值，使雲端運算更廣爲使用。

1-7 習題

1. 雲端運算有哪些基本的特色？
2. 說明雲端運算演進的重要里程碑。
3. 雲端運算的進展主要來自許多技術的進步，例如硬體、Internet、分散式計算和系統管理。試說明這些技術的內容。
4. 雲端運算主要分成那三種服務模式？試詳細說明。
5. 雲端運算主要分成那四種部署方式？試詳細說明。
6. 說明並比較下列各家雲端服務公司的服務內容和特色，Amazon Web Services、Microsoft Azure、Google Cloud Platform 和 Salesforce.com。
7. 制定良好的服務等級協定可以帶來哪些好處？
8. 服務等級協定包含哪些元素？
9. 服務等級協定包含哪六個步驟？
10. 雲端運算有哪些挑戰？

參考文獻

1. S. Abolfazli, Z. Sanaei, A. Tabassi, S. Rosen, A. Gani, and S. U. Khan, "Cloud Adoption in Malaysia: Trends, Opportunities, and Challenges," *IEEE Cloud Computing*, Vol. 2, No. 1, pp. 60-68, 2015.

2. R. W. Ahmad, A. Gani, S. H. Ab. Hamid, M. Shiraz, A. Yousafzai, and F. Xia, "A Survey on Virtual Machine Migration and Server Consolidation Frameworks for Cloud Data Centers," *Journal of Network and Computer Applications*, Vol. 52, pp. 11-25, 2015.

3. E. Ahmed, A. Gani, M. K. Khan, R. Buyya, and S. U. Khan, "Seamless Application Execution in Mobile Cloud Computing: Motivation, Taxonomy, and Open Challenges," *Journal of Network and*

Computer Applications, Vol. 52, pp. 154-172, 2015.

4. E. Ahmed, A. Gani, M. Sookhak, S. H. A. H., and F. Xia, "Application Optimization in Mobile Cloud Computing: Motivation, Taxonomies, and Open Challenges," *Journal of Network and Computer Applications*, Vol. 52, pp. 52-68, 2015.

5. N. Antonopoulos and L. Gillam, "Cloud Computing: Principles, Systems and Applications," *Springer*, 2010.

6. M. Armbrust, A. Fox, R. Griffith, A. D. Joseph, R. H. Katz, A. Konwinski, G. Lee, D. A. Patterson, A. Rabkin, I. Stoica, and M. Zaharia, "Above the Clouds: A Berkeley View of Cloud Computing," *Technical Report No. UCB/EECS-2009-28, EECS Department, University of California, Berkeley*, 2009.

7. M. Armbrust, A. Fox, R. Griffith, A. D. Joseph, R. Katz, A. Konwinski, G. Lee, D. Patterson, A. Rabkin, I. Stoica, and M. Zaharia, "A View of Cloud Computing," *Communications of the ACM*, Vol. 53, No. 4, pp. 50-58, 2010.

8. M. D. Assunção, R. N. Calheiros, S. Bianchi, M. A. S. Netto, and R. Buyya, "Big Data Computing and Clouds: Trends and Future Directions," *Journal of Parallel and Distributed Computing*, Vol. 79-80, pp. 3-15, 2015.

9. A. Beloglazov, J. Abawajyb, and R. Buyya, "Energy-Aware Resource Allocation Heuristics for Efficient Management of Data Centers for Cloud Computing," *Future Generation Computer Systems*, Vol. 28, No. 5, pp. 755-768, 2012.

10. M. Böhm, S. Leimeister, C. Riedl, and H. Krcmar, "Cloud Computing and Computing Evolution," http://www.theseus.joint-research.org/wp-content/uploads/2011/07/BoehmEtAl2009c1.pdf, 2009.

11. A. Botta, W. de Donato, V. Persico, and A. Pescapé, "Integration of Cloud Computing and Internet of Things: A Survey," *Future Generation Computer Systems*, In Press.

12. J. Broberg, R. Buyya, and Z. Tari, "MetaCDN: Harnessing 'Storage Clouds' for High Performance Content Delivery," *Journal of Network and Computer Applications*, Vol, 32, No. 5, pp. 1012-1022, 2009.

13. R. Buyya, J. Broberg, and A. M. Goscinski, "Cloud Computing: Principles and Paradigms," *John Wiley & Sons*, 2011.

14. R. Buyya, S. K. Garg, and R. N. Calheiros, "SLA-Oriented Resource Provisioning for Cloud Computing: Challenges, Architecture, and Solutions," *International Conference on Cloud and Service Computing*, 2011.

15. R. Buyya, C.-S. Yeo, S. Venugopal, J. Broberg, and I. Brandic, "Cloud Computing and Emerging IT Platforms: Vision, Hype, and Reality for Delivering Computing as the 5th Utility," *Future*

Generation Computer Systems, Vol. 25, No. 6, pp. 599-616, 2009.

16. R. Buyya, C. Vecchiola, and T. Selvi "Mastering Cloud Computing," *Morgan Kaufmann*, 2013.

17. W. C. Chu, C.-H. Chang, C.-W. Lu, J.-N. Chen, and F.-J. Wang, "The Development of Cloud Computing and Its Challenges for Taiwan," *IEEE Computer Software and Applications Conference (COMPSAC)*, 2012.

18. W. C.-C. Chu, C.-T. Yang, C.-W. Lu, C.-H. Chang, J.-N. Chen, P.-A. Hsiung, and H.-M. Lee, "Cloud computing in Taiwan," *IEEE Computer*, Vol. 45, No. 6, pp. 48-56, 2012.

19. A. D. Costanzo, M. D. de Assunção, and R. Buyya, "Harnessing Cloud Technologies for a Virtualized Distributed Computing Infrastructure," *IEEE Internet Computing*, Vol. 13, No. 5, pp. 24-33, 2009.

20. V. C. Emeakarohaa, M. A. S. Netto, R. N. Calheiros, I. Brandic, R. Buyya, and C. A. F. D. Rose, "Towards Autonomic Detection of SLA Violations in Cloud Infrastructures," *Future Generation Computer Systems*, Vol. 28, No. 7, pp. 1017-1029, 2012.

21. T. Erl, R. Puttini, and, Z. Mahmood, "Cloud Computing: Concepts, Technology & Architecture," *Prentice Hall*, 2013.

22. I. Foster, Y. Zhao, I. Raicu, and S. Lu, "Cloud Computing and Grid Computing 360-Degree Compared," *Grid Computing Environments Workshop (GCE)*, 2008.

23. M. Giacobbe, A. Celesti, M. Fazio, M. Villari, and A. Puliafito, "Towards Energy Management in Cloud Federation: A Survey in the Perspective of Future Sustainable and Cost-Saving Strategies," *Computer Networks*, Vol. 91, pp. 438-452, 2015.

24. J. A. González-Martínez, M. L. Bote-Lorenzo, E. Gómez-Sánchez, and R. Cano-Parra, "Cloud Computing and Education: A State-of-the-Art Survey," *Computers & Education*, Vol. 80, pp. 132-151, 2015.

25. A. Goyal and S. Dadizadeh, "A Survey on Cloud Computing," *Technical Report for CS 508, University of British Columbia*, 2009.

26. J. Guitart, M. M.As, O. Rana, P. Wieder, R. Yahyapour, and W. Ziegler, "SLA-based Resource Management and Allocation," Market-Oriented Grid and Utility Computing, Edited by R. Buyya and K. Bubendorfer, *John Wiley & Sons*, 2010.

27. I. A. T. Hashem, I. Yaqoob, N. B. Anuar, S. Mokhtar, A. Gani, and S. U. Khan, "The Rise of "Big Data" on Cloud Computing: Review and Open Research Issues," *Information Systems*, Vol. 47, pp. 98-115, 2015.

28. C. N. Höfer and G. Karagiannis, "Cloud Computing Services: Taxonomy and Comparison," *Journal of Internet Services and Applications*, pp. 81-94, 2011.

29. P. Hofmann, and D. Woods, "Cloud Computing: The Limits of Public Clouds for Business Applications," *IEEE Internet Computing*, Vol. 14, No. 6, pp. 90-93, 2010.

30. R. Jain and S. Paul, "Network Virtualization and Software Defined Networking for Cloud Computing: A Survey," *IEEE Communications Magazine*, Vol. 51, No. 11, pp. 24-31, 2013.

31. A. Jula, E. Sundararajan, and Z. Othman, "Cloud Computing Service Composition: A Systematic Literature Review," *Expert Systems with Applications*, Vol. 41, No. 8, pp. 3809-3824, 2014.

32. L. M. Kaufman, "Data Security in the World of Cloud Computing," *IEEE Security & Privacy*, Vol. 7, No. 4, pp. 61-64, 2009.

33. M. R. Lee and D. C. Yen, "Taiwan's Journey to the Cloud: Progress and Challenges," *IEEE IT Professional*, Vol. 14, No. 6, pp. 54-58, 2012.

34. J. Y. Li, M. K. Qiu, M. Zhong, G. Quan, X. Qin, and Z. H. Gu, "Online Optimization for Scheduling Preemptable Tasks on IaaS Cloud Systems," *Journal of Parallel and Distributed Computing*, Vol. 72, No. 5, pp. 666-677, 2012.

35. W.-H. Liao and S.-C. Su, "A Dynamic VPN Architecture for Private Cloud Computing," *IEEE International Conference on Utility and Cloud Computing (UCC 2011)*, 2011.

36. W.-H. Liao, S.-C. Kuai, and Y.-R. Leau, "Auto Scaling Strategy for Amazon Web Services in Cloud Computing," *IEEE International Symposium on Cloud and Service Computing (SC2 2015)*, 2015.

37. C. Liu, C. Yang, X. Zhang, and J. Chen, "External Integrity Verification for Outsourced Big Data in Cloud and IoT: A Big Picture," *Future Generation Computer Systems*, Vol. 49, pp. 58-67, 2015.

38. F. Lombardi and R. D. Pietro, "Secure Virtualization for Cloud Computing," *Journal of Network and Computer Applications*, Vol, 34, No. 4, pp. 1113-1122, 2011.

39. S. S. Manvi and G. K. Shyam, "Resource Management for Infrastructure as a Service (IaaS) in Cloud Computing: A Survey," *Journal of Network and Computer Applications*, Vol. 41, pp. 424-440, 2014.

40. D. C. Marinescu, "Cloud Computing: Theory and Practice," *Morgan Kaufmann*, 2013.

41. S. Marston, Z. Li, S. Bandyopadhyay, J. Zhang, and A. Ghalsasi, "Cloud Computing — The Business Perspective," *Decision Support Systems*, Vol. 51, No. 1, pp. 176-189, 2011.

42. P. Mell and T. Grance, "The NIST Definitoon of Cloud Computing," *National Institute of Standards and Technology*, 2011.

43. S. Mustafa, B. Nazir, A. Hayat, A. R. Khan, S. A. Madani, "Resource Management in Cloud Computing: Taxonomy, Prospects, and Challenges," *Computers & Electrical Engineering*, In Press.

44. M. Nazir, P. Tiwari, S. D. Tiwari, and R. G. Mishra, "Cloud Computing: An Overview," *Cloud Computing: Reviews, Surveys, Tools, Techniques and Applications*, 2015.

45. S. Ried, H. Kisker, and P. Matzke, "The Evolution of Cloud Computing Markets," *Forrester Research*, 2010.

46. B. P. Rimal, E. Choi, and I. Lumb, "A Taxonomy and Survey of Cloud Computing Systems," *International Joint Conference on INC, IMS and IDC*, 2009.

47. D. Serrano, S. Bouchenak, Y. Kouki, F. A. de O. Jr., T. Ledoux, J. Lejeune, J. Sopena, L. Arantes, and P. Sens, "SLA Guarantees for Cloud Services," *Future Generation Computer Systems*, Vol. 54, pp. 233-246, 2016.

48. B. Sosinsky, "Cloud Computing Bible," *Wiley*, 2011.

49. B. Sotomayor, R. S. Montero, I. M. Llorente, and I. Foster , "Virtual Infrastructure Management in Private and Hybrid Clouds," *IEEE Internet Computing*, Vol. 13, No. 5, pp. 14-22, 2009.

50. S. N. Srirama, P. Jakovits, and E. Vainikko, "Adapting Scientific Computing Problems to Clouds Using MapReduce," *Future Generation Computer Systems*, Vol. 28, No. 1, pp. 184-192, 2012.

51. S. Subashini and V. Kavitha, "A Survey on Security Issues in Service Delivery Models of Cloud Computing," *Journal of Network and Computer Applications*, Vol, 34, No. 1, pp. 1-11, 2011.

52. N. Sultan, "Making Use of Cloud Computing for Healthcare Provision: Opportunities and challenges," *International Journal of Information Management*, Vol. 34, No. 2, pp. 177-184, 2014.

53. D. Talia, P. Trunfio, and F. Marozzo, "Data Analysis in the Cloud," *Elsevier*, 2015.

54. M. A. Vouk, "Cloud Computing — Issues, Research and Implementations," *Journal of Computing and Information Technology*, Vol. 16, No. 4, pp. 235-246, 2008.

55. G. Wang and J. Unger, "A Strategy to Move Taiwan's IT Industry From Commodity Hardware Manufacturing to Competitive Cloud Solutions," *IEEE Access*, Vol. 1, pp. 159-166, 2013.

56. Y. Wei and M. B. Blake, "Service-Oriented Computing and Cloud Computing: Challenges and Opportunities," *IEEE Internet Computing*, Vol. 14, No. 6, pp. 72-75, 2010.

57. Wikipedia, "Cloud Computing," http://en.wikipedia.org/wiki/Cloud_computing, 08/20/2015.

58. M. Whaiduzzaman, M. Sookhak, A. Gani, and R. Buyya, "A Survey on Vehicular Cloud Computing," *Journal of Network and Computer Applications*, Vol. 40, pp. 325-344, 2014.

59. L. Wu and R. Buyya, "Service Level Agreement (SLA) in Utility Computing Systems," Performance and Dependability in Service Computing: Concepts, Techniques and Research Directions, Edited by V. Cardellini, E. Casalicchio, K. R. L. J. C. Branco, J. C. Estrella, and F. J. Monaco, *IGI Global*, 2012.

60. L. Wu, S. K. Garg, and R. Buyya, "SLA-based Admission Control for a Software-as-a-Service

Provider in Cloud Computing Environments," *Journal of Computer and System Sciences*, Vol. 78, No 5, pp.1280-1299, 2012.

61. N. Xiong, W. Han, and A. Vandenberg, A. "Green Cloud Computing Schemes Based on Networks: a Survey," *IET Communications*, Vol. 6, No. 18, pp. 3294-3300, 2012.

62. M. Yigit, V. C. Gungor, and S. Baktir, "Cloud Computing for Smart Grid Applications," *Computer Networks*, Vol. 70, pp. 312-329, 2014.

63. Q. Zhang, L. Cheng, and R. Boutaba, "Cloud Computing: State-of-the-Art and Research Challenges," *Journal of Internet Services and Applications*, Vol. 1, No. 1, pp. 7-18, 2010.

64. D. Zissis and S. Lekkas, "Address Cloud Computing Security Issues," *Future Generation Computer Systems*, Vol. 28, No. 3, pp.583-592, 2012.

第二章　雲端的經濟效應

2-1 雲端運算的經濟效益

雲端運算是一種技術與服務彙整的概念，代表利用網路使得電腦能夠彼此合作或讓服務更無遠弗屆，在實現「概念」的過程中，而產生出相對應的「技術」。雲端運算是一種基於網際網路的嶄新 ICT 服務，不論服務的申請、使用和提供都透過網際網路，而且服務的型態經常是虛擬化的資源。在典型的雲端運算中，供應商往往提供通用的網路業務應用，可以透過瀏覽器等軟體或者其他 Web 服務來存取，而軟體和資料都儲存在雲端伺服器上。大部分的雲端運算基礎構架是透過資料中心傳送可靠的服務和建立在伺服器上不同層次的虛擬化技術組成。人們可以在任何有提供網路基礎設施的地方使用這些服務。

近年來，雲端運算的概念受到學術及業界的矚目。國際數據資訊中心 IDC 預測，亞太地區花費在雲端服務上的費用將成長四倍，更重要的是，雲端運算的支出將於整體預測期間持續增加，2014 年全區複合成長率將超過 40%，市場調查機構將雲端運算列為 IT 產業未來十大趨勢首位。根據麥肯錫的研究報告，一家規模兩百人的公司，如果將機房設備維護、網路管理與軟體升級的業務交給雲端處理，可以省下現在 30% 的成本。在 NJVC 的報告中指出，將傳統 IT 設備的系統轉換到雲端的 IaaS 服務上，能夠取得七倍的成本效益比。

雖然雲端運算有一些優勢，但是相對的雲端運算也創造了一些特殊的成本。例如：轉移或更改系統的花費、資料安全問題、當前雲端平台的使用限制、雲端服務轉移至另一個雲端服務或是私有設備中的成本、傳統系統的授權機制與雲端環境不同所增加的授權成本等。因此，在評估是否要雲端化之前，必須要將這些成本納入做通盤的考量。

雲端運算的好處，以經營層面而言主要在於降低成本、提高戰略靈活性以滿足市場需求，而管理層面而言由於雲端運算服務是由大規模且專業的服務供應商提供，因此提供了及時的擴展性、平行處理能力、低任務處理時間、低延遲、更加的可靠性以及避免網路攻擊的能力等。另外由多個雲端服務經由 SOA 架構能夠輕易組合或是擴展出新的服務與功能。這樣的特性能夠簡化在服務提供的過程中所需要具備之專業知識與技能。

採用雲端運算所能獲得的好處取決於組織的規模和 IT 資源／管理費用。這些費用包含了傳統資料中心的基礎設施、電腦硬體、現有軟體授權、內部流程的成熟度以及 IT 人員的職能基礎，這些因素決定了採用雲端的成本與效益。同時在軟體方面，在雲端運算的環境下出現了許多 Open Source 軟體，這種軟體在新創公司方面優勢較大。新創公司可以利用這種 Open Source 軟體大幅降低其進入門檻，但相對而言大型組織也可能因為這些 Open Source 軟體而降低專利軟體的開發意願。但是，隨著採用雲端以及 Open Source 架構的小型組織規模慢慢變大，可能反而得面臨一些修改的相對成本以及雲端運算的使用成本。例如某些資料量傳輸較大的應用下（如影音服務），使用雲端服務提供商提供的基礎設施所需要的成本可能會比自行建立內部的 IT 基礎設施還要昂貴，因此組織轉而自行建立一些

IT 基礎設施，此時便會面臨到修改以及轉換的成本。當然，現在這種成本差異可以利用混合雲環境來降低成本，但是我們由這個例子可以看出隨著規模不同，雲端運算對企業而言並不見得能夠完全節省成本。以下將說明雲端運算對於不同的組織規模能的影響。

2-1-1 雲端運算對中、小型組織的優點

雲端運算對中、小型組織的優點包含靈活性、成本、服務使用性和人事成本，如圖 2-1，以下將詳述各項的優點。

靈活性：中小企業的戰略重點在於對市場趨勢敏感並且快速切入市場，雲端運算允許企業快速的佈建並且建立服務。組織可採用 Open Source 或是雲端服務提供商所提供的服務建立自己的產品或是服務，並且隨著雲端市場的成熟，現在已經有越來越多的服務可以使用，大幅降低中小企業的進入門檻。

成本：雲端運算用多少付多少的特性能夠在初期幫助這些公司在創業的初期無需投入大量的資訊技術的成本，而可將這些資本用在研發產品的費用上，更具有市場的競爭優勢。而且隨著產品的銷售量增加，可動態來調整這些使用的資訊技術資源。在小型組織所發展的服務中最常出現的問題之一是預備資源不足，當服務快速成長時，組織預備的 IT 基礎設施無法負擔增加的業務量而產生當機或是影響使用品質，這部分在雲端服務中可獲得解決。

服務使用性：雲端運算中的 IaaS 與 SaaS 提供了基礎設備和必要的軟體服務，並且可以確保這些服務都是可以穩定正常運行的，可節省很多的管理成本。而且在小型組織中通常很難建立完善的備份機制，完善的備份機制需要花費大量的成本，這對於小型組織是很難負擔的。缺少完善備份機制的結果，就是當意外發生時需要花費更多的時間以及成本進行恢復。而使用雲端服務時，雲端服務提供商便會做好備份的工作，在意外發生時能夠迅速恢復正常的運作。另一個對於中小型組織的顯著優點在於延展性，若組織的營運非常成功，雲端運算中的自動擴展（Auto Scaling）機制可以讓應用或是服務自行定義如何擴展其基礎設施以滿足持續成長的需求，而不會產生傳統設備面臨處理限制這樣的問題。

人事成本：雲端運算的應用服務開發需要高度且專業的程式開發人員，將會比傳統的服務開發需要花更多的成本。但是相對地，在雲端環境下維運部分的成本則大幅度減少。雲端服務提供商將設備的維運以及很多底層平台間的相容性問題均完善處理，減少花費在維運上的成本，而維運成本在資訊系統或是服務中通常均占最大的部分。同樣地，在能源消耗部分也由服務供應商統一分攤，因此相對於自行建立 IT 設備，負擔也會減少。

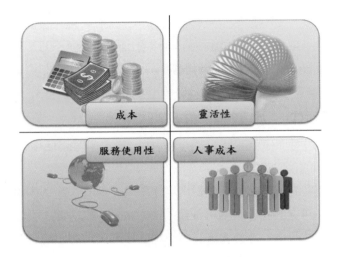

圖 2-1 雲端運算對中、小型組織的優點。

2-1-2 雲端運算對大型組織的優點

雲端運算對大型組織的優點包含靈活性、成本、軟體、延展性、員工量或是技能和備援，如圖 2-2，以下將詳述各項的優點。

靈活性：大型組織需要改變傳統的 IT 管理政策或是標準，來適應雲端的新環境。雲端服務在大型組織中可以像在小型組織一樣的使用在建立或是發展一個新服務的時候，但是需要注意的是一些軟體整合以及資料傳輸的狀況，否則會導致成本不符預期。而大型組織中只要有開發人才，可以利用雲端運算進行低成本的服務創新或是開發新的市場，如果失敗也不會有太多固定成本需要負擔。

成本：雖然雲端運算提供了一些探索性服務部分的成本優勢，但是真正最大的成本優勢在於將部分服務轉至公有雲上。一些服務可能放在組織內部的 IT 基礎設施會比放在雲端上面有著更好的經濟效益，如前面提過的高資料傳輸量的服務，或是一些敏感的資料（例如，公司內部資料或是個資等），放在公司內部的 IT 基礎設施更能夠節省成本或是掌控風險，這些部分就可以利用公司既有的 IT 設備進行維持。而一些需要用到大量運算資源，但不屬於上述關鍵應用程式的部分則可改為佈建於雲端環境上以節省成本。同時，雲端服務提供商能夠達到一般大型 IT 公司也不能達到的規模經濟，利用密集的伺服器以及虛擬化的方式發揮最大的效益。在法規上，環境保護在達到一定的規模後，會成為組織所需負擔的成本。眾多國家針對能源的消耗以及碳排放量都有著相關規定，處理不好可能會造成成本的增加。用混合雲策略，能夠控制能源消耗以及碳排放量，節省成本。

軟體：現有的授權與雲端桌面系統中的大量授權相比可能較為昂貴，大型組織比較在意大量授權所節省下的成本。但是現有的一般桌機的功能性以及使用上皆有目前雲端桌面向不可取代的部分，因此如何掌握是大型組織中的重要因素。例如讓工作內容通常只需要用到大量文書處理軟體的部門採用雲端桌面系統，而非讓程式設計部門採用。而 Open Source 對於大型組織而言，由於內部有較多的 IT 技術人員，因此在非關鍵的部分可以使用 Open Source 節省資源，但是關鍵的應用部分由於客製化或是特別功能需求，不一定要採用 Open Source，而依然會採用自行開發的方式。

延展性：大型組織由於有足夠的資訊人員，因此可將傳統軟體中一些運算能力密集的服務（例如，圖像處理、PDF 轉換、視頻編碼等）抽離，轉而利用雲端運算進行，並且以自動擴展的方式動態地使用運算資源。雖然可能需要修改原有的應用程式，但是對於提升運算速度和降低本地的硬體需求，所帶來的優點可能遠遠大於修改軟體或是服務的成本。

員工量或是技能：如果只是單純使用外部的公有雲，進入雲端門檻相對較低，並不會產生需要花費大量人事成本（包含聘請員工或是訓練等）的狀況。但是就長期而言，雲端運算的使用環境與傳統 IT 環境並不相同，因此還是有技能培訓的必要。但是，若組織的需求是要建立一個組織內部的私有雲環境，妥善利用公司內部現有的 IT 設備，由於原本可以藉由公有雲的雲端服務提供商完成的部分都必須自己建置，反而會產生大量的投資，包括技能訓練或是增加人員，甚至軟硬體的設備。

備援：雲端運算可以實現將資料備份在不同國家、不同地區、不同機房的伺服器中，做到真正的異地備援，因此資料遺失的可能性比私有的資料中心低很多。而備援的資料通常並不見得會時常使用，雲端運算在處理這種只需儲存，不常讀取也不太需要傳輸的資料時費用便宜很多，因此也可利用這個特色在組織的備援部分節省成本。

圖 2-2　雲端運算對大型組織的優點。

2-2 雲端運算對企業管理的影響

雲端運算流行的原因為規模經濟，簡化軟體的傳送和操作。事實上最大好處是在財務方面，即是依據用戶使用量計費（Pay-as-you-go）的商業模式。雲端運算對企業管理的影響有下面幾點，如圖 2-3 所示：

1. 降低資訊設備的資本成本。
2. 減少資訊設備資產的折舊。
3. 採用訂閱軟體取代購買軟體的執照。
4. 刪減資訊資源的管理和維護費用。

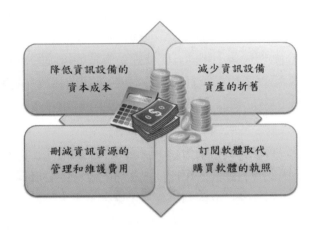

圖 2-3　雲端運算對企業管理的影響。

資本成本是購買資產的費用，而這些資產可以用來生產貨品或是提供服務。資本成本是一次性的費用，經常是事先付出，經過一段時間後才產生利潤。資訊設備和軟體是資本資產，因為企業需要他們去經營事業。現今不論企業的主要事業是否跟資訊有關，企業一定有資訊部門來自動化企業的事務，像是薪資、客戶關係管理（Customer Relationship Management, CRM）、企業資源規劃（Enterprise Resource Planning, ERP）、商品的追蹤和庫存等。因此任何企業的資訊資源都是資本成本。資本的費用經過一段時間後將會產生利潤，而資本隨著時間的經過將會折舊，最後會減少企業的利潤，因為這些資本成本會直接從企業的利潤扣除。在資訊資本成本下，折舊成本代表硬體隨著時間而損失價值，而軟體也因為需要新的功能而需替換。

在雲端運算的概念進入企業之前，對中大型企業而言，投資在資訊設備和軟體的費用是非常可觀。許多企業自己擁有中小型的資料中心，需要許多維運的費用，像是維護、電力和冷卻。還需要資訊部門和資訊維護中心的營運成本。此外還有購買潛在昂貴的軟體成本。當使用雲端運算時，這些成本將大大的降低。雲端運算的好處之一是將前期購買資訊硬體的資本成本轉移到租用基礎設施和訂購軟體的營運成本。這些成本將依據商業的需要和企業的成功獲得較好的控制。雲端運算也可以降低管理和維護成本，也就是說不需要或僅需要有限的人員來管理雲端基礎設施，同時也可減少資訊維護人員。對於企業而言，折舊將會消失，因為根本沒有資訊資本資產。

　　企業如何節省成本是跟需要哪些雲端服務和如何產生利潤有關。例如一個小型新創公司，它可以完全利用像是資訊基礎設施、軟體開發、CRM 和 ERP，而完全不需要資本成本，因為不用初始的資訊資產。在此情況下，雲端運算，特別是 IaaS 的解決方案，可以減少資本成本，把這些成本轉成未來需要的營運成本。例如，租用資訊基礎設施將會更有效率管理尖峰的負荷。另外一個雲端運算的優點是減少一些間接的成本，這些成本是資訊資產，像是軟體執照、支援和排放碳足跡等。企業採用訂閱軟體應用程式的方式，不需要任何的軟體執照，因為提供服務的軟體依然是供應商的資產。採用 IaaS 的解決方案可以減少資料中心的空間，達到減少碳足跡。在某些國家（例如澳洲）碳足跡的排放是需要課稅，所以減少碳足跡，將可以減少費用支出。

　　雲端的價格模型，依據供應商的採用方式共分成三種，如圖 2-4，以下將詳述各定價的特色。

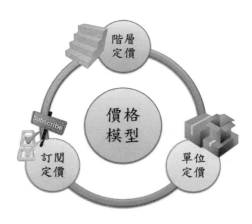

圖 2-4　雲端的價格模型。

1. 階層定價：這種模型下，雲端服務根據使用那一層來提供服務，每一層在每單位時間內，採用固定的價格提供固定的運算規格和服務品質協議（Service Level Agreement, SLA）。Amazon EC2 採用這種定價方式，提供不同的伺服器運算能力（CPU 的型式和速度、記憶體），而有不同的價格。

2. 單位定價：這種模型適合雲端供應商的獲利是基於特定服務的單位，例如資料移轉和記憶體分配。客戶可以根據應用軟體的需要，更有效率設定它的系統。例如 GoGrid，客戶在 GoGrid 雲端上佈建伺服器是根據 RAM／每小時來付費。

3. 訂閱定價：SaaS 供應商大都採用這種定價方式，使用者付一段訂閱時間的費用來使用軟體或整合在他們應用軟體中的特定元件。

　　所有這些費用都是採用 Pay-as-you-go 的模型，提供支援隨選資訊服務的彈性解決方案，這也就為什麼可以將資訊資本成本轉換成營運成本的原因，因為購買硬體的成本轉換成租賃的成本，而購買軟體的成本轉換成訂閱的費用。

　　現今企業成功的要素是在需要面對不斷變更的環境中可以提供有彈性的營運模式。當企業的產品需求不如預期時，較高的固定成本將會帶來更高的風險。在二十世紀時，企業的成敗決定工業的效率和規模經濟。所以企業仰賴於預估客戶的需求，穩定的勞工和原物料成本，企業可以投資大量廠房和設備的固定成本，達到降低單位成本的規模經濟獲取最大的利潤。企業藉由投資大量的固定成本，增加產能，生產標準化的物品而降低成本。但是現今的市場變化快速，產品的生命週期非常短，技術和消費者的喜好也快速改變。因此改變傳統消費者的購買模式，不只產品的需求難以預估，甚至原物料、勞工和運輸的成本也變化快速。有許多企業因為投資在廠房、設備和許多不易快速變更或變賣的資產，以至於產生高固定的營運成本。當經濟狀況不如預期時，企業就很難快速改變，降低他們的成本。所以如果企業的經營模式可以將大部分的營運成本變成變動成本，因應需求的改變而調整這些變動的營運成本，就可以在快速變化的市場中致勝。

　　現今的企業需要倚賴資訊系統來運作，如果沒有新的資訊系統，將無法產生新的產品、服務或內部的運作方式。事實上，許多企業不願花費成本和時間去開發新的資訊系統，以至於他們無法推出新的產品或改變他們的經營模式。即使他們願意投資在資訊系統的費用上，但是其中卻有高達 70%～80% 的費用是用在運作和維護現有的系統而不是開發新系統。所以是否有一種營運模式是企業將營運資訊系統的費用和複雜度外包出去？外包的資訊廠商因為有良好的經驗和規模經濟而可以用較低的費用提供更好的服務。而企業將重心放在自己的產品開發上。對於現今企業最大的技術機會是藉由投資重要的資訊技術以降低成本，也就是由固定的資產靈活轉變成變動的營運成本，以便在這變化快速和不可預測的經濟環境中，提升企業的存活機會。許多公司將資訊技術的費用當成是成本的負擔，實際上許多資訊技術卻能降低營運的費用獲取更多的利潤。一般企業資訊技術的預算是固定的，包括採購資訊軟硬體設備的費用，資訊人員的費用。

　　傳統的預算刪減都是針對裁員，重新訂合約，或是延後新的專案，事實上這些的效果並不大，企業反而應該要降低資訊軟硬體設備的固定費用。像是 Amazon、Google、Microsoft 的資訊技術公司，他們建立大規模的資料中心，以 Pay-as-you-go 方式提供他們的運算資源和應用軟體。這些資訊技術公司因為規模經濟，可以降低企業的資訊服務成本，因為新的資訊技術興起，企業更有機會從傳統固定的資訊技術營運模式轉換成變動的費用模式。傳統的資訊技術成本是固定的，只能大概符合實際的需求。新的變動資訊技術成本模式中，企業更能將資訊技術的成本接近於企業的需求，創造最大的利潤。

2-3 雲端運算的能源效應

　　除了上述問題之外，對於 IT 管理來說，能源成本管理是一個很重要的議題。最近綠能資料中心蓬勃發展，能源議題日益受到重視，造成這樣的情形不外乎兩個因素。第一，由於碳排放量持續上升造成全球的氣候改變，而為了彌補這樣的問題，人們花費非常大的成本才能取得有限的成果。第二，由於能源成本上升，必須花費更多的成本才能取得能源。這兩個因素造成現在 IT 的基礎設施在規畫和建置的時候，就會將節能和動態資源分配當作決策考量的一部分。對於較有規模的資訊科技使用者而言，如何利用較低的能源消耗提供更強大的運算能力一直是希望達成的目標。因此，很多傳統企業的資料中心（Data Center）都會花費大量的預算和心力在自行建置電力的供應、穩壓甚至是空調等周邊設備。IBM 曾經做過一份調查，全球資料中心的電量花費中，約有 60%～70% 的能源花費在照明和冷氣等其他設施上，只有 30%～40% 左右的能源花費在伺服器等設備的能源供應，因此會消耗更大量的成本，同時降低資產收益率（Return on Assets, ROA），如圖 2-5。雲端運算的發展下，現今已有了越來越多除了自行建置資料中心之外的替代服務可供選擇，使用者可以自行組合需要的服務，以更低的維護成本得到更大的效益。

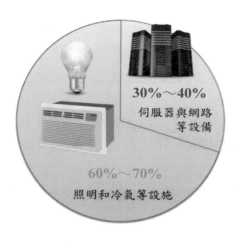

圖 2-5　全球資料中心的電量花費。

　　公有雲的服務提供商可以將他們的資料中心在頻寬條件允許的狀況下，建在低廉能源成本、豐富天然冷卻能力的位置。因為數據資料能夠經由光纖做到低衰減且遠距離的傳輸，但是能量要做到這點是十分困難的。因此，將資料中心建在貼近能源產生的位置能夠有效的提高能源的使用率，以更少的汙染發揮更大的效果。舉例而言，位於美國俄勒岡州達拉斯的 Google 資料中心或是位於華盛頓州的 Microsoft 資料中心均位於電廠或是水壩附近。對於雲端服務提供商而言，可以建造資料中心在這些位置提高營運效率。但是對於一般企業而言，即使是自己擁有大規模的機房，也無法有如此的經濟效益能夠做這樣的投資。這樣的建置可以節省約 5%～20% 在傳輸過程中損耗的電力。

　　除此之外，雲端服務提供商也致力於能源的高效率應用方法，包含電的利用效率、熱的處理方式以及設備的回收等，部分需要大量成本的再生能源或是節電設施也可以搭配使用。舉例而言，Apple 在北卡羅萊納州的資料中心建設了 20-mw 的太陽能發電設施，而 eBay 在猶他州的資料中心則配備大型的燃料電池進行儲電。而 2013 年新成立，位於台灣彰濱工業區的 Google 資料中心就配備了 Google 最新的研究成果，專為台灣資料中心設計了一套節能系統與降溫系統，採用與其他 Google 資料中心不同的運作方式，透過夜間降溫和熱能儲存系統，增加資料中心的運作效率。冷卻系統包含一個冷卻槽，在晚上溫度較低和電力較充裕的情況下冷卻大量的水，並使用隔離的大型容器儲存維持溫度。在日間發電成本較高時，資料中心會循環使用事前已儲存的冷卻用水以進行冷卻而不使用電力。相較於傳統資料中心，Google 台灣資料中心能使能源使用效率（Power Usage Effectiveness, PUE）值從一般的 2 降至 1.1 左右，等於節省逾 50% 的能源。

　　透過模組化的伺服器設計可以減少能源的耗費，同時也可以透過動態分配增加資源的使用率。這樣的做法讓一般無法建立如此規模資料中心的中小型企業，也能更有效率的利用更低的能源消耗和碳排放量。在雲端的資料中心，設備汰換的比率遠比一般私人資料中心快，由平均約 5 年汰換一批設備改為 2 年即需汰換一次設備，而新規格的設備在能源的使用效率上也會更為進步，同時通過更多的綠色認證。設備本身的耗能在直觀上可能不易看出節省的成本，但在資料中心的機房中，能源的消耗有著放大效應，當終端設備（例如伺服器）減少 1 瓦的電力，則交流、直流電力轉換部分就能省下 0.49 瓦電力，接著配電盤則可省下 0.04 瓦電力，不斷電系統（Uninterruptible Power Supply, UPS）也因而省下 0.14 瓦電力，空調系統也跟著受益，節省了 1.07 瓦電力，而交換器設備也因此省下 0.1 瓦電力，也就是說，處理器節省 1 瓦的耗電量，最終整個系統將能因而受益省下 2.84 瓦的電力，如圖 2-6。

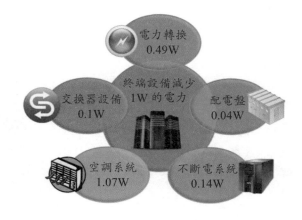

圖 2-6　當伺服器減少 1 瓦的電力所能帶來的能源效益。

　　針對將原本於個人電腦中的服務改在雲端運算執行進行能量消耗的比較。在這樣的情境下，我們必須要將網路的能量消耗計算在內，因為原本單機執行的程式或是儲存的資料移到雲端上，除了雲端服務提供商那邊的資源使用之外，原本不需要經過網路傳輸的資料變成需要經由網路傳輸。因此，在這種使用情境下的能量花費共有客戶使用的終端設備、網際網路和資料中心。

　　綜合以上所述，雲端的資料中心比起傳統的資料中心在能源的利用上有著顯著的優勢，而這些優勢彼此之間又會相互影響，雲端的資料中心在能源使用率上比自行建置的資料中心好上數倍至數十倍。而在單機使用的部分，雲端運算也可以將部分的服務轉換至雲端上面進行執行，因此雲端運算不僅在企業管理層面有著節省成本的吸引力，在保護環境以及能源使用效率的方面也有著持續發展的強大潛力。

2-4 全球雲端運算市場規模

　　根據資策會產業情報研究所（MIC）預估，全球軟體市場規模呈現平穩的成長趨勢，台灣雲端服務市場規模將由 2014 年的 116 億台幣成長至 2017 年的 150 億台幣，年成長預估為 13.3%，其中又以雲端資安、虛擬桌面與文書處理應用等服務較具未來成長性。根據美林證券估計，全球雲端運算服務市場規模將於 2015 年達 950 億美元，政府亦將雲端產業列為 4 大新興智慧型產業之一。而到 2017 年 MIC 預測全球行動雲端軟體與服務市場規模將逾 1,500 億美元，市調機構 Forrester Research 的資料則顯示，全球雲端運算市場規模將於 2020 年成長至 2,410 億美元。根據 Cisco 於 2015 年發表的報告中，雲端流量及工作量的資料分析後數據顯示 2013 年的全球數據中心流量規模為 3.1ZB，受到雲端的影響，未來全球數據中心流量將暴增為現在的近 3 倍也就是 8.6ZB。全球雲端運算市場規模預測如圖

2-7 所示。

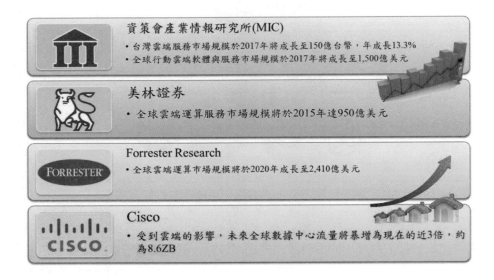

圖 2-7　全球雲端運算市場規模預測。

　　同時，資策會預估未來在物聯網（Internet of Things, IoT）與穿戴裝置科技的逐步成熟，可望帶動下一波嵌入式軟體與智慧化人機介面的進一步發展，持續推升軟體市場的成長動能。美國科技市場研究機構 Strategy Analytics 發表報告，2014 年光是美國智慧家庭系統服務市場，在保全和居家控制產品熱銷下，銷售額可達 180 億美元，2019 年的美國市場將翻升至 390 億美元。新興科技將持續加值應用軟體，如雲端服務與行動應用結合的顧客關係管理，而開發工具市場成長動能，則主要來自企業對於大數據（Big Data）與商業分析的應用，同時預估企業為因應新版個資法與「帶自己的行動裝置來上班（Bring Your Own Device, BYOD）」議題，將持續強化資訊安全與資料庫軟體功能。此外，業者為求滿足使用者體驗，提升產品附加價值，行動應用 App 已經成為各行動裝置廠商產品差異化的關鍵。而中國大陸工業和信息化研究部提出「中華人民共和國國民經濟和社會發展第十三個五年規劃綱要」，中國將投入百億人民幣在河北省張家口市建立相關產業基地，全力推動雲端運算產業發展，並且預估中國大陸的雲端運算市場於近兩年均會有超過 25% 的成長。

　　針對近年看好的大數據商機，台灣大數據軟體市場規模將從 2014 年的 21 億台幣成長至 2017 年的 34 億台幣，年複合成長率（Compound Annual Growth Rate, CAGR）達 21.4%。企業大數據市場以商業智慧與商業解決方案應用為市場主力，對於非結構化的資料分析仍處於探索階段。軟體市場趨勢將由「行動應用、大數據、社交媒體、雲端運算」等新興科技整合創新服務所趨動，展望未來，行動應用 App 將開啟軟體產業發展的新舞台，而大數據也會逐漸由技術面的探討，進入實務應用面的推動層次，社交媒體則會以社交協同的平台為基礎，持續推助協同商務的市場擴展。雲端運算的發展，將分流為公有雲服務的採用進展，以及雲端資料中心的基礎架構變革。隨著雲端運算的發展，雲端資料中心與相關基礎架構的快速建置與彈性管理也益形重要。軟體定義網路（Software-Defined Networking, SDN）、軟體定義儲存、軟體定義資料中心等科技也將成為繼虛擬化科技之後，解構硬體運算資源的新興科技。

2-5 習題

1. 雲端運算需要哪些額外的成本？
2. 雲端運算從經營層面和管理面有哪些好處？
3. 請說明雲端運算對中、小型組織的優點。
4. 請說明雲端運算對大型組織的優點。
5. 請說明雲端運算對企業管理的影響。
6. 雲端的價格模型，依據供應商的採用方式共分成哪三種？
7. 請說明全球雲端運算市場的規模。
8. 公有雲的服務提供商如何做到降低電力的成本耗費或提高能源的效率？

📖 參考文獻

1. L. Y. Astri, "A Study Literature of Critical Success Factors of Cloud Computing in Organizations," *Procedia Computer Science*, Vol. 59, pp. 188-194, 2015.

2. J. Baliga, R. W. A. Ayre, K. Hinton, and R. S. Tucker, "Green Cloud Computing: Balancing Energy in Processing, Storage, and Transport," *Proceedings of the IEEE*, Vol. 99, No. 1, pp. 149-167, 2011.

3. P. Banerjee, R. Friedrich, C. Bash, P. Goldsack, B. A. Huberman, J. Manley, C. Patel, P. Ranganathan, and A. Veitch, "Everything as a Service: Powering the New Information Economy," *IEEE Computer*, Vol. 44, No. 3, pp. 36-43, 2011.

4. A. Bestavros and O. Krieger, "Toward an Open Cloud Marketplace: Vision and First Steps," *IEEE Internet Computing*, Vol. 18, No. 1, pp. 72-77, 2014.

5. J. Cartlidge and P. Clamp, "Correcting A Financial Brokerage Model for Cloud Computing: Closing the Window of Opportunity for Commercialisation," *Journal of Cloud Computing*, Vol. 3,

No. 2, 2014.

6. S.-H. Chun and B.-S. Choi, "Service Models and Pricing Schemes for Cloud Computing," *Cluster Computing*, Vol. 17, No. 2, pp. 529-535, 2013.

7. "Cisco Global Cloud Index: Forecast and Methodology," *Cisco White Paper*, 2015.

8. S. Hauff , J. Huntgeburth, and D. Veit, "Exploring Uncertainties in A Marketplace for Cloud Computing: A Revelatory Case Study," *Journal of Business Economics*, Vol. 84, No. 3, pp. 441-468, 2014.

9. P. Hofmann and D. Woods, "Cloud Computing: The Limits of Public Clouds for Business Applications," *IEEE Internet Computing*, Vol. 14, No. 6, pp. 90-93, 2010.

10. J. Huang, R. J. Kauffman, and D. Ma, "Pricing Strategy for Cloud Computing: A Damaged Services Perspective," *Decision Support Systems*, Vol. 78, pp. 80-92, 2015.

11. K. L. Jackson, "The Economic Benefit of Cloud Computing," *NJVC White Paper*, 2011.

12. C. Kloch, E. B. Petersen, and O. B. Madsen, "Cloud Based Infrastructure, the New Business Possibilities and Barriers," *Wireless Personal Communications*, Vol. 58, No.1, pp. 17-30, 2011.

13. N. Kshetri, "Cloud Computing in Developing Economies," *IEEE Computer*, Vol. 43, No.10, pp. 47-55, 2010.

14. S. Marstona, Z. Lia, S. Bandyopadhyaya, J. Zhanga, and A. Ghalsasi, "Cloud Computing — The Business Perspective," *Decision Support Systems*, Vol. 51, No.1, pp. 176-189, 2011.

15. O. Mazhelis and P. Tyrväinen, "Economic Aspects of Hybrid Cloud Infrastructure: User Organization Perspective," *Information Systems Frontiers*, Vol. 14, No.4, pp. 845-869, 2012.

16. R. S. Padilla , S. K. Milton, and L. W. Johnson, "Components of Service Value in Business-to-Business Cloud Computing," *Journal of Cloud Computing*, Vol. 4, No.15, 2015.

17. M. Ridley, J. Mitchell, T. Huomo, P. Miller, I. Bitterlin, and J. Liebenau "The Impact of Cloud - A Curated Report from the Economist Intelligence Unit," *Insights*, 2014.

18. D. Rutland, "Cloud: Vision to Reality," *Rackspace*, 2011. http://c1776742.cdn.cloudfiles. rackspacecloud.com/downloads/pdfs/CloudVisionToReality.pdf

19. M. Stieninger and D. Nedbal, "Characteristics of Cloud Computing in the Business Context: A Systematic Literature Review," *Global Journal of Flexible Systems Management*, Vol. 15, No. 1, pp. 59-68, 2014.

20. A. K. Talukder, L. Zimmerman, and H. A. Prahalad, "Cloud Economics: Principles, Costs, and Benefits," Cloud Computing: Principles, Systems and Applications Edited by N. Antonopoulos and L. Gillam, pp. 343-360, *Springer*, 2010.

21. G. Wang and J. Unger, "A Strategy to Move Taiwan's IT Industry From Commodity Hardware

Manufacturing to Competitive Cloud Solutions," *IEEE Access*, Vol. 1, pp. 159-166, 2013.

22. L. Wang, J. Zhan, W. Shi, and Y. Liang, "In Cloud, Can Scientific Communities Benefit from the Economies of Scale?," *IEEE Transactions on Parallel and Distributed Systems*, Vol. 23, No. 2, pp. 296-303, 2012.

23. W. Wang, G. Zeng, and D. Tang, "Cloud-DLS: Dynamic Trusted Scheduling for Cloud Computing," *Expert Systems with Applications*, Vol. 39, No. 3, pp. 2321-2329, 2012.

24. J. Weisman, "The 10 Laws of Cloudonomics," *GigaOM Network*, 2008. https://gigaom.com/2008/09/07/the-10-laws-of-cloudonomics/

25. J. Weisman, "The Nuances of Cloud Economics," *IEEE Cloud Computing*, Vol. 1, No. 4, pp. 88-92, 2014.

26. C. Wu and R. Buyya, "Cloud Data Centers and Cost Modeling: A Complete Guide To Planning, Designing and Building a Cloud Data Center," *Morgan Kaufmann*, 2015.

27. W. Yi and M. B. Blake, "Service-Oriented Computing and Cloud Computing: Challenges and Opportunities," *IEEE Internet Computing*, Vol. 14, No. 6, pp. 72-75, 2010.

第三章　雲端虛擬化

3-1 虛擬化的特色

　　虛擬化在雲端運算中是非常重要的技術之一，特別是在基礎建設為主的服務中。虛擬化可以建置出安全、客製化和隔離的執行環境，即使他們是不被信任的也不會影響到其他使用者的應用程式。這種技術的基本能力就是可以使用電腦語言或是結合軟體和硬體的能力去模擬一個執行的環境。例如，一個 Windows 的作業系統可以在一個虛擬機上執行，而這個虛擬機本身是在 Linux 作業系統上執行。硬體的虛擬化在雲端的 IaaS 環境中扮演很重要的角色。近年來虛擬化成為大家關注的技術，其原因如下所示。

1. 計算能力和效率的增加：現在的桌上型電腦的能力都足以應付每天處理的事務，所以超過的資源大多浪費掉。這些電腦有足夠的資源可以執行虛擬機。

2. 軟硬體資源的使用效率低：現今的電腦功能都非常強大，大部分的應用程式或系統僅使用電腦的一部分資源。如果可以將企業中許多使用率低的資訊設備全天候不間斷地使用，將可節省企業的成本。例如，許多桌上型電腦都只在上班的時間，員工用來做辦公室自動化的事情，下班後這些設備完全都閒置。如果在下班的時候好好使用這些閒置的資源來處理其他事務將可改進資訊設備的使用效率。所以可以使用虛擬化建置完全區隔的環境，來使用這些資源。

3. 空間不足：不論是儲存或是計算能力的需求增加，使得資料中心快速地成長。像是 Google 和 Microsoft 擴建他們的資料中心，每個資料中心都有數個足球場大，足以容納數萬台伺服器。雖然這些資訊公司可以容易擴展資料中心，但是大部分的企業無法建置新的資料中心來增加資源的容量，在這種情形下就會考慮在現有資源使用率低的條件下，利用虛擬化將原來的服務和應用程式建置在許多伺服器中，在實體的伺服器中執行以節省空間。

4. 綠色節能：最近許多公司都很積極尋找降低能源消耗和碳足跡的方法。資料中心是主要的電力消耗者，維運資料中心的電力不只伺服器的消耗還包含冷卻系統的耗電。因此降低伺服器的運行數量也會降低資料中心冷卻的耗電。虛擬化將可降低伺服器的運行數量，同時達到節能的目的。

5. 管理成本增加：電力和冷卻的成本現今已經超過資訊設備的成本，為了增加額外容量就必須在資料中心增加伺服器的數量，同時也增加管理的成本。伺服器除了自己執行一些事務外，還需要系統管理者來管理。一般系統管理者的處理事務包括硬體監控、故障硬體的替換、伺服器的設定和更新、伺服器資源的監控和備份。所以越多的伺服器將需要越高的管理成本。虛擬化可以降低伺服器的數量也就是降低管理的人事成本。

　　在虛擬化的環境中包括三個主要的元素，使用者（Guest）、主機（Host）和虛擬層（Virtualization Layer），如圖 3-1。使用者與虛擬層相互溝通而不是與主機，虛擬層負責建立與使用者相同或不同的運作環境。在硬體虛擬化中，使用者可以藉由作業系統和安裝應用程式來組合成系統映像檔，然後安裝在虛擬硬體上，由虛擬機管理器（Virtual Machine Manager）來管理。在虛擬儲存中，使用者也許是終端（Client）的應用程式或使用者，與實體儲存系統上的虛擬儲存管理互動。在虛擬網路中，應用程式和使用者與虛擬網路（例如，虛擬私人網路（Virtual Private Network, VPN））互動，而虛擬網路則藉由軟體來管理實體網路。

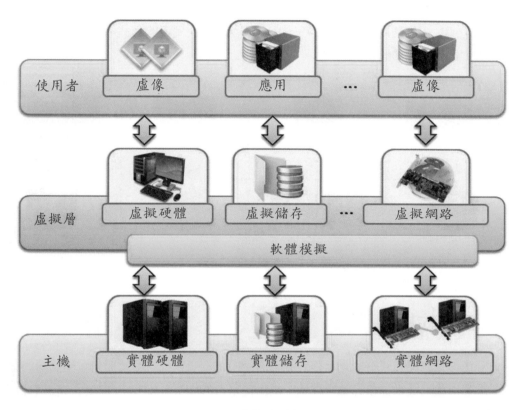

圖 3-1　虛擬化的模型。

在一個虛擬環境中，控制使用者執行的功能，可以建置一個安全可控制的環境，使用者可以在裡面運行，所有的運作透過虛擬機，而虛擬機將這些運作轉移到主機。這種間接的方式，使得虛擬機管理器可以控制和過濾使用者的活動，因此避免一些有害的運作被執行。資源經由主機的控制可以對使用者隱藏或加以保護，所以一些敏感的資訊無需安裝複雜的安全機制，就可以經由主機自然達到保護的功能。另外虛擬化也增加了可攜性，例如在硬體的虛擬化中，大部分使用者被封裝成一個虛擬的映像檔，可以移到不同的虛擬機上執行。虛擬化還可以管理不同的分享、聚集、模擬和隔離的執行功能，如圖 3-2，以下將詳細解釋這些功能。

1. 分享：虛擬化在相同的主機中建立個別的計算環境，如此可以充分使用主機強大的資源。在資料中心的運作下，減少運行伺服器的數量，降低電力的消耗。

2. 聚集：在虛擬化的環境中，不只有使用者可以分享實體的資源，也可以將許多個別的主機聚集起來成為一個大的虛擬機。

3. 模擬：使用者在虛擬層所控制的環境中執行，主機可以模擬不同的執行環境，使原來在實體環境中無法執行使用者的程式，模擬成使用者所需要執行的環境。

4. 隔離：虛擬化提供使用者在執行中完全隔離的環境，使用者的程式藉由與抽象層溝通來執行程式，使用下層的資源。

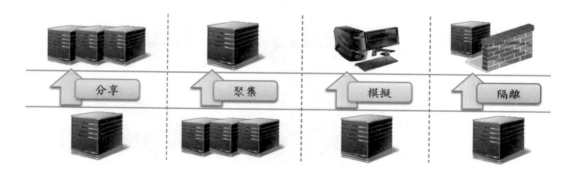

圖 3-2 虛擬化的功能。

3-2 虛擬化的技術

　　虛擬化可分為硬體層虛擬化、程式語言層虛擬化和應用程式層虛擬化。硬體層的虛擬化是在電腦硬體上提供抽象的執行環境，提供使用者的作業系統在上面執行。在這種模型下，使用者是作業系統，主機是實體的電腦硬體，虛擬機是它的模擬，虛擬機管理器是超級監督器（Hypervisor），如圖 3-3。虛擬機管理器可分為第一型和第二型兩種，如圖 3-4。

1. 第一型（Type I）：第一型的虛擬機管理器直接在硬體上執行，因此它取代作業系統的功能，直接與硬體下的 ISA 介面溝通，他們模擬這個介面可以管理使用者的作業系統。因為直接在硬體上執行，所以這種形式的虛擬機管理器也叫做原型虛擬機（Native Virtual Machine）。

2. 第二型（Type II）：第二型的虛擬機管理器需要作業系統的支援來提供虛擬化服務，也就是他們是由作業系統來管理，而作業系統透過 ABI 和模擬虛擬機的 ISA 來服務使用者的作業系統。因為在作業系統上運作，所以這種形式的虛擬機管理器也叫做主機虛擬機（Hosted Virtual Machine）。

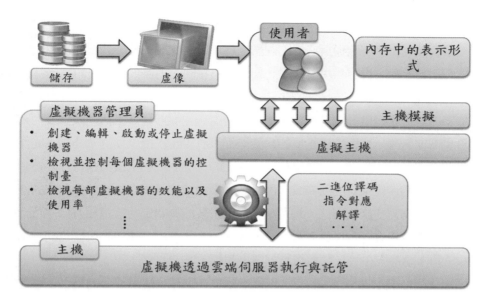

圖 3-3　硬體層虛擬化的模型。

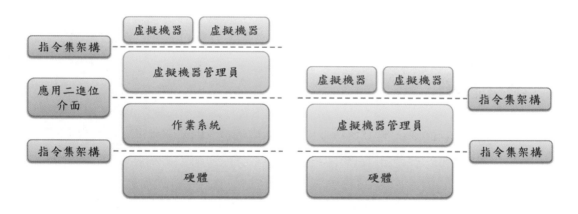

圖 3-4　兩種虛擬機管理器的模型，右圖為第一型，左圖為第二型。

　　硬體的虛擬化技術可以分為四種：硬體輔助的虛擬化（Hardware-Assisted Virtualization）、全虛擬化（Full Virtualization）、半虛擬化（Paravirtualization）和部分虛擬化（Partial Virtualization），以下分別來介紹。

1. 硬體輔助的虛擬化（Hardware-Assisted Virtualization）：VMware 是虛擬化市場的先驅。它的產品包含桌上型電腦或伺服器的虛擬化，就是硬體的架構可以建置虛擬機的管理器，在完全隔離的環境下執行使用者的作業系統。

2. 全虛擬化（Full Virtualization）：這種虛擬化直接在虛擬機上執行一個幾乎像是作業系統

的程式而完全不需要修改，就像是在原始的硬體上執行一樣。要達到這樣的目的，虛擬機管理器要能夠提供完全模擬底層的硬體。這種虛擬化形式的主要優點是完全的隔離，因此加強了安全性，也容易模擬不同的架構，在相同的平台上與其他的系統共存。

3. 半虛擬化（Paravirtualization）：這種虛擬化是一種不透明化的虛擬方法，允許實作輕量虛擬機管理器。它提供一個介面給虛擬機，而這個虛擬機是從主機稍微修改而來，因此使用者也需要修改。這種方法主要的目的是提供直接在主機上執行效率為主的作業。可以較簡單實作虛擬機管理器，轉移較難虛擬化的作業直接在主機上執行。要達到這樣的好處，使用者的作業系統必須修改，而且透過虛擬機的軟體介面將效率為主的作業對應至主機上。因為需要修改程式，當可拿到作業系統的原始碼時，這種方法才可行，所以這種方法大多應用在開放原始碼和學術的環境。Xen 很成功使用半虛擬化的技術，提供在 Linux 的作業系統在 Xen 虛擬機管理器上執行。

4. 部分虛擬化（Partial Virtualization）：這種虛擬化在硬體下提供部分的模擬，因此不允許在完全隔離下完整執行使用者的作業系統。部分虛擬化允許許多應用程式透明化執行，但是並不支援在全虛擬化環境下的作業程式特色。一個部分虛擬化的例子為在時槽分享系統下的空間虛擬化，許多應用程式和使用者可以在個別的記憶體空間下一起執行，但是他們還是一起分享相同的硬體資源（硬碟、處理器、網路）。

3-3 網路虛擬化

　　網路虛擬化結合硬體和軟體來建置和管理虛擬網路。網路虛擬化可以聚集不同的實體網路成為虛擬網路，此稱為外部網路虛擬化。也可提供網路化的函式當成作業系統的一部分，此稱為內部網路虛擬化。虛擬區域網路（Virtual Local Area Network, VLAN）是外部網路虛擬化的一種，它是將一群可以互相通訊的主機聚集起來，就好像位於相同廣播網域下。內部網路虛擬化一般是將硬體和作業系統層的虛擬化結合，使用者能夠藉由虛擬網路介面互相通訊。有許多的選擇可以來實作內部網路虛擬化，例如使用者分享主機相同的網路介面，使用網路位址轉換（Network Address Translation, NAT）存取網路。另外虛擬機管理器也可以安裝在主機上，模擬驅動程式成為另外的網路裝置，或者使用者也能有自己私有的網路。

3-4 桌面虛擬化

　　桌面虛擬化是在個人電腦上提供一個抽象的桌面環境，可以在主從架構下運作。桌面虛擬化和硬體虛擬化都是提供相同的輸出，只是目的不一樣。桌面虛擬化和硬體虛擬化相似，都是可以存取不同的系統，即使它們安裝在本機上。但是此系統遠端儲存在不同的主機上，透過網路的連接來存取。一般而言，桌面環境是儲存在遠端的高可靠性伺服器或是資料中心，提供從任何地方都可以使用相同的桌面環境。遠端存取桌面環境的基本服務是實作在軟體的原件，像是 Windows Remote Services、VNC 和 X Server。雲端上的桌面虛擬化像是 Sun Virtual Desktop Infrastructure (VDI)、Parallels Virtual Desktop Infrastructure (VDI)、Citrix XenDesktop。

3-5 內容傳送網路

內容傳送網路（Content Delivery Network, CDN）是透過網路互相連接的電腦網路架構，提供高效能、可擴展性及低成本的網路將內容傳遞給使用者。對於 TCP 傳輸過程，其Throughput 會受到延遲時間（Latency）、封包遺失（Packet Loss）等因子影響。為改善此情況，CDN 通常會指派較近與順暢的伺服器節點將資料傳輸給使用者。距離雖然並不是絕對的因子，但這樣做可以盡可能提高效能，使用者會覺得比較順暢。這使得某些需要較高頻寬的應用（例如：高清畫質的線上影片視訊）更容易發揮應用。CDN 也有另一個好處在於異地備援。當某個伺服器節點故障時，系統將會調用其他鄰近地區的伺服器節點來服務，進而提供趨近於 100% 的可靠度。

3-6 VMware

VMware 主要是採用全虛擬化的概念，使用者的作業系統可以在抽象層上執行，完全不需要修改。VMware 的全虛擬化是使用第二型的虛擬機管理器來實作桌面環境或是使用第一型的虛擬機管理器來實作伺服器環境。在這兩種形況下，全虛擬化可藉由直接執行（對於較不敏感的指令）和二進位轉換（對於較敏感的指令）來完成，因此可以在像 x86 的架構上虛擬化。VMware 除了兩種主要的核心解決方案，它也提供其他的工具和軟體來方便使用虛擬技術，在桌面的環境下整合虛擬使用者和主機，在伺服器的環境下建置和管理虛擬的基礎建設。VMware 提供各種虛擬化的解決方案，從個人桌上型電腦、企業伺服器到雲端基礎建設的虛擬化。

1. 終端使用者虛擬化

VMware 支援終端使用者虛擬化的功能，是在完全和主機作業系統完全隔離的環境下，安裝不同的作業系統和軟體程式，在 Windows 作業系統下的 VMware 軟體為 VMware Worksation，在 Mac OS X 作業系統下為 VMware Fusion。這些虛擬化軟體安裝在主機的作業系統下，建置虛擬機和管理這些執行程式，除了建置隔離的運算環境外，使用者的作業系統可以使用主機的資源（USB 裝置、檔案夾分享、整合主機作業系統的 GUI）。圖 3-5 為 VMware Workstation 的架構圖。

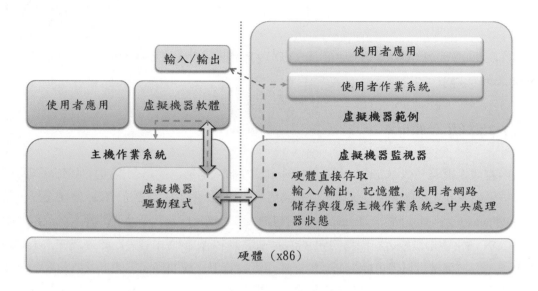

圖 3-5　VMware 工作站的架構。

2. 伺服器虛擬化

VMware ESX Server 和加強版 VMware ESXi Server 都是使用以超級監督器為主的方法，他們安裝在裸機伺服器上，提供虛擬機管理的服務。這兩種解決方案運用不同的內部架構，提供相同的服務，特別是超級監督器的核心部分。VMware ESX 嵌在修改過的 Linux 作業系統上，藉由服務控制台去操作超級監督器。VMware ESXi 則是實作一個非常輕量的作業系統層，使用遠端管理的介面和服務取代服務控制台，因此減少超級監督器程式碼的大小，節省記憶體。圖 3-6 為 VMware ESXi Server 的架構。

圖 3-6　VMware ESXi Server 的架構。

3. 基礎建設虛擬化和雲端運算的解決方案

　　VMware 提供整個雲端運算環境所需的產品，從基礎建設管理到 SaaS 的解決方案，圖 3-7 是 VMware 雲端各層的解決方案。ESX 和 EXSi 負責虛擬基礎建設的管理，資源池裡的虛擬化伺服器形成一體，藉由 VMware vSphere 來管理。VMware vSphere 虛擬平台除了提供虛擬運算服務外，還有虛擬檔案系統、虛擬儲存和虛擬網路構成基礎建設的核心部分；還有應用的服務，像是虛擬機的搬移、儲存的搬移、資料復原和安全區域。VMware vCenter 負責基礎建設的管理，提供集中式管理安裝在資料中心的 vSphere。VMware vCloud 負責將所有的虛擬化資料中心轉成 IaaS 的雲端，使得服務提供者可以提供使用者根據需求付費的虛擬運算服務。它也提供一個網頁入口網站來使用 vCloud 的佈建服務，終端使用者從可用的樣板中自己佈建虛擬機和設定虛擬網路。

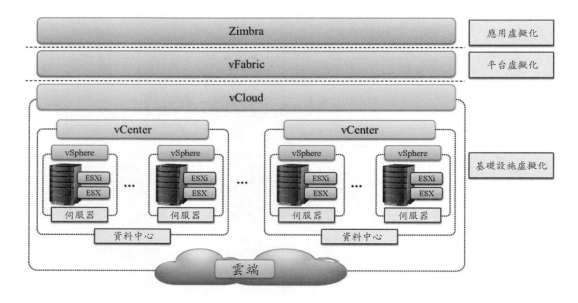

圖 3-7　VMware 雲端的架構。

3-7 Microsoft Hyper-V

　　Hyper-V 是由 Microsoft 為了伺服器虛擬化所發展的基礎建設虛擬化產品。硬體虛擬化的監督器，使用許多技術來支援多種作業系統。Microsoft 2008 年 7 月正式推出 64 位元架構的虛擬平台，2008 年 10 月並推出獨立版本 Hyper-V Server 2008，2009 年 10 月隨同 Windows Server 2008 R2 的推升並升級至 Hyper-V R2 版本，2011 年 3 月隨同 Windows Server 2008 R2 SP1 的推升並升級至 Hyper-V R2 SP1 版本，提供動態 Memory 與 RemoteFX 等功能，2012 年 9 月隨同 Windows Server 2012（或稱 Windows Server 8）的推升並升級至 Hyper-V 3.0，2013 年 10 月隨同 Windows Server 2012 R2 的更新並升級至目前最新 Hyper-V 3.0 R2。

　　Hyper-V 藉由分割（Partition）來支援許多使用者作業系統同時執行。分割是一個完全隔離的環境，作業系統可以在此安裝和執行。圖 3-8 是 Hyper-V 的架構圖，Hyper-V 除了直接安裝成為主機作業系統的一部分外，它也控制硬體和主機作業系統成為虛擬機的執行個體，有特別的特權稱為父分割（Parent Partition），父分割是唯一可以直接存取硬體，它管理所有需要設定使用者作業系統的驅動程式，並且經由虛擬機管理器來建立子分割（Child Partition）。子分割用來管理使用者作業系統但是不能存取底層的硬體，他們的溝通都是由父分割或虛擬機管理器來控制。

　　就微軟的虛擬化產品中如以 Windows Server 2012 R2（Datacenter 版）作業系統上的 Hyper-V 為虛擬化平台時，旗下 Guest OS 的 Windows Server 授權皆不需額外購買，藉以降低虛擬化後所需的整體成本。

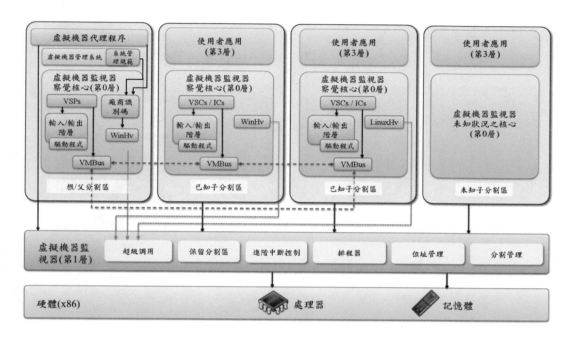

圖 3-8　Microsoft Hyper-V 的架構。

3-8 Xen

Xen 是建立在半虛擬化的架構下以開放原始碼的方式實作的一個虛擬化平台。一開始是由英國的劍橋大學所發展，現在 Xen 背後已經有一個很大的開放原始碼社群。Citrix 也提供商業的解決方案產品 XenSource。因為 Xen 採用半虛擬化的技術，可以高效率地執行使用者作業系統，只需要修改一部分使用者的作業系統。圖 3-9 說明 Xen 的架構和對應到 x86 特權的模式。一個 Xen 的系統是由 Xen 超級監督器來管理，它在最高特權的模式下執行，控制使用者作業系統對硬體底層的存取。使用者作業系統是在領域（Domain）下執行，代表虛擬機的執行個體。一個特別的控制軟體在特別的領域（Domain 0）下執行，它有特權可以存取主機和控制所有的其他使用者的作業系統，這是在虛擬機管理器完成啟動時第一個被載入的程式，負責 HTTP 伺服器，此伺服器用來處理虛擬機的建立、設定和結束。此元素構成分散式虛擬機管理器的基礎，它也是雲端系統中提供 IaaS 解決方案的基本元素。

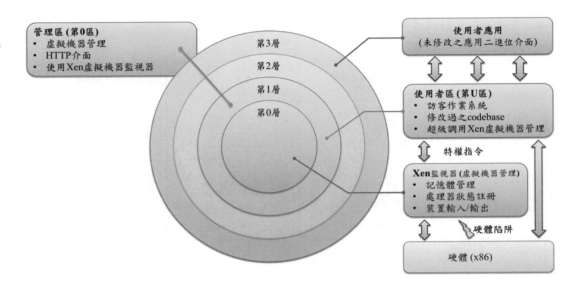

圖 3-9　Xen 的架構和使用者作業系統的管理。

3-9 實作範例

　　本實作中將示範如何利用 VMware 的 vCenter 建立一個私有雲的環境，現階段 VMware 與其他 Hypervisor 最大的不同是 vCenter 納管的資源提供來源可以是經由 ESXi 虛擬化過後的虛擬機。VMware 在 Hypervisor 的部分有推出很多不同的版本，在使用時我們只會用到最基本的虛擬機相關功能，因此本範例中將先以免費版的 VMware Player 作為實作環境。VMware Player 算是 VMware Workstation 的精簡版，我們可以在 VMware 的官方網站上下載到。VMware 官方網站：https://www.vmware.com/tw。

　　進入官方網站之後選擇支援與下載，接下來在按照工作區分頁籤中尋找桌面平台與使用者運算。之後可在該選項中找到 VMware Player 並且下載即可。接下來，必須下載 VMware 的 vSphere 系統，如圖 3-10 所示。

　　由於 vSphere 是個付費的商業系統，正常使用是需要付費的。但是 VMware 提供一個月試用的試用授權。在我們點下圖 3-10 中 VMware vSphere 的下載按鈕之後，官方網站就會要我們登入帳號，授權是在帳號之下，因此一個帳號只能試用一個月。註冊完畢登入之後可以看到授權資訊，使用者需要下載的是虛擬化的套件 ESXi，按照圖 3-11 所示選擇即可。

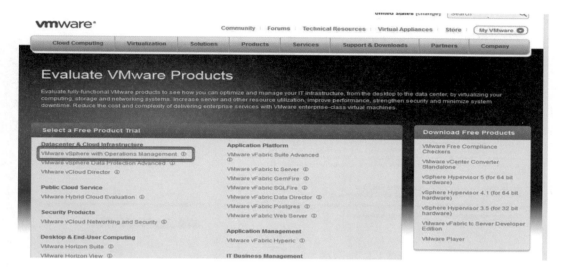

圖 3-10　下載 vSphere 系統。

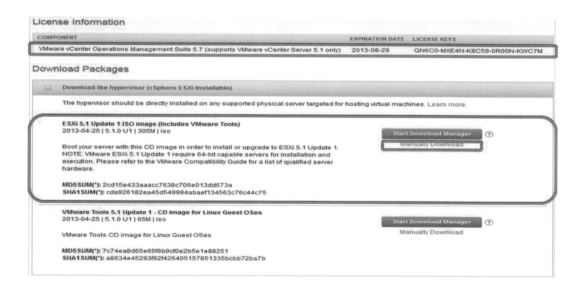

圖 3-11　授權資訊和取得 ESXi。

　　下載完 ESXi 之後我們要取得 vCenter 的管理系統，切換下載的類型由 Download Hypervisor 變更為 Download Management Server，之後可以按照圖 3-12 的指示下載 vCenter，並且再下載頁面下方的三個 Appliance（包含 OVF file、Data Disk 與 System Disk）。

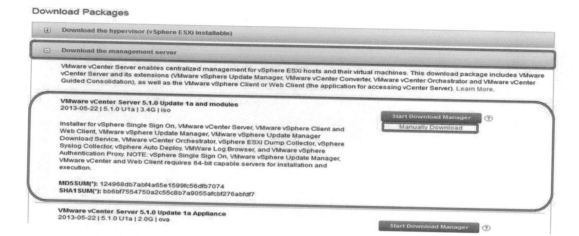

圖 3-12　取得 VMware vCenter Server。

在這些檔案都預備好之後就可以開始安裝私有雲環境。首先使用者要安裝 VMware Player，安裝完之後開啓 VMware Player，並且在操作介面選擇建立新的虛擬機（Create New Virtual Machine）。我們需要準備一個 DNS 伺服器，讓私有雲環境能夠有對應的 DNS 可以使用。這裡提供一個簡單的範例是利用 Windows Server 2008 建立一個 DNS Server。利用 VMware Player 的新增虛擬機精靈進行安裝，在安裝來源這邊需要先準備好 Windows Server 2008 的光碟，並且將來源切換過去，如圖 3-13 所示。

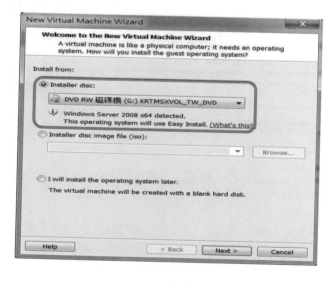

圖 3-13　設定安裝檔案存放位置。

之後在精靈中輸入安裝序號、虛擬機名稱、硬碟大小等等的資訊。最後設定完成之後啓動該虛擬機進行 Windows 安裝的步驟。在正式進行安裝之前，VMware Player 會詢問使用者是否要安裝 VMware Tools 如圖 3-14 所示，建議安裝才能夠搭配完整的 VMware 資源監控以及虛擬機的操作。

圖 3-14　安裝 VMware Tools。

安裝完成之後先關閉該虛擬機，選擇虛擬機設定之後需要更改一下網路的設定，如圖 3-15 所示。

變更完成之後我們可以將虛擬機開機，開機完成之後進入作業系統將這台虛擬機的工作群組與電腦名稱做一下修改，如圖 3-16 所示。將該虛擬機的 IP 位置做設定，如圖 3-17 所示。然後就可以在 Windows Server 的伺服器管理員中新增 DNS 角色，如圖 3-18 所示。

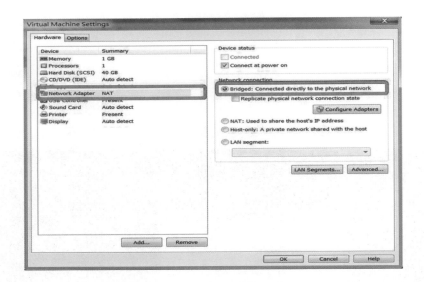

圖 3-15 變更虛擬機網路設定。

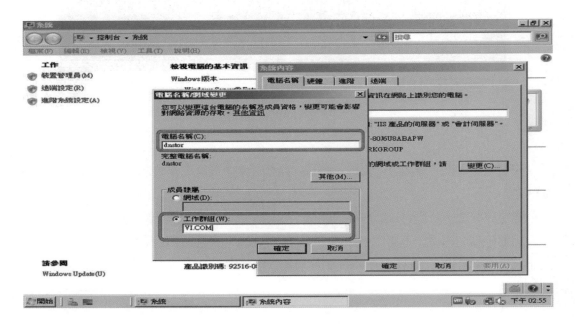

圖 3-16 修改工作群組與電腦名稱。

圖 3-17　設定 IP 位置。

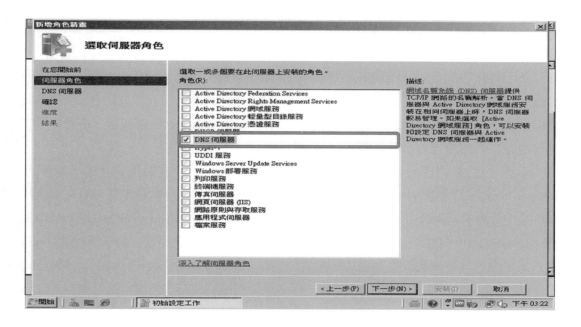

圖 3-18　建立 DNS 伺服器。

　　我們在伺服器管理員中，選擇剛剛安裝好的 DNS 伺服器進行正向解析與反向解析的設定，如圖 3-19 所示。正向解析的部分將一開始設定的名稱為 vi.com 的 Group 建立解析，而反向解析的部分則針對 IP 192.168.1.x 的區域進行解析。

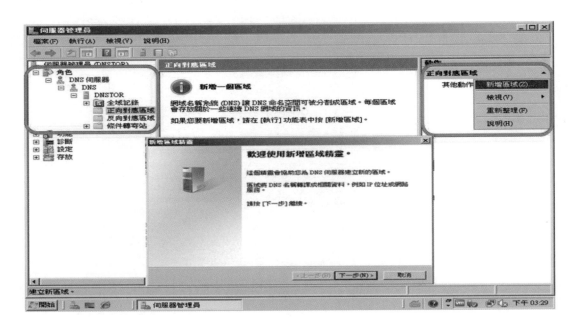

圖 3-19 建立 DNS 正向與反向解析。

新增解析完成之後，分別在正向解析與反向解析兩邊的 DNS，設定加入會使用到的各台虛擬機的 IP 資訊，新增完成之後在正向解析與反向解析兩個位置可以分別看到所有虛擬機的列表，如圖 3-20 所示。設定完成之後，先暫時關閉 Windows 的防火牆，避免接下來虛擬機與 DNS 進行連線的時候被防火牆給擋住。

至此，DNS 的部分已經建立完成，然後開始建立提供虛擬化資源的容器。在 VMware Player 新增虛擬機這部分的操作方式跟之前完全一樣，不同的地方只有在安裝位置的設定改為前面步驟由 VMware 官方網站所下載的映像檔（VMware-VMvisor-Installer-5.1.0.update01-1065491.x86_64.iso），要注意的是這個虛擬機需要建立一些不同的網路 port 用以提供服務，在硬體設定精靈的部分我們可以新增硬體，之後選擇 NAT，也就是網路設備。但是要注意的是跟前面的步驟一樣必須要把這些網路設備的網路連接方式改為 Bridged，如圖 3-21 所示。

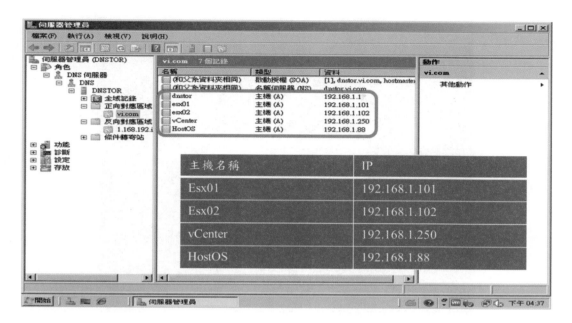

圖 3-20　正反向 DNS 解析新增虛擬機資訊。

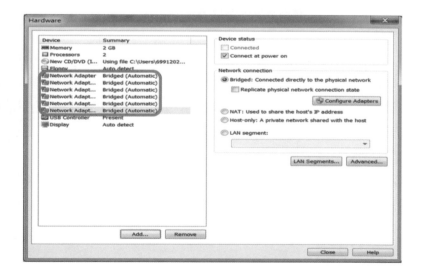

圖 3-21　新增系統所需要之網路介面。

　　設定完成之後我們就可以啓動虛擬機進行安裝的步驟，之後在管理步驟進行中，安裝程式需要使用者輸入管理帳號所使用的密碼，如圖 3-22 所示。

圖 3-22　設定管理帳號的密碼。

　　安裝完成之後會進入到 ESXi 內建的虛擬機作業系統的畫面。進入這個畫面之後我們的 ESXi 容器的安裝已經完成了，不過還需要進行一些設定。ESXi 的作業系統是不支援滑鼠操作的，接下來的設定都必須要用鍵盤操作來完成。在畫面上可以看到下方的提示訊息告知我們要按下 F2 才能夠進入設定畫面，如圖 3-23 所示。按下 F2 要進入設定的部分，輸入安裝時的使用者帳號密碼。

　　之後在設定的部分要選擇 Configuration Management Network，之後進入管理網路的設定選擇 Network Adapter，選擇第一個網路介面作為管理網路，如圖 3-24 所示。

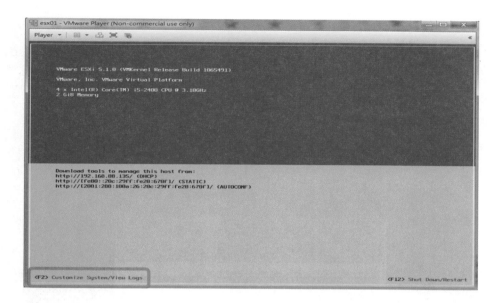

圖 3-23　設定資源容器。

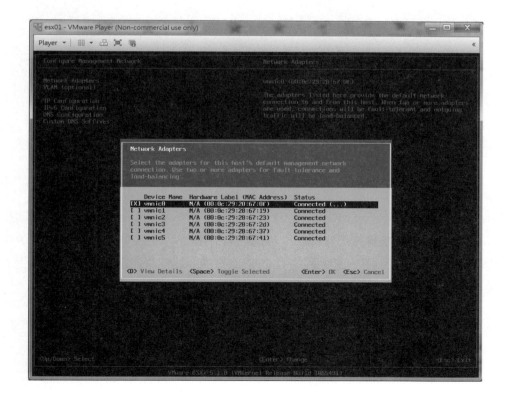

圖 3-24　設定網路介面作為管理網路。

接下來選擇 IP Configuration 設定這台虛擬資源提供容器的 IP 位置，前面 DNS 的部分設定了兩個 ESXi 容器的 IP，設定的 IP 需要依據前面設定的 IP 進行設定，如圖 3-25 所示。

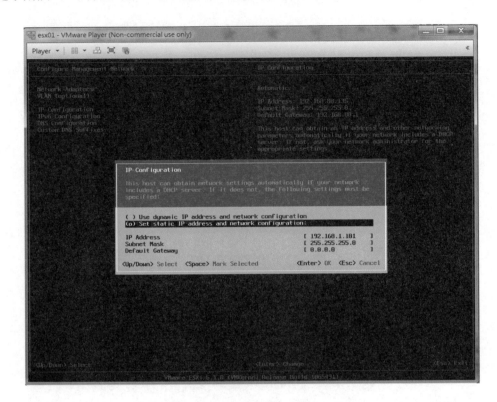

圖 3-25　設定 IP 位置與子網路遮罩。

接下來設定 DNS 位置，讓管理系統與虛擬資源容器之間可以相互溝通。同樣在 Configuration Management Network 中，選擇的是 DNS Configuration。利用前面步驟 Windows 所建立 DNS 相關的資訊來輸入，如圖 3-26 所示。要注意的是前面建立的 DNS 虛擬機都必須維持著開機狀態，其他利用 DNS 的虛擬機才能夠連線到該 DNS 伺服器進行查詢。

圖 3-26　輸入 DNS IP 與本機電腦名稱。

　　輸入完成之後，離開 Configuration Management Network 回到虛擬機的設定介面，此時可以測試前面的設定是否都正確。在設定介面中選擇 Test Management Network，之後系統會自動根據剛剛的設定進行測試並且將測試結果回報在畫面上，如圖 3-27 所示。若是都沒問題，每一項 Check 的結果都會顯示 OK。至此，一台虛擬資源的容器已經建置完成，我們可以依據相同的步驟建造第二台虛擬資源容器，不過 IP 位置需要注意，不再是這邊所設定的 192.168.1.101 而是 192.168.1.102。

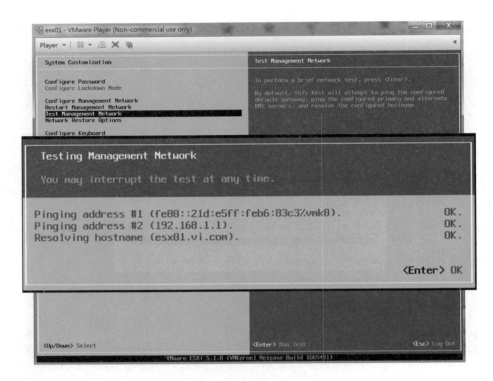

圖 3-27　測試設定是否正常。

接下來要安裝的是 vCenter 的管理介面，需要多準備一台虛擬機並且安裝 Windows Server 2008。與之前的步驟一樣，將網路 IP 變更設定為 192.168.1.250，與前面 DNS 正反向解析那邊設定的一樣。同時也根據同樣的步驟將這台虛擬機的工作群組變更為 vi.com，並將電腦的名稱變更為 vCenter。之後先將虛擬機關閉，並且將光碟機掛載從 VMware 網站上面下載的 vSphere Client 的 ISO 檔，再將虛擬機重新開機。開機之後，就可以點選電腦中的光碟機叫出 vSphere Client 的安裝畫面，如圖 3-28 所示。在畫面中有提示，要使用 vSphere Client 的話必須要先額外安裝 .Net3.5 與 #VJ 2.0 兩個 Windows 的套件。若是電腦中尚未安裝，可以直接點選安裝畫面上的兩項套件進行安裝。如果都已安裝完畢，可以直接點選安裝畫面中的 Install。

圖 3-28　安裝 vSphere Client。

安裝完 vSphere Client 之後，我們要安裝的是 vCenter 的管理程式，如圖 3-29 所示。選擇最上方的 vCenter Simple Install，同樣會需要先安裝 .net 3.5 與 Installer 4.5 兩項 Windows 兩個套件，若沒有安裝同樣必須先安裝，完成之後再點選下面的安裝。

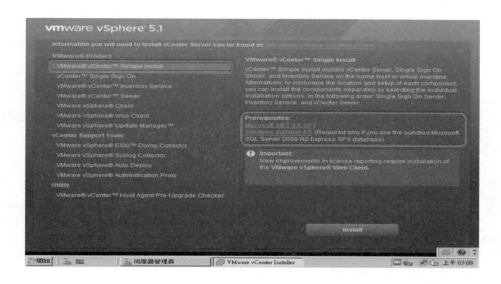

圖 3-29　安裝 vCenter。

安裝過程中，需要輸入序號的部分可以先留空白，會自動設定為試用授權。而使用的資料庫的部分直接用預設的 SQL 資料庫即可。然後過程中需要輸入 vCenter 伺服器的名稱，名稱格式虛擬機名稱加上網域名稱，如圖 3-30 所示。

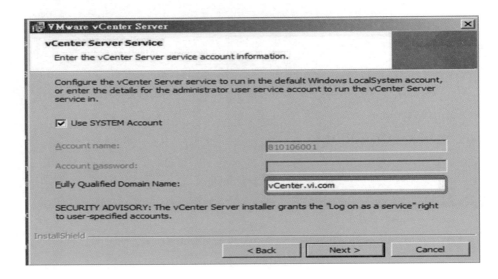

圖 3-30　設定 vCenter 伺服器名稱。

之後的安裝過程中，只要都套用預設的設定即可。都安裝完成之後點選桌面上的 vCenter 的 Icon，會出現 vCenter 的登入畫面，如圖 3-31 所示。在 IP 位置的部分直接把本機的 IP 打進去即可，以本範例而言就是 192.168.1.250。然後需要將下方的 Use Windows Session 勾起來。然後系統會跳出安全的警告，先將下方的選項勾選起來再點選 Ignore。

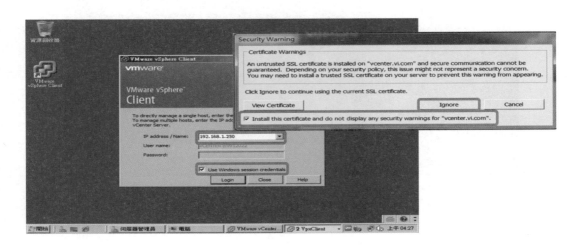

圖 3-31　用 vSphere Client 登入 vCenter。

之後看到 vCenter 管理介面的主畫面，此時可以新增一個 Datacenter，如圖 3-32 所示。

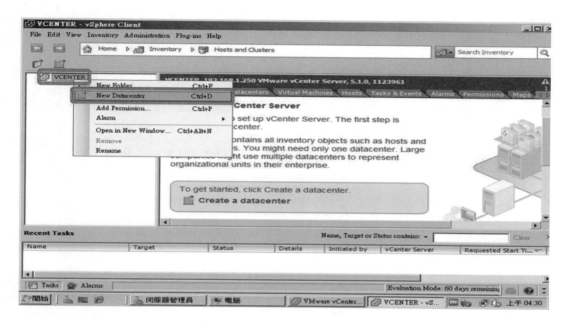

圖 3-32　建立虛擬資料中心。

建立完成之後，就是將前面建立的兩台資源提供容器納入 vCenter 進行統一的管理。可以選剛建立的 Datacenter 然後在右方的操作畫面中選擇 Add a host，如圖 3-33 所示。

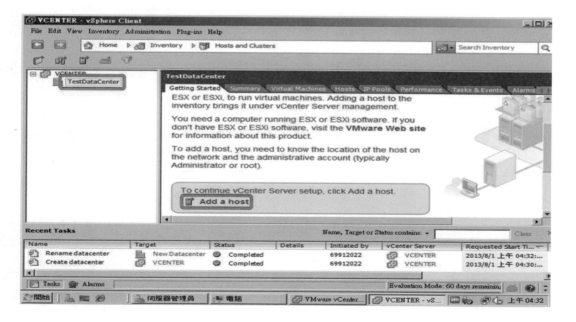

圖 3-33　加入伺服器。

接下來輸入虛擬機的相關資訊，Host 的部分可以選擇輸入 IP 位置或是容器的名稱，這邊的 esx01.vi.com 是容器的名稱，如果要輸入 IP 的位置就是輸入 192.168.1.101。使用者的名稱的部分輸入管理者帳號 root，密碼就是前面安裝 ESXi 時所輸入的密碼。設定完成後會出現警告訊息，確定完成按下 OK 即可，如圖 3-34 所示。

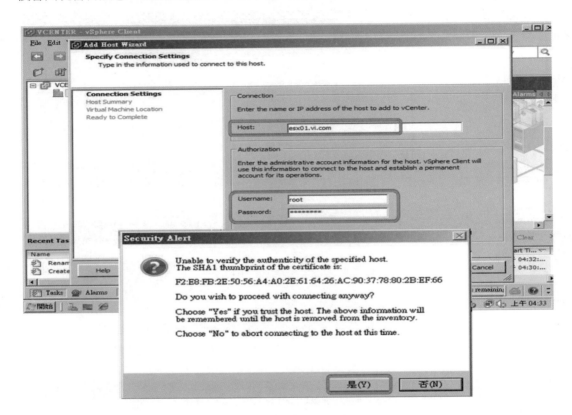

圖 3-34　輸入主機資料。

按照同樣的步驟可以將兩台虛擬資源提供的容器加入 vCenter 管理。納入管理完成後，可以在資料中心下面看到兩台虛擬資源提供的容器，同時已經可以在這兩個虛擬資源提供容器上再建立虛擬機了，如圖 3-35 所示。

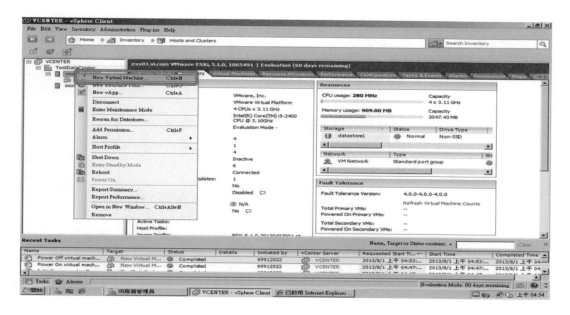

圖 3-35　創建虛擬機。

　　至此，其實一個私有雲的應用環境都已經建立完成了。vCenter 可以幫我們簡單的管理以及監控所有虛擬資源提供容器以及虛擬機的狀況。vCenter 最大的特色，就是 Live Migration。Live Migration 是可以在虛擬機不需要關機的狀況下，移動虛擬機所在的伺服器位置。而在 vCenter 中操作這項功能的方式也非常簡單，只要將剛剛建立的虛擬機直接拖曳至要放置的容器，系統就會自動啟動 Live Migration，如圖 3-36 所示。設定完成之後，系統會自動將虛擬機搬移過去。在這之中，虛擬機並不需要關機，因此並不會造成嚴重的服務中斷。

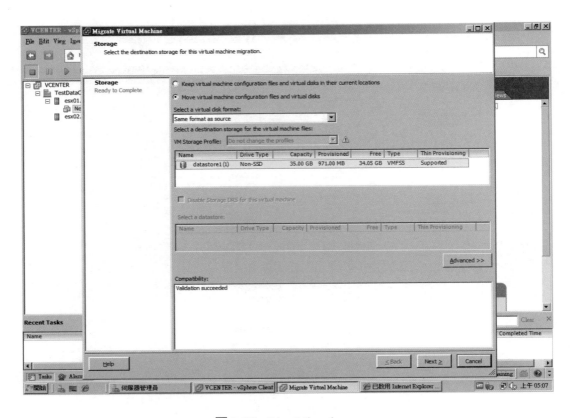

圖 3-36　Live Migration。

3-10 習題

1. 請說明何謂虛擬化和虛擬化的好處。

2. 近年來虛擬化成爲大家關注的技術，其原因爲何？

3. 虛擬化如何管理不同的分享、聚集、模擬和隔離的執行功能？

4. 在虛擬化的環境中包括哪三個主要的元素？這些元素如何互動？

5. 虛擬機管理器可分爲第一型和第二型兩種，說明這兩種的運作方式。

6. 硬體的虛擬化技術可以分爲哪四種？

7. 虛擬化的技術爲何？說明這些技術的主要概念。

8. 請說明內部網路虛擬化和外部網路虛擬化。

9. 請說明何謂桌面虛擬化。

10.請說明何謂內容傳送網路（Content Delivery Network, CDN）。

11.請說明 VMware 如何提供虛擬化的服務。

12.請說明 Microsoft Hyper-V 如何提供虛擬化的服務。

13.請說明 Xen 如何提供虛擬化的服務。

📖 參考文獻

1. R. W. Ahmad, A. Gani, S. H. Ab. Hamid, M. Shiraz, A. Yousafzai, and F. Xia, "A Survey on Virtual Machine Migration and Server Consolidation Frameworks for Cloud Data Centers," *Journal of Network and Computer Applications*, Vol. 52, pp. 11-25, 2015.

2. I. F. Akyildiz, S.-C. Lin, P. Wang, "Wireless Software-Defined Networks（W-SDNs）and Network Function Virtualization（NFV）for 5G Cellular Systems: An Overview and Qualitative Evaluation," *Computer Networks*, In Press.

3. M. F. Bari, R. Boutaba, R. Esteves, L. Z. Granville, M. Podlesny, M. G. Rabbani, Q. Zhang, and M. F. Zhani, "Data Center Network Virtualization: A Survey," *IEEE Communications Surveys & Tutorials*, Vol. 15, No. 2, pp. 909-928, 2013.

4. M. Bourguiba, K. Haddadou, G. Pujolle, "Packet Aggregation Based Network I/O Virtualization for Cloud Computing," *Computer Communications*, Vol. 35, No. 3, pp. 309-319, 2012.

5. N. M. M. K. Chowdhury and R. Boutaba, "A Survey of Network Virtualization," *Computer Networks*, Vol. 54, No. 5, pp. 862-876, 2010.

6. Q. Duan, Y. Yan, and A. V. Vasilakos, "A Survey on Service-Oriented Network Virtualization Toward Convergence of Networking and Cloud Computing," *IEEE Transactions on Network and Service Management*, Vol. 9, No. 4, pp. 373-392, 2012.

7. M. García-Valls, T. Cucinotta, C. Lu,, "Challenges in Real-Time Virtualization and Predictable Cloud Computing," *Journal of Systems Architecture*, Vol. 60, No. 9, pp. 727-740, 2014.

8. R. Jain and S. Paul, "Network Virtualization and Software Defined Networking for Cloud Computing: A Survey," *IEEE Communications Magazine*, Vol. 51, No. 11, pp. 24-31, 2013.

9. N. Liu, X. Li, and W. Shen, "Multi-Granularity Resource Virtualization and Sharing Strategies in Cloud Manufacturing," *Journal of Network and Computer Applications*, Vol. 46, pp. 72-82, 2014.

10. F. Lombardi and R. D. Pietro, "Secure Virtualization for Cloud Computing," *Journal of Network and Computer Applications*, Vol. 34, No. 4, pp. 1113-1122, 2011.

11. N. Marshall, "Mastering VMware vSphere 6," *Sybex*, 2015.

12. J. E. Smith and R. Nair, "Virtual Machines: Versatile Platforms for Systems and Processes," *Morgan Kaufmann*, 2005.

13. H.-Y. Tsai, M. Siebenhaar, A. Miede, Y.-L. Huang, and R. Steinmetz, "Threat as a Service?:

Virtualization's Impact on Cloud Security," *IT Professional*, Vol.14, No. 1, pp. 32-37, 2012.

14.Z. Xiao, W. Song, and Q. Chen, "Dynamic Resource Allocation Using Virtual Machines for Cloud Computing Environment," *IEEE Transactions on Parallel and Distributed Systems*, Vol. 24, No. 6, pp. 1107-1117, 2013.

15.F. Xu, F. Liu, H. Jin, and A. V. Vasilakos, "Managing Performance Overhead of Virtual Machines in Cloud Computing: A Survey, State of the Art, and Future Directions," *Proceedings of the IEEE*, Vol.102, No. 1, pp. 11-31, 2014.

16.R. Yu, G. Xue, V. T. Kilari, and X. Zhang, "Network Function Virtualization in the Multi-Tenant Cloud," *IEEE Network*, Vol. 29, No. 3, pp.42-47, 2015.

17.Y. Zhang, Y. Li, W. Zheng, "Automatic Software Deployment Using User-Level Virtualization for Cloud-Computing," *Future Generation Computer Systems*, Vol. 29, No. 1, pp. 323-329, 2013.

第四章　雲端大數據

　　管理階層如何由資料中取得管理所需要的知識成為一個維持競爭優勢的關鍵。因此，如何挖掘這些不論是結構化還是非結構化的資料非常重要，因為他們能夠幫助企業不僅從刻意收集來的資料中獲取資訊，更可以從公開的網路中取得大量的資訊。由網路上的社交網站如推特（Twitter）、微博或是部落格有著各式各樣的資訊，使企業能夠了解客戶並且預測他們的需求和反映，以優化企業資源的使用或是做為推出產品的依據，這樣的模式稱為大數據（Big Data）。

　　基於大數據的網路行為識別的研究應致力於利用行為分析、商務智慧等手段，在網路環境的海量、多源、動態資料中，以全面、集成的視角，展開深入的挖掘研究，從而提煉大數據環境中典型的行為模式，並且準確識別個性化的行為特徵，為商務管理決策與管理學研究提供微觀行為理論支持。此外，探索分析具有關聯性、互動性、模糊性、多源性、多樣性、動態性、偏差性等複雜特徵的海量資訊的相關理論和方法以及相關的數據過濾、知識發掘與提煉、特徵檢驗等新技術將具有主要的應用前景，可說是對行為識別的研究將有助於實現建立在對行為規律的理解和對大數據的駕馭基礎上的競爭智慧。大數據為現代企業的營運管理模式帶來深刻變革，使得企業可以整合產業生態鏈資源，進行產業模式創新，重塑企業與員工、供應商、客戶、合作夥伴之間的關係進行企業管理創新。也可以整合資源，創新協同價值鏈，提供新的產品與服務，打造新的商業模式。事實上，基於企業大數據的新型態企業管理理念和決策模式正在商務管理實踐中湧現。現代企業將逐漸摒棄以產品為中心（Good-Dominant Logic）、注重微觀層面的產品、營銷、成本和競爭等要素的傳統管理模式；並轉變為以服務為中心（Service-Dominant Logic）、注重宏觀層面的資源、能力、協同發展、價值創造和產業鏈合作等要素的面向。因此，結合社會媒體和線民群體產生的豐富的企業大數據，研究企業群體的共生／競爭協同演化，建立可持續發展的企業網路生態系統，對於企業管理與決策具有重要意義。這方面的研究內容可關注基於社會化媒體的企業眾包與協同發展、基於網路大數據的企業生態系統建模、企業生態網路中的協調運作與分配機制等。

　　儘管我們已經從很多地方看到了大數據的優勢以及效益，但是以現今的方法將其應用付諸實現仍然是一個複雜且耗時耗力的事情。同時，組織在實踐上也會面臨很多挑戰。比如說：現今經常使用的分析技術或是工具需要花費高昂的成本在獲得軟體或是工具的使用權上；同時需要大量的運算設備；並且需要專業的顧問來與組織合作，花費大量時間讓其了解組織的業務流程來整合流程與資料。在這個章節中，我們將介紹大數據領域目前所面臨的問題以及解決的方法。

4-1 大數據的來源和特性

目前組織正面臨越來越多來源所產生的資料，以組織內部而言，包含業務報表、用戶的活動、網站的追蹤與分析、感測器、金融會計等其他的因素。而以外部而言，隨著越來越多的社交網路或是網站的出現，用戶們可以分享自己的日常生活並且發布他們參加的活動、參觀的地方或是拍攝的相片，包含使用過的物品都有可能被記錄在上面，這些資料泛稱爲大數據。爲了從其中獲取價值以及處理大量的資料，對於現存的儲存、管理、操作以及資料的分析都是一大挑戰。全球目前使用的儀器設備量越來越多，因此需要儲存的資料量也越來越多，我們所面對的將會是一個不斷被資料淹沒的大數據世界，以每一分鐘在網路世界的流量爲例，如圖 4-1 所示。

圖 4-1　每一分鐘在網路世界的流量。

大數據的問題通常都發生在非科學應用的領域，像是網頁日誌、RFID、感測網路、社群網路、Interent 上的文字和文件、Internet 的搜尋索引、電話通聯紀錄、軍事監控、醫藥紀錄、相片檔案庫、影音檔案庫和大型的電子商務。除了巨量外，還有一個特色就是，新的資料是隨著時間繼續增加，而不是取代舊的資料。這些資料的來源除了 Internet 上產生以外，近來由於物聯網的興起，這個世界已經變得感知化（Instrumented）、物聯化

（Interconnected）和智慧化（Intelligent）。簡單而言，所有的物件可以感知周圍環境的資訊，像是溫度、濕度、風力等，然後透過物物相連的物聯化，將資料傳到雲端，經由這些巨量資料分析出有用的資訊，幫助人們做決策，也就是智慧化。

現今許多大量的內建晶片、RFID、感測器等感測裝置已經遍布在我們生活的周遭環境，這些裝置無時無刻收集資訊，產生巨量的資料。根據聯合國的資料，目前全球使用網路的人口數已經超過 20 億，使用手機的人口數更是超過 50 億。而這些感測裝置和網路、手機之間會彼此通訊交換資訊。當感知化和物聯化之後，這些資料透過雲端技術的處理將可以整合分析，達到決策的目的。

而在當今競爭激烈的市場中，能夠取得一些資料以了解客戶的行為用以細分族群，同時提供客製化服務是一項關鍵的競爭優勢。管理者以及決策者們希望利用這個資料大量成長的機會取得更多足以提供判斷的依據，而資訊的提取並不是一個新的議題，在過去已經有很多相關的做法在做這樣的事情了。圖 4-2 中，各種資料來源都有可能被當作需要分析的資料，包含資料庫、資料倉儲以及網路串流等。第二步這些數據導入之後會根據不同的目標及任務進行過濾，找出有價值的資料。第三步會將過濾過的資料導入事先準備好的評估模型進行建模以及調整，確保出來的結果是欲知的結果。最後再將資料進行分析，取得結果之後來評估模型是否出錯，若是出錯則回到上一步進行調整。

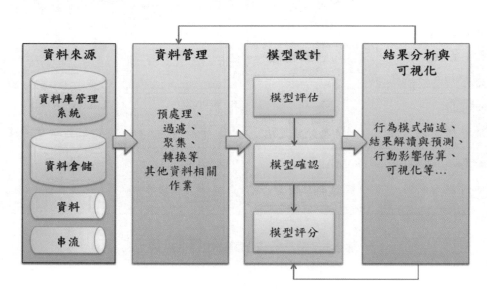

圖 4-2　在資料中挖掘資訊或是知識的過程。

Garner 將資料分析分為四種類別，愈往右邊複雜程度就愈高，如圖 4-3。

1. 描述性（Descriptive）：可以幫助描述情況，回答「發生什麼事？」（"What happened?"）

和「誰是我的客戶？」（"Who are my customers?"）的問題，以增加對資料的了解程度。常用的分析方式包含描述性統計（Descriptive Statistics）、資料分群（Data Clustering）和商業智慧（Business Intelligence, BI）等。

2. 診斷性（Diagnostic）：可以幫助了解為什麼事情發生？回答「為什麼發生？」（"Why did it happen?"）的問題，通常用來找出事情發生或出錯的原因。常用的分析方式則包含商業智慧（Business Intelligence, BI）、敏感性分析（Sensitivity Analysis）和實驗設計（Design of Experiments）等。

3. 預測性（Predictive）：可以回答「未來將會發生什麼事？」（"What will happen ?"）的問題，也就是預測未來可能發生什麼事。常用的分析方式則包含線性邏輯迴歸（Linear and Logistic Regression）、類神經網路（Neural Networks）、支持向量機（Support Vector Machines）等。

4. 規範性（Prescriptive）：可以回答「應該做什麼？」（"What should I do?"）的問題，也就是不但要預測未來，還要知道若作出某決策後的結果。常用的分析方式則包含模擬法，例如蒙地卡羅（Simulation e.g. Monte Carlo）和最佳化，例如線性／非線性規劃（Optimization e.g. Linear/Nonlinear Programming）等。

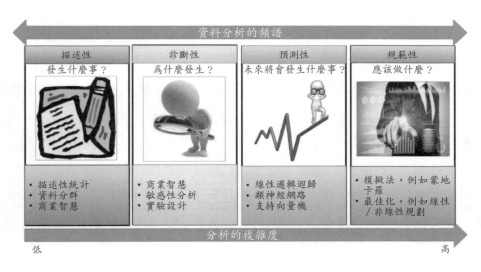

圖 4-3　資料分析的頻譜。

根據科技研究公司 IDC 估算，僅在 2011 年當年內就有高達 1.8ZB 的資料產生。Twitter 每天就產生 7TB 的資料，Facebook 更高達 100TB。除了龐大的資料外，另外必須面對雜亂的資料。因為資料來自 Internet、感測器、社群網路，資料包括網頁內容、搜尋索引、電子郵件、文件、感應器收集的資料，這些資料並不完全是結構化的資料，也有半結構和非結構的資料。如何從各式各樣的資料中萃取有價值的資訊將是大數據分析的一大挑戰，不但資料量大增、資料的種類多樣化，現在連產生資料的速度也大大提升。由於各種裝置的數量大增，尤其是物聯網中的感測裝置，而這些裝置更是時時刻刻在收集資料，所以產生資料的速度也變快了。以前組織在取得資料後大都會仔細查核資料的正確性和可靠性。但是現今的資料許多是來自社群網站或是感測器，其資料是零碎的、不完整的或是不可靠的資料。因此，當我們收集大量的資料後，必須思考這些龐雜的資料當中是否隱藏一些不確定的因素，如果不去考慮這些因素，所得到的結果將會影響決策的品質。

　　以上所述均為大數據的特性，而大數據發展的方向一般而言都被認定成是一個多 V（multi-V）的模型。在 2001 年，Meta Group（現為 Garner）的分析家 Doug Laney 寫了一篇研究報告指出由於資料大量的成長所需面對的挑戰和機會可分為三個維度，資料巨量化（Volume）、資料快速化（Velocity）和資料多樣化（Variety），這也就是大數據所謂的三 V。在 2012 年，Garner 更進一步說明大數據就是高巨量、高快速和高多樣的資訊，這需要新的處理方法以利於做決策、深入發掘和最佳化的處理。除了這三 V，另外資料不確定性（Veracity）以及價值（Value）也漸被討論（如圖 4-4）。多樣性代表的是各式各樣不同來源的資料類型、快速化指的是資料產生的速度以及處理的速度均要比傳統更快、巨量性指的是需要處理的量大幅度增加、不確定性指的是有多少的資料其來源是可靠的，而最後的價值則是評估這些資料經過分析或是處理之後能找出多少的價值出來。

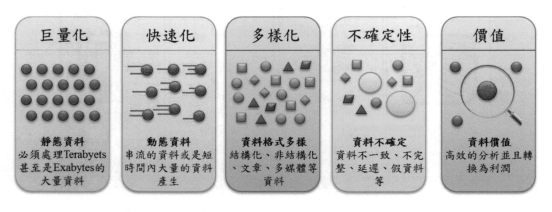

圖 4-4　大數據的五 V 特性。

4-2 大數據的管理議題

　　儘管資料分析有著這麼多的好處，但是這項工作傳統卻是對於專業知識要求極高的勞力密集產業。造成這樣的原因有兩個，第一是因為當前的解決方案通常需要在一般配置的硬體設備上建置專門的環境或是設定專業的軟體，同時需要大量的計算能力，這並不是一般的使用者可以完成的。第二是因為公司內部需要做大量的整合及調整，包含由各個不同的來源做資料源的統合以及過濾，另外還需要調整分析模型以及評估分析的結果是否可靠。而在大數據的環境中，搭配雲端運算可以減少硬體的麻煩，專心在管理、整合和處理資料。

在搭配雲端運算的方法上，一般而言會依據公司或是組織所面臨的情況不同而有所不同，大致分為下面幾種狀況：

1. 資料和分析模型都是私有的：這方面的資料可能牽扯到隱私權，而分析模組可能也是公司獨創，跟其核心價值有著密切關係的。在這種情況下組織或是公司會十分重視安全議題而採用私有雲的架構。

2. 資料是公開的，分析模型是私有的：若資料為公開資料，並沒有什麼機密或是隱私的問題存在，則可以利用公有雲來協助儲存資料，並且將需要保密的分析模組架設在企業內部的私有雲上，使用混合雲的模式協助進行。

3. 資料和分析模型都是公開的：若資料是公開資料且分析模型也為公開，則並沒有太大的機密性或是隱私問題需要考量，可以全部部署在公有雲上採取全公有雲的模式。但是考量到企業或是組織內部資訊設備的使用率，也可以部分布建在內部的私有雲上節省成本而採用混合雲模式。

4. 資料是私有的，分析模型是公開的：由於資料是私有的，可能會牽扯到機密或是隱私問題，因此可以資料與分析模型全部架設在私有雲上。但是由於分析模型是公開的，並不會影響到企業本身，因此可將其部署在公有雲上，但是如此一來就不能讓其直接存取資料，在設計模型的同時要考量到將資料處理或是加密，才能夠傳送到公有雲上進行運算。

以下針對大數據的管理整理出一些大家普遍重視或仍需解決的問題進行探討：

1. 資料的種類與數量：在大數據的環境中，資料的數量不斷的增加，要如何處理（儲存或是分析等）這些不斷增加的資料是一大問題。尤其是現在產生的資料很多都是非結構化的，因此很難有一個方法統一的從各筆不同的資料中找出有意義的內容。同時，這些資料可能都由不同的來源提供，要如何整合來源與結構不同的資料將成為一大問題。

2. 資料的儲存：如何儲存這些非結構化的資料以利快速地從這些資料中提取需要的內容。檔案儲存系統要如何針對這些不同的資料格式以及不同的分析需求加以優化？如果無法優化，需要增加些什麼功能才能做到？最重要的是，現在資料可能會變更儲存的地點，甚至是改變其存放的系統，因此要如何儲存資料才能夠很輕易的在資料中心以及雲端儲存服務之間進行轉換？

3. 資料整合：大數據的環境中要如何將新的儲存協定或是介面讓不同來源或是不同結構

（結構化、非結構化或是半結構化）的資料進行整合？

4. 資料處理及資源管理：需要新的程式設計方法處理現今多維度的資料，以及能夠支援處理的後端平台或是引擎。同時，在執行解決方案時優化其資源的分配。

4-2-1 資料的多樣性和快速化

在資料的多樣性方面，近年來不論是科學或是商業用途上增加了越來越多來源的開放資料，這些例子包含：政府資料庫、歷史氣象資料以及氣象預測、DNA 排序、道路交通流量狀況、產品評測或意見、社交網站上發布的資料（包含留言、圖片或是影片等）以及大量經由感測器取得的環境資料（如溫度、濕度等）。這些來源的資料經過整理分析之後成為判斷的依據，或是用技術和研究報告等其他格式發表。這些成果可以用於各種應用，如改善居住環境、為客戶提供更優質的服務、自然資源利用的優化或是防止及對應意外事件等。

但是，要處理或是分析不同來源的資料並沒有這麼容易。最大的問題就是這些資料格式及類型都不一樣，如圖 4-5 所示。相對於傳統紀錄資料的結構化儲存方式，現在很多產生的資料都是非結構化的，因此傳統的分析方法並沒有辦法針對這樣的資料進行分析。將非結構化的資料轉化為結構化的資料需要大量的時間及成本，甚至是根本無法轉換。然而在實際的應用上，並不見得有這麼長的時間可以去進行轉換。然而現在的應用中越來越多應用是需要經由現在所取得的資料跟過去已經儲存的資料進行比對分析，首先會碰到的就是上述結構化與非結構化資料之間的比對問題，就算同樣為非結構化資料，不同來源的資料源使用自己的格式，也會造成很難使用同一種分析方式，同時整合多個不同的資料來源。為了解決這樣的問題，現在發展的方向為制定標準化的格式，定義方法以及相互溝通的介面，使不同來源的資料能夠被統整以及處理。

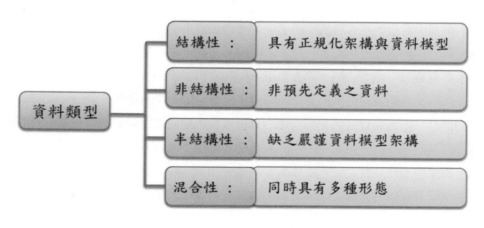

圖 4-5　資料的四種類型。

　　比傳統單純資料分析複雜的是考量到應用的不同，資料處理速度的需求也會不同，如圖4-6所示。不同之處在於有些應用只需要週期性的處理資料，而這週期通常會比較寬鬆；有些應用需要在收到資料之後短時間持續地進行分析；有些應用需要在收到資料時即時反應；而有些應用甚至不能夠等到資料完整傳輸後，在資料串流過程中發現狀況就必須立刻處理。

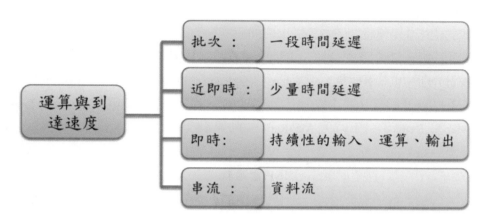

圖 4-6　　資料運算與到達速度。

4-2-2 資料的儲存

　　在大數據的環境中，如何儲存這些比傳統多出許多的資料成為一大議題。目前已經有很多解決方案被提出來。這些解決方案大多為雲端服務商提供用以解決及大規模的資料儲存需求。如 Google 所提出的 Google File System（GFS），這個檔案系統主要的目的是同時解決可靠性以及可擴展性，而除了 Google 之外，也有其他很多的廠商在做類似的檔案系統。然而，雖然這些儲存系統確實能同時滿足大量資料的儲存且具有擴展性，但是無法符合一部分大數據應用的需求。一個最主要的觀念就是現在的大數據應用中，儲存資料非常多，因此利用網路將資料傳至分析模型所在的地方進行分析需要大量的時間，同時由於這些雲端的儲存服務通常將資料的傳輸量當成計費的依據，因此大數據分析時需要的大量傳輸成本是非常可觀。

　　這樣的特性導致傳統的資料分析方法以及模式很可能無法使用，傳統的資訊系統中通常是一個 CPU 密集的作業，將資料傳到應用程式所在的位置進行計算或是處理是很合理的，因為資料傳輸的時間相對運算的時間通常是非常小的。然而，在大數據的環境中會將運算所需的應用程式進行對應到資料所在的地方，讓資料直接進行初步的處理以及計算之後再將需要的結果傳回。MapReduce 就是這樣的概念，MapReduce 將應用程式對應（Map）到很多的運算節點（Node），在運算完成之後回傳至應用程式的位置進行統整分析（Reduce），以提高應用程式的性能。

　　傳統的關聯式資料庫管理系統模型，用來表示結構和資料項目間的關係，但是這種模型無法處理大數據的問題，因為大數據大部分是非結構（Unstructure）或是半結構（Semistructure）性，它的資料大部分由非常大的檔案或非常多中量的檔案所組成，而不是資料庫的欄位方式。MapReduce 是由 Google 提出的資料分析架構，用來處理大量的資料。它用兩個簡單的函數 Map 和 Reduce 來表示應用程式的計算邏輯。資料的傳送和管理完全由分散式的儲存基礎建設（例如：Google File System）來處理，它負責提供資料的存取、備份檔案和移動資料到所需的地方。因此程式開發者無需處理這些事情，提供一個較高階的資料表示介面，也就是收集 Key-Value。MapReduce 應用程式的計算通常分成 Map 的工作流程和 Reduce 的作業，完全由執行系統來控制，程式開發者只需負責如何在 Key-Value 上執行 Map 和 Reduce，圖 4-7 是 MapReduce 的處理流程。

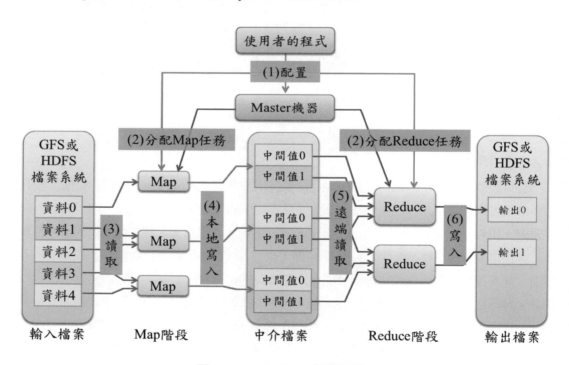

圖 4-7　MapReduce 處理流程。

　　我們舉個例子說明 MapReduce 如何進行。圖 4-8 中，有四個輸入的資料源，每個資料源有 1～2 個英文單字，經由主節點將任務分為三個子節點進行，每個 Mapper 負責不同的資料源並且統計每個單字各出現幾次。第一個 Mapper 只計算第一個資料來源提供的資料，計算出來的結果為 Cat 與 Dog 兩個單字各出現一次；第二個 Mapper 計算第二與第四個資料來源提供的資料，計算出來的結果為 Pig 這個單字出現一次、Fish 這個單字出現兩次；第三個 Mapper 只計算第三個資料來源提供的資料，計算出來的結果為 Cat 與 Pig 兩個單字各出現一次。Mapper 運算完之後分別將結果寫入中介資料，之後 Mapper 會根據結果的 Key 值進行處理來決定由哪一個 Reducer 進行處理，以這個例子為例 Mapper 1 產生了兩組結果，以（Key, Value）的格式表示分別為（Cat, 1）與（Dog, 1），值得注意的是 Value 的值域為（0, 1），這表示即使 Mapper 發現檔案來源中出現了兩次 Cat 這個單字，結果會是輸出兩筆（Cat, 1），而不是一筆（Cat, 2）。而 Mapper 處理的結果，也就是中介資料產生之後會再把每筆資料的 Key 值經過一個 Hash 函數運算出該由哪一個 Reducer 負責，以最常使用的 Hadoop 為例，這個 Hash 函數為系統本身就已建立好，而這個 Hash 函數算出的結果會根據 Reducer 的數量不同而出現不同，其用意是希望每個 Reducer 能夠有比較公平的工作負載，不要有人負擔的工作量特別重。在計算出 Reducer 之後會將資料存到該 Reducer 的儲存位置，再由負責各個任務的 Reducer 分別將自己負責的結果取出再進行統整。比方說 Reducer 1 負責 Cat 與 Pig 兩個單字，Reducer 2 負責 Dog 跟 Fish 兩個單字，因此 Reducer 1 會去讀取中介資料裡面的結果，並且將總共出現過的 Cat 與 Pig 兩個單字的字數加總起來之後再將結果輸出，同理 Reducer 2 也會將 Dog 與 Fish 兩個單字的出現次數加總並且輸出。如此，系統便可以得知來自四個不同資料源的資料中，Cat、Pig 與 Fish 共出現過兩次，而 Dog 只出現過一次。

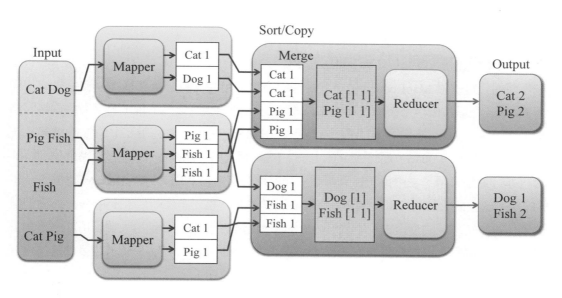

圖 4-8　MapReduce 處理示意圖。

然而，現今的雲端運算跟 MapReduce 雖然都能用以協助解決大數據環境中的問題，但是對於使用者而言，必須要再去學習特別的程式語法以及 API 的操作，所以現在中介套件開始蓬勃發展。而在非結構化的部分，在雲端運算中另外一個趨勢就是越來越多應用使用 NoSQL 資料庫或是檢索資料的方法。NoSQL 顧名思義就是不使用關聯式模型儲存資料的資料庫。而這種非關聯式的模型其實不是最近才有的新模式，一些古老的圖形或階層式資料庫運用的歷史已經超過 50 年，最近則更新增加了一些其他格式的資料庫。而在新舊資料混合的部分，雖然前面提到最近產生的大部分資料都是非結構化的資料，但是大部分的組織中均已經有傳統的關聯式資料庫用來儲存其客戶資料、銷售狀況、產品生產狀況以及其他的選擇。而這些傳統的關聯式資料庫常會將資料移動到資料倉儲（Data Warehouses）之後再進行查詢或是一些其他的資料處理。而在 MapReduce 的模型中通常不適合分析這類關係的資料。因此，現在也有一些研究方向是針對這兩種不同的資料進行查詢。除了資料儲存的方法之外，傳統利用資料倉儲的商業智慧系統（Business Intelligence, BI）在流程上也有問題，這樣的系統中經常會出現重複的資料準備或是儲存，而在運算部分也時常會有閒置的運算能力，因此現在的研究有一部分是嘗試讓資料處理或是分析大數據的功能能夠移動到資料倉儲中進行，減少不必要的資料傳輸與複製。為了滿足不同的應用程式的需求，需要有共通的介面進行資料的介接。目前已經有系統實作出讓 NoSQL 能夠簡單地透過以前系統所使用的 JDBC/ODBC 資料庫驅動程序直接取得資料，如此一來就能跟傳統的 SQL 資料庫統一，即使資料的來源在不同的資料庫，使用者也無需另外處理不同的 API 或是查詢語言。

4-2-3 資料的處理以及資源的管理

前面已經提過 MapReduce 是在大數據中最常使用的資料分析架構，而在這樣的架構下 Hadoop 是最常被拿來架構 MapReduce 解決方案的開放原始碼系統，甚至有些雲端服務提供商也利用 Hadoop 作為提供服務的平台。Hadoop 使用時會利用在 HDFS 的檔案系統上面製作多個分析節點，運行 MapReduce 的應用程式時，Hadoop 的運算節點會分別將其資料進行彙整分析，之後再將結果傳回主節點進行整合。然而，雖然 Hadoop 提供了一組 API 讓系統發開人員能夠實作 MapReduce 的分析應用，但是很多時候 MapReduce 的模型建置工作並不是單純的寫程式。不論是分析的目標還是流程時常都是用人類慣用的高階語言來描述以及制訂，同樣資料的來源時常也是這種高階的語言（如客戶留言或是部落格內容等），如何把這些用程式的邏輯實作是一大難題。

在系統執行的時候，Hadoop 有設計容錯機制，讓系統允許發生錯誤不會當掉，但是這個機制很多時候反而造成問題。為了達成這個目的，Hadoop 需要將資料由 HDFS 備份到系統的節點，這需要花費很長的時間。當然，這樣的方式是為了創造可靠的運作環境，但若是在完全可靠的環境中，這樣的機制反而會造成額外的負擔以及延遲時間。因此，有些研究中提出除了運算節點以及主節點兩種節點之外，另外加入一個負責監督的節點，這個節點可以根據每個子節點的運作狀況進行資源的調配，用最少的節點數量在限制的時間內達到所需要的效果。

然而有些應用環境更為複雜，除了需要用最少的資源達成之外還會有時間敏感度的限制，比如氣象預報或是股市走向分析中，時間的要素就很重要，分析的結果會隨著時間而快速地失去其價值，若是無法在時間之內完成則不管結果多麼準確都沒有任何意義。而在這樣的使用情景中，公有雲是一個時常被運用的方式，由於資料通常都在組織自己的 IT 設備上，因此若要利用公有雲的運算資源通常會採取混合雲的方式。混合雲有比較好的安全性，同時利用公有雲上面的資源達到較高的效益比，在這樣的應用環境中，通常需要去計算用到多少的公有雲資源，讓系統利用最少的公有雲資源協助現有的運算資源達到預定時間內完成的目標。

4-3 大數據的價值

在大數據的環境中收集的資料非常大量而且複雜，使得傳統的資料庫管理工具和資料處理的軟體很難處理。同時這些資料時常都是非結構化的資料。如果資料沒有事先定義格式（Format）、模型（Model）或概要（Schema）。一般而言，自然文字（Free Text）可視為非結構化，不需要事先定義模型，完全取決於文字要做什麼事。關聯式的資料庫基於事先定義資料模型的需要，清楚地在表格（Table）中，定義欄位，而這些欄位有關聯性。大數據的分類如下（如圖 4-9）。

1. 結構化的資料（Structure Data）：有固定的欄位，例如關聯式資料庫和試算表的資料等。
2. 半結構化的資料（Semi-Structure Data）：雖然沒有固定的欄位但是包含標籤（Tag）和其他的記號（Maker）可以用來區別資料的元素，例如 XML、JSON、HTML-Tagged 文件等。
3. 非結構化的資料（Unstructured Data）：沒有特定的格式和大小，例如文件資料、聲音、影片、圖像、電子郵件、Log 等。

大數據的來源來自於 RFID、感測網路（Sensor Network）、社群網路（Social Network）、大量的社群資料分析、網際網路的文件、網際網路的搜尋索引、電話通訊的詳細紀錄、天文學、大氣科學、生物學、各學科間複雜的科學研究、軍事監視、醫療紀錄、圖形影像檔案和大規模的電子商務資料。這些複雜的資料大概可以分成兩大類，一類是人產生的數位資訊，另一類是機器的資料。由於我們與網際網路的互動增加，數位足跡也隨著增加。即使我們每天與數位系統互動，但是大部分的人不知道即使只是點選的動作將會產生多大的資料量。以下是一些網際網路的統計例子。

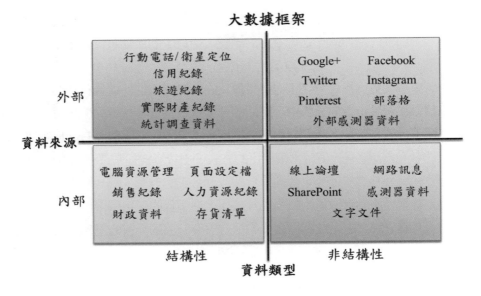

圖 4-9　大數據資料類型和來源。

1. 2013 年 2 月，Facebook 有超過 10 億的用戶，每天有 6 億人使用 Facebook。每天分享 25 億的內容和 27 億的「讚」，產生 500TB 新的資料。

2. 2013 年 3 月，以企業為導向的 LinkIn 社群網路，有超過 2 億的用戶，以每秒增加 2 為新用戶的速率增加。在 2012 年產生 57 億次的搜尋次數。

3. 因為大部分擁有手機的人都具有照相功能，所以相片是一個熱門的項目。Instagram 的使用者每天上傳 4,000 萬張的照片，相當於每秒 8,500 張照片，每秒產生大約 1,000 則的評論。Facebook 也每天上傳 3 億張的照片，一個月大約 7PB 的資料量。2013 年 1 月，Facebook 已經儲存了 2,400 億張的照片。

4. Twitter 有 5 億的用戶，而且以每天 15 萬新用戶的速度增加，超過 2 億的活動用戶。2012 年 10 月，每天產生 5 億則的訊息〈tweet〉。

5. Foursquare 在 2013 年 1 月有 30 億次的打卡，2,500 萬的用戶每天 500 萬次的打卡，產生 3,000 萬個提示（tip）。

6. 在部落格方面，非常流行的部落格平台 WordPress 上，2013 年 3 月，每月有 4,000 萬則新的留言和 4,200 萬則評論，超過 3 億 8 千 8 百萬人瀏覽 36 億網頁。另一個流行的部落格平台 Tumblr，在 2013 年 3 月，有 1 億個部落格，超過 440 億則留言，每天有 7,400 萬則留言。

7. 個人化的網際網路收音機 Pandora，2012 年他們的用戶收聽 130 億小時的音樂，相當於 13,700 年的音樂長度。

8. 2012 年 7 月，Netflix 宣稱他們的用戶已經看了 10 億小時的影片，這些資料佔美國網際網路大約 30% 的流量。2013 年 3 月，YouTube 上每月看了 40 億小時的影片，每分鐘上傳 72 小時的影片。

9. 2013 年 3 月，有 1 億 4 千 5 百萬個網際網路的網域，其中大約有 1 億 8 百萬個「.com」的網域。

10. 在電子郵件世界裡，Bob Al-Greene 在 Mashable 的報告中指出 2012 年 11 月，每天有 1,440 億個電子郵件送出，大約有 61% 是用在商業中。電子郵件的領導產品 Gmail 中有 4 億 2 千 5 萬名活動用戶。

　　看了這些統計數字，可知道人們產生的數位足跡是多麼巨大。以下一些例子可以讓我們知道如何利用這些大數據。當你拜訪 Amazon 的網站或在 Netflix 上考慮看那一部影片時，他們就會依據這些巨量分析的結果產生推薦的資訊。Walmart 也會辨識出地區性顧客的喜愛來決定貨物的種類和數量。所以這些數位足跡的大數據將會對經濟和社會產生很大的影響。

　　另外一類的大數據是機器資料，像是防火牆、負載平衡器、路由器、交換器和電腦產生了數位足跡。這些系統產生了 Log 檔案，包括安全和稽核的 Log 檔案，網站的 Log 檔案，這些 Log 檔案可以看出拜訪者做了什麼事。要知道全世界有多少伺服器幾乎是不可能的事，因為所有的公司都把這個資訊視為機密。許多專家試圖利用使用的電量去評估許多著名的公司，像是 Google、Facebook 和 Amazon 有多少的伺服器。

　　2012 年 8 月，James Hamilton 估計 Facebook 有 180,900 台伺服器，Google 有超過 100 萬台伺服器。其他的專家估計在 2012 年 3 月，Amazon 有大約 5 億台伺服器。2012 年 9 月，紐約時報估計全美國有數萬座資料中心，消耗全美國 2% 的電力。有趣的是以前這些包括 Log 檔案的機器資料大部分都被忽略。然而 Log 檔案對於 IT 和企業而言是有用的資料金礦，因為它們記錄著顧客的活動和行為，可以用在產品和服務上。當公司看到交易的行為，就可用來改進顧客的服務和確保系統的安全。Log 檔案更可以用來幫助發現問題，以便在未來預測相似的問題。

　　除了機器的資料外，感測器也即時收集資料。大部分的工廠設備都有內建的感測器，可產生大量的資料。例如一個用來發電的瓦斯渦輪有 20 個葉片，一個葉片每天將產生 520GB 的資料量。一趟越洋的飛機將產生數 TB 的資料，這些資料可以用來維護運作，改善飛行安全和節省油亮的消耗。在物聯網（Internet of Things, IoT）的世界中，更有眾多的裝置連接在一起，隨時產生巨大的資料，這些資料量是未來須面對的大問題。圖 4-10 為即時資料分析的架構。

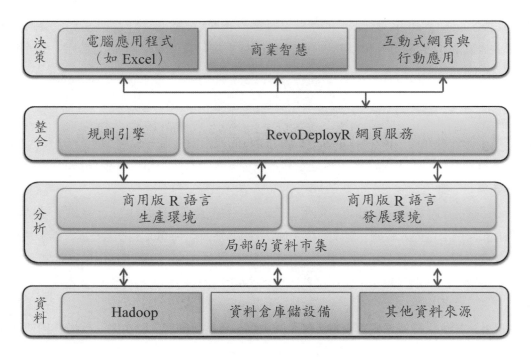

圖 4-10　即時資料分析的架構。

　　在大數據的環境中，儲存的資料是極為重要的，在這樣的前提下所謂的資料即服務（Data-as-a-Service, DaaS）正孕育而生。但是相對的，有資料的來源固然重要，但是在大數據的環境下最重要的還是由這些資料中找出有價值的資訊或是知識，因此資料的分析以及建模就變得相當重要。而這些模型是針對現有的資料所建立的，在資料持續產生的過程中必須持續地進行修正與評估其預測將來的能力。這樣的作業稱為模型建構（Model Building）以及模型評分（Model Scoring），而現在這些工作都已朝向自動化進行發展，如模型預測標記語言（Predictive Model Markup Language, PMML）就是針對這樣的問題進行解決，這是一個佈建在雲端的系統，使用者可以經由 Web Service 的方式呼叫進行處理。

　　在模型建立與評估的部分最大的挑戰，是如何能夠快速地處理大量的資料以及橫跨內部 IT 設施和雲端。大數據分析的資料量越來越大，因此若是能快速的建模以及評分對於服務提供商將成為主要的賣點。同時要做到這點也有賴於標準化的介面以及 API 的出現，因為只有如此才能夠有統一的標準進行評分，讓使用者可以基於成本或是服務性選擇服務供應商，如此才能實現公平競爭的環境。

　　目前針對大數據的處理，多著重於快速處理五大面向的屬性資料，及使用商業智慧分析，來發掘出能夠提高商業價值的策略。針對現今大量的資料，研發出新的儲存、管理、分析等技術。而大數據的視覺化分析（Visual Analytics），更是重點研發項目。企業上的資料時常以一筆筆紀錄的方式大量地進行儲存，分析資料時單靠人眼無法從如此龐大的紀錄中找出隱藏的知識與脈絡，所以分析師會以企業想要找出的知識為目標對這些資料進行分類，並透過各種視覺化的呈現方式使得一般人員也能夠從不同的圖形中以不同的分析角度找出不同的隱藏資訊。

在解讀大數據的模式眾多呈現方式中，文字雲是最常見的一種資料視覺化方法，針對使用者輸入的文章或是網頁內容，分析其字詞出現的頻率，以字體大小表達出特定期間內最熱門的關鍵字，頻率越高字詞越大。分析資料視覺化透過特殊的運算模式、演算法將各種數據、文字、資料轉換為各種圖表、影像，使得資料可以比較容易為人所理解，分為數值資料（Numerical Data）或數量資料（Quantitative Data）、類別資料（Categorical Data）或定義資料（Qualitative Data），藉此完成資料類型的分類，再來將資料對應到視覺屬性（也就是資料編碼），決定哪一種視覺屬性表達資料類型是最有效率的，包含 2D 與 3D 的圖形化資料呈現、即時性的報表產生工具、動態儀表板、資料視覺化動畫模擬等工具。

視覺化通常會伴隨著與使用者互動的要素，但是現在雲端環境中的大數據處理依然面臨著許多的問題。當用戶進行參數或是一些互動的設定調整時，希望系統能像在用傳統終端的 BI 系統一樣能夠在短時間內就能得到回覆，但是現在大部分利用雲端運算的情境依然類似早期在使用分散式運算的方式，也就是使用者提交他們的工作，並且等待運算節點將工作執行完畢將結果回傳之後，進行整合與驗證，再進行視覺化的動作呈現出來。這種方式在雲端運行時其缺點（如等待時間及資料傳輸速度等）會被放大，因此設計一個新形態的系統讓使用者反覆地提出問題並且迅速地收到回應將變得十分重要。

除了軟體系統的優化之外，常被人忽略的部分是硬體的優化。此處硬體的優化指的並不是記憶體、處理器或是儲存空間之類的硬體，而是指跟視覺化呈現資料相關的硬體，如螢幕、觸控或操作介面等。雖然現有的工具也能達成呈現資料的目的，但是在大數據環境中連同視覺化資料顯示的數量也會非常驚人，一般的螢幕沒有辦法將視覺化的結果顯示出來，同時又讓人能夠清楚分辨。在一些資料視覺化的系統中，搭配巨型的顯示牆已經是越來越普遍的選擇，如此才能夠完整表現這些視覺化後的資料。相對應顯示晶片所需的效能以及記憶體也越來越大，如此才能滿足大數據環境下的大量顯示需求。

4-4 大數據的挑戰

在大數據的分析環境中，使用雲端運算提供商的服務，大部分只能被動使用提供的環境而無法自己建置。除了使用雲端運算提供商的解決方案之外，使用者也可以利用其他的解決方案自己建立大數據的分析環境。以下提出幾個大數據的商業模式，這些與前面提到技術方面的問題不一樣，比較偏向商業管理的問題。第一個面臨的問題主要是大數據的營運模式，根據方式的不同大致區分如下：

1. 建立共享的平台讓各個使用者執行其分析工作：這樣的情境適合當組織或是企業有多個部分都需要分析的時候。傳統的做法，每個部門必須發展分析方案以及維護系統，在共享平台的做法中，各個部門只需要上傳自己的分析程式，之後就可以在同一個共享的基礎設施環境下執行，用以降低維護與營運成本。

2. End-to-end 的完整服務提供：這種方式適合不具備大數據專業技術或知識的公司，在這個服務情境下，服務提供商提供特定領域的分析模組，分析軟體和環境全部都由供應商提供。使用者在訂閱服務後只需自己定義問題，根據問題調整模組並將資料上傳後即可得到需要的結果。

3. 將分析能力本身作爲服務提供：服務提供商將分析的模組佈建在雲端上，並且根據一些已經公布的資料，將分析出來的結論作爲服務販售，這種模式適合本身並沒有足夠資料可以提供分析的組織或公司採用。

　　根據上述，大數據的分析服務提供其實可以歸類爲兩個種類：

1. 分析即服務（Analytics-as-a-Service, AaaS）：服務供應商提供多種分析方式給客戶，讓客戶依照他們的需求挑選能夠達到其目的之解決方法。

2. 模型即服務（Model-as-a-Service, MaaS）：提供分析模型讓使用者能將分析方法佈建其上。

　　但是這兩種服務若是與雲端運算結合將會面臨一些額外的挑戰，例如資料的傳輸。於是有人提出資料即服務（Data-as-a-Service, DaaS），由廠商整合一些已知或是公布的資料，作爲資料源提供給消費者，可以減少大數據分析時的資料傳輸量。除了上述的問題之外，雖然分析可以利用雲端運算的技術協助完成，但是分析時最重要的專業知識並不是很容易可以轉化爲程式。雖然現今已經有不少研究針對系統自主學習，但是專業知識人員在分析的過程中依然不可或缺。管理上要利用大數據，要視大數據如何協助專業知識分析師去分析，以及如何幫助管理者快速地做出決定。而要達到協助決策的目的，需要控管執行的成本，因此估計分析本身所需要的費用也是相當重要的一環。使用雲端資源進行大數據的分析相對而言估算費用容易得多，因爲在雲端平台上有公開且可估算的收費機制，使用者只需開發自己的分析模型，並且計算將資料傳至雲端後租用服務的成本即可。相對而言，自行建置環境就複雜得多，跟雲端環境比起來的差異主要是不會有傳輸資料的成本，但是會增加建置環境的成本，這部分除了設備之外還會有軟體資源或是能源消耗等的考量。

4-5 大數據的應用

　　Google 於 2008 年推出 Google 流行感冒預測（Google Flu Tends, GFT），Google 歸類出在流感爆發的季節，人們用 Google 搜尋對應流感的症狀或是相關措施與資訊比例將會增加，透過分析流感關鍵字數據，像是「咳嗽」、「發燒」和「疼痛」這樣的字眼，可以預測流感將在哪裡出現以及其散布範圍，目前此技術已經在 25 個國家登錄。2009 年的 H1N1 新型流感疫情正式被世界衛生組織列為「國際間關注的公共衛生緊急事件」，在這次事件中 Google 挑選美國九個區域進行流感預測趨勢的測試，發現透過此技術可以比聯邦疾病控制與預防中心提前 7 到 14 天準確預測流感的爆發。而在 2014 年爆發的伊波拉病毒疫情中，加拿大的 BlueDot 公司根據全世界各大城市之間的全球航班起降、城市的健康管理系統、人口移動、地球表面溫度與濕度變化、氣候變遷等環境資訊、當地的家禽與家畜密度和昆蟲滋生狀況與傳染病起源地的環境資訊進行交叉分析。而每一項因素的背後，可能有相關聯的關係。全世界每天約八百萬人次在空中飛行，全球四萬多座機場，若疾病爆發，城市與另一城市的直飛航班密集，則其疾病爆發機率就會比需要轉機的其他城市高出許多。根據這些資訊，BlueDot 提供各國政府不同的疾病傳染地圖，進行風險評估，並根據不同國家與城市之醫療資源擬定對策。由此可見，大數據雖然不見得能夠取代正式的醫學預測，但是已經成功提供了一個新的管道供防疫參考。

　　Netflix 每天要處理的資料量非常巨大，另外它也利用大數據的分析製作一部非常成功的影集「紙牌屋（House of Cards）」。Netflix 原先是一家線上 DVD 郵寄出租服務的公司，於 1977 年成立於美國加州，隨著 Internet 的發達與資訊技術的演進，Netflix 的付費用戶達到 2,920 萬，超過 HBO 的 2,870 萬。另外，根據 Sandvine 市調公司研究報告，其下載量佔全美網路下載量的 32.25 ％，以絕對優勢佔據第一名的位置。用戶在使用 Netflix 的服務時，Netflix 將服務全部記錄下來，之後將這些資料運用大數據來掌握分析消費者觀看影片的行為與影片評價等數據，再根據消費者對導演、演員、影片題材的喜好，找出最相關性質的影片進行推薦。2013 年時 Netflix 已經做到讓使用者 75% 以上的觀看影片均來自於 Netflix 的推薦影片，不僅成功節省行銷費用，更為觀眾營造出一種「好像還有很多影片可以看」的感覺，讓消費者續訂服務。而「紙牌屋」的製作更是完全利用大數據作為支撐，「紙牌屋」原本是英國國家廣播公司（BBC）於 1990 年推出的政治題材電視影集。Netflix 根據用戶紀錄發現，喜歡這部電視影集的人有很高的機率也喜歡 David Fincher 導演或者 Kevin Spacey 主演的電視劇。有了這些科學分析數據做為依據，當時收益頻頻下滑的 Netflix 決定放手一搏，買斷劇本並且自籌資金建立劇組拍攝新版改編的「紙牌屋」影集，同時根據大數據所分析出的觀眾收看習慣發現，觀眾較不喜歡每週固定時間收看的傳統方式，而喜歡主動地自行安排時間，最好是可以一口氣看完的收看方式，因此決定將製作完成的「紙牌屋」以網路平台獨佔的方式，一口氣將影集的 13 集一次全部上架。這部影集獲得空前的成功，根據 Netflix 統計最高紀錄曾有高達 270 萬人同時在線上觀看「紙牌屋」影集。

　　上述中提到影劇業採用較直覺的方式，大數據也可以用於其他地方。遊戲產業目前逐漸抬頭受到重視，遊戲產業能創造的產值甚至可能遠高於傳統被視為娛樂產業中最重要的電影產業。以 Blizzard 公司推出的線上遊戲魔獸世界（World of Warcraft），一年創造的營收金額便高達 10 億美元，並已經連續 10 年達到這個成績，總產值是史上最高營收電影鐵達尼號的 6 倍。而在這個領域遊戲的製作以及維運中，平衡性被視為相當重要的要素之一，尤其是帶有競技性質的遊戲更是如此。同一公司推出的競技類遊戲星海爭霸（Star Craft）即為一個經典的代表，遊戲中三個種族雖然有不同的玩法與戰術，但是在這數百種組合中平衡性卻堪稱完美，至今少有遊戲望其項背。這種平衡性修正的工作在傳統十分困難，Blizzard 公司靠著與玩家們的互動，花了 10 年的時間不斷地修正與更新，才完成最後的版本。而現在這個十分困難的工作已經可以藉由大數據來完成，舉例來說「英雄聯盟」（League of Legends, LOL）這款網路連線競技遊戲是全世界目前最大的網路遊戲，同時線上玩家的數量最高超過一億人。遊戲分散於世界各地的代理經營商，會把當日的資料發送回美國原廠的資料中心。當日所有的正式電子競技比賽以及一般遊戲都會被分析，資料分析師會根據遊戲勝率、造成傷害量和承受傷害能力等參數分析是否有角色太強或太弱，以便在 2～3 週的時間內調整所有的平衡性問題。整個遊戲中有超過 120 種不同的角色，同時讓遊戲保持在快速更新，並且良好平衡的狀態，這也是英雄聯盟之所以成為目前世界最大網路遊戲的關鍵之一。

　　以上所提都是國外的例子，其實國內也有不少運用大數據的成功案例。例如電晶體龍頭台積電 2014 年公布，在開發新製程時搭配大數據，讓他們成功地減少 11%～14% 的商品不良率，而已經成熟的製程中也可利用大數據達成生產流程的最佳化。晶圓的製造過程非常繁複，需要大量機台層層加工塗料，才能誕生一個合格的晶圓成品。對科技廠來說，如何在晶圓成品數量很少的製程初期，就能找到最關鍵機台或在步驟出現問題時協助改善生產流程，就能提升良率。然而這十分困難，一個晶圓成品要經過 300 個機台，正常情況下要找出問題機台的機率至少是 2 的 300 次方。在這麼多的可能性下，傳統利用經驗嘗試的方式效率非常不好，成本也相當高昂。如今，晶圓廠利用在機台上面設置感測器的方式，在機台上設置許多不同的中斷點，讓這些感測器能夠隨時回報大量的資訊，並且利用這些資訊分析出有問題的晶圓到底是在那一台機器或那一個步驟時出現誤差，導致後面連鎖反應。

4-6 習題

1. 請說明大數據的問題為什麼大部分都發生在非科學應用的領域。
2. 請說明如何在資料中挖掘資訊或是知識。
3. 請說明資料分析的四種類別。
4. 請說明大數據的五 V 特性。

5. 請說明公司或是組織在處理資料分析上，搭配雲端運算的方法，大致分為哪幾種狀況。

6. 哪些是大家普遍重視或仍需解決的大數據管理問題？

7. 請舉例那些資料具有多樣性和高速化。

8. 請說明有哪四種不同的資料類型和資料來源？

9. 請說明有哪四種不同的資料運算與到達速度？

10. 請說明 MapReduce 的處理流程和舉例說明。

11. 請說明 Hadoop 的運作方式。

12. 請說明即時資料分析的架構。

13. 大數據的視覺化分析為何重要？並舉例呈現的方式。

14. 大數據的分析服務提供哪兩個種類？

15. 請說明何謂資料即服務（Data-as-a-Service, DaaS）。

16. 請舉例說明大數據的應用。

參考文獻

1. D. Agrawal, S. Das, and A. E. Abbadi, "Big Data and Cloud Computing: Current State and Future Opportunities," *Proceedings of the 14th International Conference on Extending Database Technology* (*EDBT 2011*), 2011.

2. M. D. Assunção, R. N. Calheiros, S. Bianchi, M. A. S. Netto, and R. Buyya, "Big Data Computing and Clouds: Trends and Future Directions," *Journal of Parallel and Distributed Computing*, Vol. 79-80, pp. 3-15, 2015.

3. R Barga, V. Fontama, and W.-H. Tok, "Predictive Analytics with Microsoft Azure Machine Learning: Build and Deploy Actionable Solutions in Minutes," *Apress*, 2014.

4. G. Bello-Orgaz, J. J. Jung, and D. Camacho, "Social Big data: Recent Achievements and New Challenges," *Information Fusion*, Vol. 28, pp. 45-59, 2016.

5. J. Berman, "Principles of Big Data," *Morgan Kaufmann*, 2013.

6. C. L. P. Chen and C.-Y. Zhang, "Data-Intensive Applications, Challenges, Techniques and Technologies: A Survey on Big Data," *Information Sciences*, Vol. 275, pp. 314-347, 2014.

7. M. Chen, S. Mao, and Y. Liu, "Big Data: A Survey," *Mobile Networks and Applications*, Vol. 19, No. 2, pp. 171-209, 2014.

8. T. H. Davenport, "Big Data at Work: Dispelling the Myths, Uncovering the Opportunities," *Harvard Business Review Press*, 2014.

9. T. H. Davenport and D. J. Patil, "Data Scientist: The Sexiest Job of the 21st Century," Harvard Business Review, Oct., 2012.

10. C. K. Emani, N. Cullot, and C. Nicolle, "Understandable Big Data: A Survey," *Computer Science Review*, Vol. 17, pp. 70-81, 2015.

11. A. Gandomi and M. Haider, "Beyond the Hype: Big Data Concepts, Methods, and Analytics," *International Journal of Information Management*, Vol. 35, No. 2, pp. 137-144, 2015.

12. I. A. T. Hashem, I. Yaqoob, N. B. Anuar, S. Mokhtar, A. Gani, and S. U. Khan, "The Rise of "Big Data" on Cloud Computing: Review and Open ResearchIissues," *Information Systems*, Vol. 47, pp. 98-115, 2015.

13. H. V. Jagadish, "Big Data and Science: Myths and Reality," *Big Data Research*, Vol. 2, No. 2, pp. 49-52, 2015.

14. X. Jin, B. W. Wah, X. Cheng, and Y. Wang, "Significance and Challenges of Big Data Research," *Big Data Research*, Vol. 2, No. 2, pp. 59-64, 2015.

15. K. Krishnan, "Data Warehousing in the Age of Big Data," *Morgan Kaufmann*, 2013.

16. J.-G. Lee and M. Kang, "Geospatial Big Data: Challenges and Opportunities," *Big Data Research*, Vol. 2, No. 2, pp. 74-81, 2015.

17. B. D. Martino, R. Aversa, G. C., A. Esposito, and J. Ko odziej, "Big Data（lost）in the Cloud," *International Journal Big Data Intelligence*, Vol. 1, Nos. 1/2, pp. 3-17, 2014.

18. N. Marz and J. Warren, "Big Data: Principles and Best Practices of Scalable Realtime Data Systems," *Manning*, 2013.

19. V. Mayer-Schönberger and K. Cukier, "Big Data: A Revolution That Will Transform How We Live, Work, and Think," *Houghton Mifflin Harcourt*, 2013.

20. V. Mayer-Schönberger and K. Cukier, "Learning with Big Data: The Future of Education," *Houghton Mifflin Harcourt*, 2014.

21. A. McAfee and E. Brynjolfsson, "Big Data: The Management Revolution," *Harvard Business Review*, Oct., 2012.

22. S. Mund, "Microsoft Azure Machine Learning," *Packt Publishing*, 2015.

23. D. Talia, P. Trunfio, and F. Marozzo, "Data Analysis in the Cloud," *Elsevier*, 2015.

第五章　雲端儲存系統

5-1 雲端儲存簡介

現在越來越多的網路應用中,有很多的應用服務需要大量的儲存空間。例如:部落格、網頁、軟體日誌(Logs)或是一些感測器的數據等。儲存這種大量的檔案一般的檔案儲存設備或是檔案系統並沒有辦法有效的處理。會產生這樣的狀況主要是因為出現了一些新的運用方式或是需求而導致,如圖 5-1 所示,其說明如下:

圖 5-1　雲端儲存蓬勃發展的原因。

1. 大數據逐漸普及:現在越來越多的領域中,大數據的資料處理越來越普及,例如:科學運算、企業應用、自然語言的運用、多媒體娛樂與社交網路分析等。為了因應這樣的需求,需要提出新的架構與新的資料管理技術。

2. 在商業鏈中,資料分析的重要性逐漸提升:很多網路應用的情境中,管理或處理資料已經不再被視為成本,而是一種創造利潤的資產。例如 Facebook 的營運重點在管理使用者的個人資料,並且根據興趣或是一些其他的關係進行人與人之間的連結。這都需要巨量的資料以支持其需要的資料探勘與資料分析。

3. 處理更多不同種類的資料,而不再只是傳統的格式化資料:要達到以上的目的,傳統系統運用中結構化的資料會不斷地增加,同時系統必須要處理一些不同格式的資料。這些資料並沒有辦法整合為結構化的資料融入關聯化的資料儲存方式。

4. 新的運算技術與運用方式:雲端運算提供動態運算能力,讓程式設計的架構產生變化,使程式可以擴展到任意數量的平行處理。在雲端運算的服務架構下，程式或是服務動態部署在許多不同的節點上，甚至於某些節點可能只動態地存在很短的時間。使得傳統系統固定於一個資料中心，提供服務和儲存機制將無法支援這種雲端運算的架構。

另一個重要的議題是使用者的使用習慣也逐漸改變，由傳統坐在電腦前面使用裝置逐漸演變為使用行動裝置。雖然也有一些方式可以在行動裝置或其他的電腦上存取檔案，但是通常都需要一些專門的使用介面，例如：SD 卡或 USB 介面等，使用上並不方便。

雲端儲存服務的興起，主要就是為了解決前面所述之問題。雲端服務供應商 Nirvanix 的創辦人 Geoff Tudor 將雲端儲存的服務與電力系統相提並論，當使用者打開電燈開關時，使用者並不知道電網所提供的每一個電子來自那個電廠，只需在意是否有電能讓電燈亮即可。同樣地，當使用者使用雲端儲存服務時，並不需要知道資料存放在什麼位置，而只需在意是否能夠存取到資料即可。雲端儲存代表的是一種新的網路資料儲存方式，其特色是儲存空間經由網路技術相互連結。資料檔案儲存在各個虛擬伺服器中，經由特殊的檔案系統提供的 API 進行處理。

雲端運算的伺服器通常是由一些專門提供運算或是儲存能力的第三方營運商所提供，雲端運算提供商會負責設備的維運以及管理，使用者只需規劃如何運用即可。當使用者向服務提供商簽訂了使用合約後，可依據租用合約獲得儲存空間。儲存在空間的資料使用上可視同儲存在實體的機器內，但事實上這些資料是儲存於雲端環境的虛擬伺服器中，由服務提供商負責維護及管理。

雲端儲存與一般儲存方式不同的地方是雲端的儲存資源是無限大。在實體的伺服器或是儲存設備上是以 GB 或 TB 為單位，但是雲端運算的環境下可以提供 PB 等級的儲存空間，而不需要自行建置這些儲存設備，使用者可依據自己的需求自由定義要使用的空間。表 5-1 為雲端儲存與傳統儲存之差異比較表。

表 5-1　雲端儲存與傳統儲存之差異比較表

硬碟種類	雲端硬碟	傳統硬碟
可擴展性	√	
可靠性	√	
較低的成本	√	
隨時隨地可以儲存	√	
穩定性		√
資訊安全		√

雲端儲存服務主要提供了四項傳統儲存架構無法提供的特色：

1. 可擴展性：當使用者向雲端儲存服務提供者租用了雲端的儲存空間，就可依照自己的需求自由的租用。當使用者突然有較大的儲存需求，也可以輕易地增加儲存空間，而不需要像傳統的做法去建構更多的伺服器儲存這些檔案。除了能夠大幅縮短反應需求的時間，更可節省大量的建置成本。相反地，當使用者需要的儲存空間降低，同樣只需要降低需求即可，而不會像傳統的方式發生設備閒置的狀況。

2. 可靠性：雲端儲存服務提供商都有提供檔案的備份機制，只要網路可以連通即能存取。使用雲端服務可以省下資料的備援成本，同時做到異地備援防止意外事件的發生。

3. 較低的成本：應用服務建立時，只需向雲端儲存服務商租用少量的資源符合需求即可，如此可避免服務建立之初的大量設備建置成本。而隨著應用服務的成長，可隨著需求向雲端儲存服務提供商提出需求擴大空間。

4. 隨時隨地可以存取：雲端儲存服務的特色之一就是存放其中的檔案可以從任何地方存取。只需要一台設備和網路連線，就能夠從雲端儲存服務的提供商存取到檔案。同時，這份檔案與服務提供商存放的檔案是同步的，不需要再去進行同步的動作。

然而，雲端儲存服務雖有上述所提的各項優點，但仍存在著一些風險。同時也並非各種應用服務均適合採用雲端儲存服務作為解決方案。以下列出一些時常被討論的問題：

1. 穩定性：雲端服務的提供完全依靠 Internet，因此若與雲端服務提供商之間的網路連線不穩定，很容易產生無法使用的狀況，而若雲端服務提供商的設備或網路產生問題，會影響到使用者的使用。另外，資料存取的速度也容易讓雲端儲存服務面臨挑戰，需要專門的技術來解決資料大量傳輸的議題。

2. 資訊安全：雲端儲存服務的資訊安全是一個時常被討論的議題。無論資料傳輸的時候或是存放的伺服器，均有可能被駭客入侵竊取資料。目前並沒有一個固定的標準或是有公信力的機構提供雲端儲存服務的安全憑證讓使用者有參考的依據。另外由於不清楚資料實際存放的位置，因此無從參考當地的法律條文。例如在美國即使是政府也不能合法的取得存放在儲存服務提供商硬碟中的資料，然而在一些其他的國家可能並不是如此。因此比起存放在自己的機房或是儲存設備中，將資料存放在雲端的資訊安全議題一直是被廣泛討論的重點。同時，當使用者有特殊的資料使用紀錄追蹤需求時，使用雲端運算及雲端儲存將使工作複雜度增加，例如公務部門依據規章和條例的要求而需留存某些電磁紀錄，或是因服務需求需要保留一些交易紀錄時。

5-2 儲存技術的演進

綜觀儲存技術的演進，基本上是伴隨著電腦演進。打孔卡，又稱為霍列瑞斯式卡或

IBM 卡，這種紀錄方式是利用一塊紙板，在其上固定的孔為位置利用打洞與不打洞來表示數位訊息，如圖 5-2 所示。

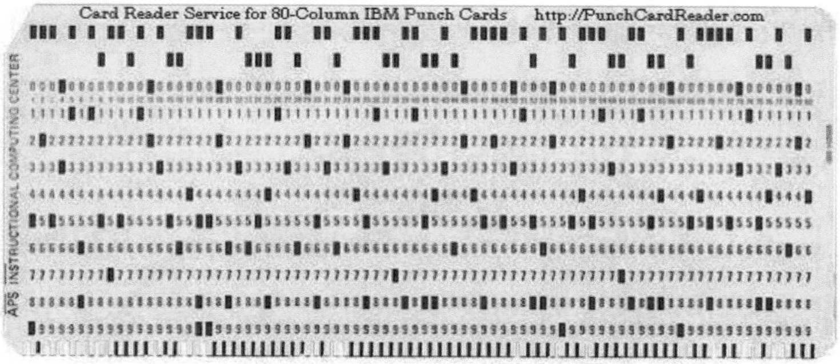

圖 5-2　霍列瑞斯式卡。

　　這種紀錄方式由 18 世紀中期的自動織布機延伸而來，最早期的應用是由 Herman Hollerith 為了 1890 年人口普查所開發。而在 1928 年，IBM 發明的 80 列、矩形孔卡片。用 4 位元表示第 0 行至第 9 行的那一行被穿孔；用 2 位元表示第 11、第 12 行的那一行被穿孔。這可以表示所有的單孔或者雙孔的字元表示，這被稱作「二進制編碼的十進制交換碼」（Binary Coded Decimal Information Code, BCDIC）。由於打孔卡本身能記錄的內容有限，因此隨後而來的紙帶（Punched Tape）就針對這個問題進行改良。紙帶是一種寬度尺寸固定，而長度可以調整的紙捲，和打孔卡的原理一樣，設備利用光學感應器感測紙帶上面的孔，將紙帶上面的孔轉換成電子訊息。紙帶的來源來自古代用於自動演奏樂譜的自動鋼琴，這種樂器利用讀取洞孔的位置決定何時要敲擊那個按鍵。隨後類似的應用也在電傳打字機（Teleprinter）上看到，電傳打字機是介於電報與傳真機之間，操作時在發送方輸入英文的訊息，機器根據輸入的內容在紙帶上鑿孔，然後利用電磁波傳到收訊方，收訊方再轉換為英文內容。在這之後才利用於電腦的儲存紀錄，而最知名的利用者為二次大戰用於破解核心國電碼的巨像電腦（Colossus）。

　　由於電腦的運算速度越來越快，檔案讀取以及寫入的速度也需要跟著加快。在這種狀況下紙帶的強度不堪負荷會產生破損的狀況，因此出現了磁帶（Magnetic Tape）取代紙帶成為新的儲存方式，如圖 5-3 所示。傳統磁帶是用來儲存類比的音訊資訊，而隨著電子產業的進步，在磁帶上已經可以記錄高密度的數位資料。利用這種磁帶的紀錄方式，讓資料可以長久的保存，而磁帶目前也是一部分的組織或是企業中現存最古老的儲存方式。由於需要記錄的資料量越來越多，因此磁帶能夠記錄的資料量逐漸不敷使用。在這種情況下，磁鼓記憶體（Drum Memory）隨著推出。磁鼓是一種依靠磁介質的資料儲存裝置，由 Gustav Tauschek 發明，這種儲存機制可說是硬碟的前身。磁鼓為這套機制的主要工作儲存單元，透過穿孔紙帶或者打孔卡載入、取出資料。當時許多計算機採用了這種磁鼓記憶體，以至於它們常常被叫做「鼓機」（Drum Machines）。不久之後，磁芯記憶體等其他技術取代了磁鼓器成為了主要的儲存媒體，直到最後半導體記憶體進入了儲存媒體的領域。

圖 5-3　磁帶儲存。

隨著電腦的小型化，磁鼓的大小太大而造成應用上的困難，為了解決這樣的問題，IBM 在 1956 年開始使用硬碟（Hard Disk Drive）成為新一代的儲存設備，如圖 5-4 所示。硬碟是電腦上使用堅硬的旋轉碟片為基礎的非揮發性儲存裝置，它在平整的磁性表面儲存和檢索數位資料，訊息透過離磁性表面很近的磁頭，由電磁流來改變極性方式被電磁流寫到磁碟上，訊息可以透過相反的方式讀取，例如磁場導致線圈中電力的改變或讀寫頭經過它的上方。硬碟的讀寫是採用隨機存取的方式，因此可以任意順序讀取硬碟中的資料。硬碟包括一至數片高速轉動的磁碟以及放在執行器懸臂上的磁頭。硬碟是現今電子運算的主流產品，硬碟尺寸從 8 英吋到 1 英吋都有，呈現出此產品從 1970 年代到今日的發展歷程。8 英吋硬碟的儲存量在 5MB 至 30MB 之間，而 3.5 英吋硬碟目前最大的儲存容量高達 3TB。硬碟按資料介面不同，大致分為 ATA（IDE）、SATA、SCSI 和 SAS。介面速度不是實際硬碟資料傳輸的速度，目前非基於快閃記憶體技術的硬碟資料實際傳輸速度一般不會超過 300MB/s。

圖 5-4　硬碟儲存。

　　現今隨著檔案的大小越來越大，或是需要處理的資料越來越多，硬碟的讀取速度也漸漸跟不上處理的需求。記憶體（Memory）是在 1980 年由 Toshiba 所發明，如圖 5-5 所示。記憶體是一種利用半導體技術做成的電子裝置，用來儲存資料。電子電路的資料是以二進位的方式儲存，記憶體的每一個儲存單元稱做記憶元。記憶體可以根據儲存能力與電源的關係可以分為揮發性記憶體（Volatile Memory）以及非揮發性記憶體（Non-Volatile Memory）兩種。揮發性記憶體是指當電源供應中斷後，記憶體所儲存的資料便會消失的記憶體，一般而言這種記憶體通常用於存放電腦即時運算所需要的資料。而非揮發性記憶體是指即使電源供應中斷，記憶體所儲存的資料並不會消失，重新供電後，就能夠讀取記憶體中的資料。

圖 5-5　記憶體。

　　各儲存裝置就發明的年代、存取速度、單位面積及現今使用狀況，其比較如表 5-2 所示。

表 5-2　各儲存裝置比較表

裝置	霍列瑞斯式卡	磁帶	硬碟	記憶體
發明年代	1928 年 IBM 應用於電腦	1951 年 被 UNIVAC I 所使用	1956 年 IBM 開始使用	1980 年 Toshiba 所發明
存取速度	較慢	慢	快	較速
單位體積	較大	大	小	較小
現今使用狀況	不復使用	應用於伺服器	個人電腦 一般資料儲存	電腦即時 運算資料儲存

5-3 檔案系統、資料庫

　　電腦的檔案系統是一種儲存和組織電腦資料的方法，使得對其存取和尋找變得容易。檔案系統使用檔案和樹形目錄的抽象邏輯概念，代替了硬碟和光碟等物理裝置使用資料塊的概念，使用者使用檔案系統來保存資料，不必關心資料實際保存在硬碟（或者光碟）的位址爲多少的資料塊上，只需要記住這個檔案的所屬目錄和檔案名稱。寫入新資料之前，使用者不必關心硬碟上的那個塊位址沒有被使用，硬碟上的儲存空間管理（分配和釋放）功能由檔案系統自動完成，使用者只需要記住資料被寫入那個檔案中。檔案系統通常使用硬碟和光碟這樣的儲存裝置，並維護檔案在裝置中的物理位置。但是實際上檔案系統也可能僅僅是一種存取資料的介面而已，實際的資料是透過網路協定（例如 NFS、SMB、9P 等）提供或記憶體上，甚至可能根本沒有對應的檔案（如 proc 檔案系統）。檔案系統是一種用在使用者提供底層資料存取的機制。它將裝置中的空間劃分爲特定大小的磁區（Block），一般每塊 512 位元組。資料儲存在這些塊中，大小被修正爲佔用整數個塊。由檔案系統軟體來負責將這些塊組織爲檔案和目錄，並記錄哪些塊被分配給了那個檔案，以及哪些塊沒有被使用。不過，檔案系統並不一定只在特定儲存裝置上出現。它是資料的組織者和提供者，至於它的底層，可以是磁碟，也可以是其他動態生成資料的裝置（比如網路裝置）。在檔案系統中，檔案名稱是用於定位儲存位置。大多數的檔案系統對檔案名稱的長度有限制。在一些檔案系統中，檔案名稱是不分大小寫；而在另一些檔案系統中則大小寫是區分的。現今大多的檔案系統允許檔案名稱包含非常多的 Unicode 字符集的字元。然而在大多數檔案系統的介面中，會限制某些特殊字元出現在檔案名稱中，因爲檔案系統可能會用這些特殊字元來表示一個裝置、裝置型別、目錄字或檔案型別。然而，這些特殊的字元會允許存在於用雙引號內的檔案名。方便起見，一般不建議在檔案名中包含特殊字元。

　　資料庫指的是以一定方式儲存在一起、能爲多個使用者共享、具有盡可能小的冗餘度與應用程式彼此獨立的資料集合。資料庫管理系統（Database Management System, DBMS）

是為了管理資料庫而設計的電腦軟體系統，一般具有儲存、擷取、安全保障、備份等基礎功能，其整體資料庫管理系統架構如圖 5-6 所示。資料庫管理系統可以依據它所支援的資料庫模型來分類，例如關聯式、XML；或依據所支援的電腦類型來分類，例如伺服器群集、行動電話；或依據所用查詢語言來作分類，例如 SQL、XQuery；或依據效能衝量重點來分類，例如最大規模、最高執行速度；亦或其他的分類方式。不論使用哪種分類方式，一些 DBMS 能夠跨型別，例如，同時支援多種查詢語言。資料索引的觀念由來已久，像是一本書前面幾頁都有目錄，目錄也算是索引的一種，只是它的分類較廣，例如車牌、身分證字號、條碼等，都是一個索引的號碼，當我們看到號碼時，可以從號碼中看出其中的端倪，若是要找的人、車或物品，也只要提供相關的號碼，即可迅速查到正確的人事物。另外，索引跟欄位有著相應的關係，索引即是由欄位而來，其中欄位有所謂的關鍵欄位（Key Field），該欄位具有唯一性，即其值不可重複，且不可為空值（Null）。例如在合併資料時，索引便是扮演欲附加欄位資料之指向性用途的角色。故此索引不可重複性且不可為空。

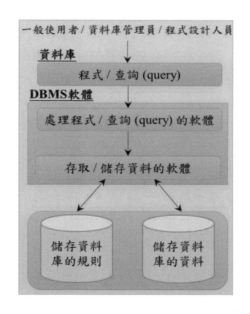

圖 5-6　資料庫管理系統。

5-4 分散式檔案系統

相對於本機端的檔案系統而言，分散式檔案系統（Distributed File System, DFS），或是網路檔案系統（Network File System, NFS），是一種允許檔案透過網路在多台主機上分享的檔案系統，可讓多機器上的多使用者分享檔案和儲存空間。在這樣的檔案系統中，客戶端並非直接存取底層的資料儲存區塊，而是透過網路，以特定的通訊協定和伺服器溝通。藉由通訊協定的設計，可以讓客戶端和伺服器端都能根據存取控制清單或是授權，來限制對於檔案系統的存取。相對地，在一個分享的磁碟檔案系統中，所有節點對資料儲存區塊都有相同的存取權，在這樣的系統中，存取權限就必須由客戶端程式來控制。

　　分散式檔案系統可能包含的功能有透通的資料複製與容錯。也就是說，即使系統中有一小部分的節點離線，整體來說系統仍然可以持續運作而不會有資料損失。分散式檔案系統和分散式資料儲存的界線是模糊的，一般而言分散式檔案系統是設計用在區域網路，是傳統檔案系統概念的延伸，並透過軟體方法來達成容錯。而分散式資料儲存，則是泛指應用分散式運算技術的檔案和資料庫等提供資料儲存服務的系統。這種分散式系統演化到最後，變成硬體資源和服務本身都是使用雲端儲存系統。雲端儲存系統的好處在於彈性大，且隨時隨地都可調用。最重要的是較為可靠，有專門的營運商或是機構在後面維護，因此廣受各種服務以及應用的使用。以下是各個常見雲端儲存服務提供商之間的容量與價格比較表，如表 5-3。

表 5-3　雲端儲存服務提供商的容量與價格比較表

供應商	總容量	價格／每年	免費容量
SugarSync	60GB	$74.99	5GB
mozy	50GB	$65.89	4GB
OpenDrive	無限制	$99	0
livedrive	無限制	$48	2GB
SPIDEROAK	100GB	$100	2GB
Dropbox	100GB	$99	2GB
Google Drive	25GB	$29.88	5GB
IDrive	150GB	$49.50	5GB
box	1000GB	$150	5GB
bitcasa	無限制	$99	10GB
SkyDrive	20GB	$10	7GB
Acronis	250GB	$49.99	0
amazon cloud drive	20GB	$10	5GB

供應商	總容量	價格／每年	免費容量
justcloud.com	75GB	$59.4	0
zip cloud	無限制	$71.4	0
myPC Backup.com	無限制	$71.4	0

5-5 Amazon S3

　　Amazon S3（Simple Storage Service）是 Amazon Web Service（AWS）所提供的網路線上儲存服務。經由 Web API，包括 REST、SOAP 與 BitTorrent，讓使用者能夠將檔案儲存到網路伺服器上。在 2006 年 3 月開始，Amazon 在美國推出這項服務，2007 年 11 月擴展到歐洲地區。現在，Amazon S3 服務已經成為眾多網路應用的存放選擇，官方宣稱系統的儲存持久性達到 99.999999999%，而系統可用性也達到 99.99%。S3 的特色包含可擴展性、可靠性、快速、價格便宜以及使用簡單。

　　Amazon S3 的儲存架構由 Bucket 與 Object 所組成，Bucket 為使用者所創建唯一的識別名稱，而 Object 代表存放於某個 Bucket 中的檔案文件如圖 5-7。而在網路存取檔案時，存取的網路位置由 Amazon 共通的網域名加上 Bucket 名稱以及 Object 檔案所組成。Amazon S3 最大的特色，同時也是雲端運算的特色，就是用戶使用量計費。使用者免除事先建置設備的成本，租用 S3 服務時只需要負擔所使用的資源量即可。

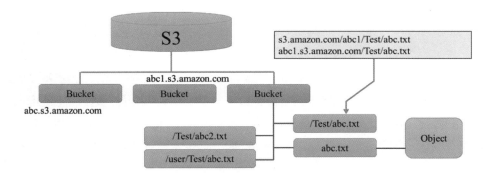

圖 5-7　S3 的儲存架構。

5-6 Dropbox

　　Dropbox 是 Dropbox 公司的線上儲存服務，透過雲端儲存實現 Internet 上的檔案同步，使用者可以儲存並共享檔案和資料夾。Dropbox 提供免費和收費服務，不同作業系統下有客戶端軟體，並且有網頁客戶端。Dropbox 提供的服務，有基本的免費容量，但是可以藉著邀請他人加入獲得額外空間。每次成功邀請雙方都會增加 500MB 容量，透過邀請而增加的容量上限為 16GB。也因為這種行銷手法，Dropbox 成為世界上最大的雲端儲存供應商之一。使用者可以透過 Dropbox 桌面應用軟體，把檔案放入指定資料夾，然後檔案就會與雲端和裝有 Dropbox 軟體的電腦同步。Dropbox 作為儲存服務，主要專注於同步和共享。Dropbox 支援恢復歷史紀錄，即使檔案被刪，也可以從任何一個同步電腦中得以恢復。使用者透過 Dropbox 的版本控制，可以知道共同作業檔案的歷史紀錄，透過多人參與編輯、再發行檔案，就不會遺失先前的資料。版本紀錄歷史僅限於 30 天，而透過付費可以達到無限的版本紀錄。

為了節省頻寬和時間，版本紀錄用到了差分編碼技術。當 Dropbox 資料夾中的檔案發生改變後，Dropbox 只上傳改變的檔案部分，並實施同步。由桌面客戶端上傳單個檔案的大小不作限制，而透過網站上傳單個檔案的大小則為上限 300MB。Dropbox 基礎架構上是使用 Amazon S3 儲存系統來存放檔案，並採用 SoftLayer 技術來構建後端的基礎設施。

目前，Dropbox 使用者數量已經超過 400 萬，不時還會與其他組織合作，以輸入優惠代碼的方式增加容量（這不受制於邀請而增加的容量上限）。例如香港的流動網路供應商 3HK 便設立了網頁，讓用戶透過自己的網上帳戶獲取額外 Dropbox 2GB 的優惠代碼。

5-7 Google Drive

Google 於 2007 年發表了一項新的服務，稱為 Google Docs。使用者可以在 Google Docs 中建立文件，也可以透過 Web 介面將電腦上的檔案匯入到 Google Docs 中。這些檔案保存在 Google 的伺服器上，使用者也可以將這些檔案下載到本地電腦中。正在編輯的檔案會自動儲存以防止資料遺失，編輯更新的歷史也會被記錄。為方便組織管理，檔案可以存檔或加上自訂的標籤。後來 Google Docs 整合到新服務 Google Drive 中，Google Drive 是一個線上同步儲存服務，該服務的重點是可針對常用的文件檔案格式直接在線上進行編輯，同時系統能夠自動保留各個更改的版本，方便檔案的管理。

5-8 Microsoft OneDrive

Microsoft Azure 是由 Microsoft 發展的一套雲端系統，提供雲端線上服務所需的作業系統、基礎儲存與管理的平台，2008 年 Microsoft 年度的專業開發人員大會中發表，並於 2010 年 2 月正式開始商業運轉。Microsoft OneDrive 之前稱為 Windows Live SkyDrive，是 Microsoft 所推出的網路硬碟及雲端服務。使用者可以上傳他們的檔案到網路伺服器，並且透過網路使用瀏覽器來存取檔案。更可直接觀看和編輯 Microsoft Office 文件。同時推出同步上載軟體，可於電腦直接存取和同步檔案。另外，OneDrive 使用者可以透過 Microsoft 的帳號限制不同使用者存取檔案，可以將檔案與公眾分享或是僅限於聯絡清單上的人才能存取；而對公眾公開的檔案則不需要 Windows Live ID 即可讀取。目前 OneDrive 免費提供 7GB 的容量給使用者儲存檔案，用戶可以較便宜的價錢擴充容量。限制上傳單個檔案最大不可以超過 300MB 。但若安裝 Microsoft 的 OneDrive 應用程式，透過資料夾自動上傳的功能則單個檔案大小限制可增加至 2GB。另外，Microsoft 也提供以 Silverlight 和 HTML5 為基礎的檔案上傳功能，使用者只要透過拖拉（Drag-and-drop）的方式便能將檔案上傳。但是如果沒有安裝 Silverlight 或瀏覽器不支援 HTML5，則每次同時最多只能上傳 5 個檔案。

5-9 習題

1. 雲端儲存服務具有哪四項特色？
2. 雲端儲存服務潛藏哪些風險？
3. 請解釋何謂檔案系統。
4. 請問資料庫管理系統如何分類？
5. 請解釋何謂網路檔案系統。
6. 請說明 Amazon S3 的儲存架構。
7. Dropbox 透過何種行銷手法，快速增加使用人數？
8. Dropbox 採用何種技術來節省頻寬和時間？
9. 請說明 Google Drive 的特色。
10. 請說明 Microsoft OneDrive 的特色。

📖 參考文獻

1. N. Aminzadeh, Z. Sanaei, and S. H. A. Hamid, "Mobile Storage Augmentation in Mobile Cloud Computing: Taxonomy, Approaches, and Open iIsues," *Simulation Modelling Practice and Theory*, Vol. 50, pp. 96-108, 2015.

2. V. Chang and Gary Wills, "A Model to Compare Cloud and Non-cloud Storage of Big Data," *Future Generation Computer Systems*, In Press.

3. G. C. Deka, "A Survey of Cloud Database Systems," *IEEE IT Professional*, Vol. 16, No. 2, pp. 50-

57, 2014.

4. H. Duan, S. Yu, M. Mei, W. Zhan, and L. Li, "CSTORE: A Desktop-Oriented Distributed Public Cloud Storage System," *Computers & Electrical Engineering*, Vol. 42, pp. 60-73, 2015.

5. X. Guan, B.-Y. Choi, "Push or Pull? Toward Optimal Content Delivery Using Cloud Storage," *Journal of Network and Computer Applications*, Vol. 40, pp. 234-243, 2014.

6. Z. Huang, J. Chen, Y. Lin, P. You, and Y. Peng, "Minimizing Data Redundancy for High Reliable Cloud Storage Systems," *Computer Networks*, Vol. 81, pp. 164-177, 2015.

7. G. Laatikainen, O. Mazhelis, and P. Tyrväinen, "Role of Acquisition Intervals in Private and Public Cloud Storage Costs," *Decision Support Systems*, Vol. 57, pp. 320-330, 2014.

8. F. Schmuck and R. Haskin , "GPFS: A Shared-Disk File System for Large Computing Clusters," *Proceedings of the 1st USENIX Conference on File and Storage Technologies (FAST '02)*, Article No. 19, 2002.

9. A. Silberschatz, G. Gagne, and P. B. Galvin, "Operating System Concepts," 8th Edition, *John Wiley*, 2009.

10. J. Spillner, J. Müller, and A. Schill, "Creating Optimal Cloud Storage Systems," *Future Generation Computer Systems*, Vol. 29, No. 4, pp. 1062-1072, 2013.

11. C. Wu and R. Buyya, "Cloud Data Centers and Cost Modeling," *Morgan Kaufmann*, 2015.

12. http://blog.apterainc.com/bid/313736/Dropbox-vs-Google-Drive-vs-Box-vs-SkyDrive-vs-SkyDrive-Pro

13. https://onedrive.live.com/

14. https://www.dropbox.com/

15. https://www.google.com/drive/

16. http://aws.amazon.com/s3/

第六章　行動雲端與App

6-1 行動雲端運算

　　雲端運算已經成爲下一代的運算結構，它提供了很多優勢讓用戶可以用更低的成本使用位於網路中伺服器、網路以及儲存空間等基礎設施，或是由雲端服務提供商所提供的平台或軟體。除此之外，雲端運算最大的特色是讓用戶可以按照其需要彈性的運用資源以及服務。雲端運算是一種新穎的運算模式，它提供大量的運算資源與儲存空間給大眾使用，包含個人、企業、研究人員與政府單位以及任何有需要運算資源的人。這些人或單位隨時隨地不管在世界的任何一個角落，都可以利用網際網路租用他們所需要的運算資源來解決運算需求。

　　如今智慧型手機和平板電腦等行動設備正日益成爲人類生活中必不可少的一部分，這些設備因爲不受時間和地點範圍的限制，而成爲最便捷的通訊工具。如圖 6-1 所示，根據 ComScore 資料指出，目前全球有超過 32 億支手機，在已開發國家平均每 5 人就有 4 人有使用手機，根據報導在 2017 年以前開發中國家手機普及率也將會到達 50%，ComScore 研究指出 2014 年以後手機上網的人數就會開始超過桌上型電腦上網的人數。目前已經有很多的行動應用程式蓬勃發展，這些應用程式主要利用無線網路，搭配遠端伺服器上運行的服務提供與使用傳統應用程式不同的使用情境。因此，適用於行動運算（Mobile Computing）不論是工業或商業領域均成爲 IT 科技發展的趨勢。然而行動運算的發展卻也面臨著很多挑戰。行動裝置擁有的資源，不論是電池壽命、儲存設備或頻寬都比傳統的桌上型電腦等固定式的設備小很多。同時，在通訊方面也面臨著移動性以及安全性等的問題。另外一個重要的議題是使用者使用習慣也逐漸改變，由傳統使用者坐在電腦前使用裝置逐漸演變爲使用行動裝置。因此，結合行動運算與雲端運算成爲一個可行的解決方案。行動雲端運算（Mobile Cloud Computing）結合了雲端運算的優點和行動運算的特性，成爲一種獨特的環境。現今行動網路和無線網路的環境成熟，加上智慧型手機與平板的普及，行動裝置已經成爲人類生活中的重要部分，許多的應用程式也都透過無線網路與行動網路來與遠端伺服器連結運行，產生更多元化的服務型態，讓移動用戶可更充分的利用雲端運算的優點。將雲端運算的概念引用至行動運算的環境下之後不久，行動雲端運算的概念就已誕生。行動雲端運算能夠降低行動應用程式的開發以及運行的成本，同時作爲一種新的技術讓應用程式能夠做到更多的功能。行動雲端使用上是簡單的，其中的資料儲存以及處理都不在行動裝置執行。行動雲端應用程式可以將執行所需要的儲存空間以及運算能力由行動設備轉移至雲端之中，使行動運算不再只是在單獨一台智慧型手機上運行。

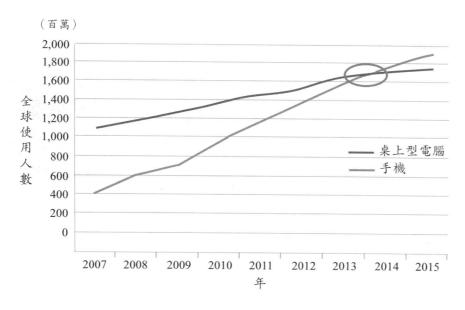

（百萬）

圖 6-1　　手機與桌上型電腦成長比例。

　　行動雲端運算的架構如圖 6-2 所示，行動設備經由基地台連到無線網路。行動網路營運商可以根據儲存在其資料庫內行動用戶的認證、授權以及計費的基礎來決定提供的網路服務。其後，用戶可經由行動網路將產生的需求送到雲端，由雲端服務提供商為行動用戶提供相應的雲端服務。

　　雲端運算有很多優點，搭配行動運算能夠提供更多新的解決方式。我們將描述如何利用雲端運算來克服行動運算中現有的障礙。

1. 延長電池壽命：在移動設備中電池是主要考慮的問題之一。目前像是提高 CPU 的性能、管理儲存和智慧管理螢幕等幾種解決方式用以降低功耗。然而這些方法有一部份必須要配合硬體設備，因此並不見得所有的行動設備都能夠採用這些方法解決電池壽命問題。比較容易達成的解決方法就是計算卸載技術（Computation Offloading Technique），也就是將一些複雜且消耗大量運算處理從資源有限的行動設備轉移到處理能力較強的雲端伺服器。處理完畢之後再將結果回傳至行動設備，如此避免複雜的計算和較長的應用程式執行時間而達到行動設備減低功耗。

2. 改善資料的處理能力和儲存的能力：行動雲端運算讓行動裝置可以透過無線網路存取資料，透過處理和儲存都在雲端上進行，使用者可以節省大量的能源和儲存空間。除了儲存部分，行動雲端運算也有助於降低運算成本和門檻，以有限的資源設備執行需要較長時間和大量運算的計算密集型應用。

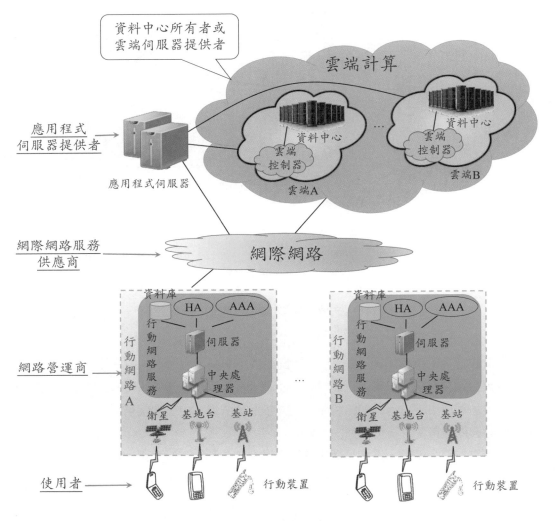

圖 6-2 行動雲端運算架構。

3. 提高可靠性：行動雲端運算提高了在行動設備上執行程式的可靠性，因為程式和資料可以在雲端中進行備份。如此一來行動設備上的程式當機或是資料遺失等風險將大幅減少。同時，雲端運算的特性也可以補足行動設備上的安全服務功能，如病毒掃描與惡意程式檢測等。

行動雲端運算由於是由雲端運算擴充而來，因此也會繼承一些雲端運算有的特性，如下所示：

1. 動態配置：當使用者的行動運算應用程式缺少資源時，可向雲端提出需求，雲端服務提供商可依照使用者的需求，靈活配置應用程式缺少的資源，協助應用程式執行。

2. 可擴展性：行動運算應用程式可以動態地擴張或收縮來部署，用以滿足用戶不可預知的

　　需求。

3. 多用戶同時使用：雲端服務提供商可以做到資源的共享，以較低的成本完成各種應用滿足大量的用戶。

4. 容易使用：各種不同的服務可以透過 Internet 進行協同作業或是創造新的應用程式，以滿足用戶不同的需求。

　　現在各種行動應用被廣泛運用。而行動雲端運算在很多方面讓行動應用能夠滿足更多的需求。目前採用行動雲端運算改進功能的應用有下列幾項：

1. 行動商務：行動商務是將電子商務（E-Commerce）與行動運算進行結合之後產生的新形態商業模式。利用行動運算的特性，讓應用程式能夠輔助電子商務中的一些行為，例如行動交易或支付、行動票券和訊息推播等。行動商務的應用可以分為三個類別，包含金融、廣告與購物等。但是，傳統的電子商務流程套用在行動裝置上時，會因為行動裝置的運算能力、網路頻寬和高複雜度的安全性等問題導致無法順利應用。因此，行動商務將會利用雲端運算的特色來協助行動裝置完成所需的運作。

2. 行動學習：行動學習（M-Learning）是根據數位學習（E-Learning）的應用而來。與傳統數位學習最大的不同點在於行動學習主要著眼點在於使用者的位置不再固定於教室或電腦前。傳統的行動學習架構受到諸多限制，例如固定的網路與設備、網路傳輸的效率和教育資源的缺乏。而採用雲端運算可以有效地協助解決這些問題。例如利用雲端運算強大的處理和儲存能力，配合行動裝置提供更豐富的學習內容，同時兼顧處理速度和行動裝置的電池壽命。最重要的是，透過雲端運算做到共享教育資源，提供更完整的教材和學習情境。表 6-1 為行動學習與數位學習之差異比較表。

表 6-1　行動學習與數位學習差異比較表。

	行動學習（M-learning）	數位學習（E-learning）
位置固定		√
學習便利性	高	低
資料經過篩選	√	
不受時間限制	√	√

3. 行動照護：醫療行為中搭配行動運算減少了傳統醫療行為的侷限性，同時降低醫療行為的錯誤率。搭配行動照護的應用，使用者利用行動設備記錄自己的健康資訊，在需要的時候可以輕易地取得自己的健康資料提供專業醫護人員做為參考。行動照護可以搭配雲端運算按照不同的需求提供不同的雲端服務，如此遠比各家醫療機構利用自己的設備自行建立各自的服務更有效率。行動照護可分為幾個部分。(a) 健康監測服務：透過這項

服務讓使用者可隨時隨地透過無線網路監控健康狀況。(b) 智慧緊急事件管理系統：透過這項服務能夠即時監控生理資訊，緊急事件發生時自動判斷是否呼叫專業醫護人員處理，爭取救治時機。(c) 照護狀況感知系統：系統能夠自動感測血壓、脈搏與血糖等生理健康資訊，能夠處理緊急事件。(d) 隨時存取照護資訊：讓使用者或醫療服務提供者存取歷史之照護資訊，用以輔助醫療判斷。(e) 智慧就醫管理：可作為照護經驗的回饋，以及自動管理相關的費用。

4. 行動遊戲：遊戲應用目前在行動應用中被視為相當大的市場。在遊戲中時常需要大量的資源和運算，行動遊戲的架構將這些需要大量運算的部分（例如圖像引擎等），由在行動設備使用運算的傳統方式更改為在雲端準備好的資源中進行運算，再將結果回傳給使用者。如此一來，使用者只需經由連接這些雲端資源的簡單設備或行動裝置的瀏覽器即可使用。

5. 其他運用：在前面未提及的部分，行動雲端運算其實還有很多應用。例如內容的搜尋、文字和圖片的辨識、語音及時的翻譯和一些大型資料（如影像、影片和音樂等）的處理均可搭配行動雲端運算達到更好的效果。

之前提到了很多行動雲端運算的優點與未來的應用方向，但是也因為行動雲端運算包含行動運算和雲端運算兩個不同的領域，因此會有很多需要整合或是突破的困難，以下將針對這些議題做一些探討。我們將這些困難分成使用者端與雲端兩個部分。在使用者端的困難如圖 6-3，其詳細說明如下：

1. 頻寬不足：與傳統的設備相比，由於行動設備使用無線網路，因此網路資源比較不足。

2. 可用性：與雲端運算的有線網路相比，行動雲端運算採用無線網路，因此服務的可用性變得更加重要。行動裝置使用者可能會因為網路壅塞或訊號不佳，甚至移動速度過快等原因導致無法連到雲端。

3. 異質性：行動雲端運算的服務將會建置在複雜的異質網路下，使用者可能會透過各式各樣不同的技術（例如：WCDMA、GPRS、WiMAX、CDMA2000 或 WLAN 等）連接至雲端的服務。這些不同的網路技術都有不同的特性，如何在這些不同的特性下達成行動雲端運算的服務需求（例如：隨時可連、可依照需求取得不同的連線品質和行動設備的節能等）將成為一個很大的研究議題。

4. 安全性：近年來使用如智慧型手機、PDA 或平板電腦等行動設備日益頻繁，然而這些行動裝置面臨的攻擊也日益增加，如同個人電腦一般，行動裝置也會面臨病毒、蠕蟲或木馬等的攻擊。然而行動裝置如前所述，由於運算能力和電量有限，因此行動裝置保護自己的能力比起桌上型電腦更加不足。目前像是 Trend Micro、Kaspersky、McAfee 或 AVG 等資訊安全廠商，都已經推出行動裝置用的保護程式來檢測安全的威脅。但是，在行動裝置上所面臨的最大難處是行動裝置的能力有限，因此保護行動裝置比保護運算能力強的個人電腦或是伺服器更加困難。例如個人電腦上經常使用的常駐即時監控的防護模式，目前幾乎不可能在行動裝置上實踐，因為這將會大幅增加行動裝置的電量消耗。但是在行動雲端運算的環境中，使用者可以將比對和分析等經常需要執行的防護行為，移轉到雲端環境中執行，大幅減少了行動裝置的負擔。除此之外，由於現在行動裝置很多都有衛星定位系統（Global Positioning System, GPS）的能力，應用程式也經常運用使用者所在的位置，如果位置資料被有心人士得知，很可能成為攻擊的手段。

圖 6-3　使用者端行動雲端運算的困難性。

在雲端運算端，需要關注的困難包括下列一些事項。

1. 運算卸載：如之前所述，將運算卸載並且轉移至雲端環境能夠有效地改善電池壽命和增加應用程式的效能。但是，並非所有的狀況下把運算卸載到雲端上都會有較佳的表現，程式卸載並非在所有狀況下都可以節省運算資源或電力資源。在編譯程式時，若是程式的大小比較小，則可能發生在本機端直接執行程式，會比將程式上傳至雲端環境執行還要節省運算能力與電力。因為當上傳時，也需要一些處理事項與傳輸等消耗能源的運作。因此，如何評估何時在本機上執行，何時需要將處理事項卸載至雲端運算將成為很重要的課題。另外，將運算卸載至雲端運算也可能遭遇到問題。行動裝置因為處於無線網路不穩定的環境，可能會發生因為環境變化或其他的問題而導致卸載的運算無法傳至雲端，或是運算之後的結果無法傳回到行動裝置上等問題。因此，行動裝置判斷是否要運算卸載時還需加入環境因素的考慮。

2. 雲端資料的安全：行動雲端運算雖然有許多好處，但是資料儲存或應用程式執行的環境卻更加複雜，因此用戶或是行動應用開發人員需要更加小心處理資料的完整性、認證和著作權議題。在雲端運算中，資料完整性原本就是受到重視的議題，也提出很多的處理方法。但是因爲沒有考量到行動運算的資源有限，而無法直接使用在行動雲端運算。因此有人提出適用於行動雲端環境下的身分認證方法。行動裝置與網路服務提供者經由第三方的身分認證服務確認身分，將複雜的運算和可信度問題略過，直接進行服務的提供。最後，智慧財產權的保護也是十分重要的。在行動雲端運算的環境下大部分使用到非結構化的資料，例如影片、圖像、聲音檔或電子書等，因此保護這些內容的版權是至關重要的。

3. 提高資料存取的效率：隨著越來越多的行動雲端運算需求，需要存取一些資料（例如影片、圖像、聲音檔或傳統文件等），如何儲存、讀取和管理這些資料變得非常重要。然而，管控這些雲端資源對於行動設備而言並不容易，因爲行動設備會有處理能力和頻寬的限制，同時也會隨時改變其位置。另外，在資料存取時，現在大部分的雲端服務提供商（例如Amazon S3）採用檔案式（File Level）的儲存方式，也會增加使用者的網路負擔。

4. 根據內容反映的行動雲端服務：對於服務提供商而言，能夠滿足其用戶的需求，提高滿意度是很重要的。其中很重要的一環就是滿足用戶的服務品質。目前已經有很多這方面的研究，例如根據資料類型和網路狀況動態調整服務，或將使用者的需求分類，按照使用者的服務請求將相對應的資料儲存在接近使用者的地方等。

6-2 App 應用

App 原是電腦應用程式（Application），傳統的使用環境中，主要是指在伺服器或是個人電腦上執行的軟體。Web 成爲主流的應用程式平台之後，以 HTML/JavaScript 爲基礎技術的應用程式架構主宰了伺服器端的應用程式開發，做爲客戶端使用者介面的主軸。即使在客戶端應用程式所呈現的使用者介面，其內容的展現、資料的取用，都可以在伺服器上完成。在客戶端的瀏覽器元件裡，應用程式可以透過諸如 Ajax 之類的技術，和伺服器端互動，並且透過 JavaScript，來動態呈現各種介面上的效果。

近來 HTML 5 語法的快速發展，基於 Web 的應用程式可以在任何可以執行 HTML 5 標準的 Web 瀏覽器上執行。隨著網路應用程式運用的範圍越來越廣，單純只以呈現文字爲目的設計的 HTML 4 語法已經無法滿足所有的需求，因此出現了很多外掛程式（Plug-in）來協助瀏覽器擴展功能。原本靜態的 HTML 可以撥放音訊和影片等多媒體檔案，並且利用資料窗格、樹狀圖或表單等進階的 UI 視覺化來表現資料。但是因爲這些功能均屬於外掛程式，由各家廠商分別開發彌補瀏覽器不足的功能，而這些外掛程式的功能改版和擴充均需要廠商個別更新維護，無法像開放程式碼一樣有共通的標準，開發新功能的動力也沒有那麼強，最重要就是因爲屬於外掛程式，因此並不一定在所有的瀏覽器或設備中均有支援，嚴重阻礙到實際的運用。另外現今許多的行動應用中需要取得本機資料庫或位置資訊，同時離線操作機制也逐漸受到重視，而傳統的語法無法完成此任務。

因應以上的問題，W3C 組織於 2014 年推出 HTML 5 的標準規格。現今很多瀏覽器支援 HTML 5 規格，而智慧型手機所搭載的瀏覽器和作業系統本身都有參照開放原始碼的網頁語法呈現引擎（WebKit）進行實作，因此確保 HTML 5 語法均可在行動裝置系統和瀏覽器中執行。HTML 5 比起傳統的 HTML 語法新增了許多功能，但並非所有的功能在行動裝置上均有支援，詳細內容和各個平台的支援狀況如下所示：

1. 加強文件的結構化：HTML 5 新增了結構標籤，設備可以經由這些標籤正確地識別其中的資料，並且讓電腦能夠更明確地理解應用程式的意圖，以達到能夠活動資料的語意網（Semantic web）應用，讓各種不同來源的資料能夠集合成有意義且相互有關聯的資料集合。

2. 畫面描繪和多媒體撥放功能：HTML 5 與傳統的 HTML 不一樣的地方是新增了許多畫面描繪和多媒體的標籤以及功能，在傳統 HTML 中若要實作這樣的功能則必須使用 Flash或是其他的外掛程式。由於 HTML 5 將常用影音格式的播放支援納入標準規格，因此在影音格式的部分並不需要針對瀏覽器或設備的不同而分開考慮。表 6-2 為常見瀏覽器對 HTML5 影音標籤以及影片格式的支援狀況。

表 6-2　常見瀏覽器對 HTML5 影音標籤以及影片格式的支援狀況。

瀏覽器	Ogg	MPEG-4	WebM
FireFox 4.0	√		√
Chrome 5.0	√	√	√
Safari 3.0		√	
Opera 10.5	√		√
IE 9		√	

3. 常用功能 API：HTML 5 納入了許多 JavaScrpt 常用的功能或是 API，讓許多實作較為困難且不一定支援的功能能夠直接使用。

4. 應用程式快取：利用將部分的網路應用程式事先下載的方式，讓使用者在一些網路無法提供服務的狀況下（例如：網路斷線等）能夠正常運作。

5. 跨文件通訊（Cross Document Messaging）：不同瀏覽器頁面中的各個視窗能夠互相傳遞訊息，讓內容間的互動性更高。

6. 多執行緒：瀏覽器部分功能的執行獨立至執行緒中進行操作，做到不影響使用者使用前端介面的目的。

7. 資料來源與儲存：可將由網路上或由使用者輸入的資訊儲存於行動裝置本身的資料庫中，當行動裝置本身離線狀態時可以根據儲存的資料來執行並且產生結果。

8. WebSocket：設備可以連結伺服器且收送訊息，保持裝置和伺服器間的連通狀態。這樣的功能讓 HTML 5 可用於實作與伺服器有即時訊息傳遞的應用程式（如：即時訊息），或由伺服器主動推播（Push and Pull）資訊給使用者。

9. 位置資訊的利用：應用程式可以取得使用者終端設備所在的位置資訊，如果使用者設備本身有 GPS 感測器也能取得位置資訊，以利於基於位置資訊提供服務的應用程式使用。

10. 檔案操作：文字或檔案等各種元素均可當成瀏覽器上所操作的物件進行拖放，輕鬆透過瀏覽器選定檔案並且將檔案上傳。

11. 自動調整畫面：這點與行動裝置最為息息相關，行動裝置種類極多，每種畫面均不相同。因此在設計應用程式的介面時必須事先預想各種尺寸的裝置螢幕，並且調整元件和文字的大小。而 HTML 5 中提供了自動調整字體以及元件縮放比率的方法讓使用者實作應用程式更加方便。

　　由於近來 iPhone、iPad、Android 手機及平板電腦的風行，加上 iOS 下載應用程式的商店 App Store 中的「App」這個名詞，讓現在人認為在行動手持裝置上執行的程式叫做 App。過去所使用的網路服務也陸續推出行動 App，改變了人類對於休閒、工作、溝通的需求與模式，也改變每個人對於網路服務使用的需求。在 App 開發種類上，依據使用的技術不同而區分為 Native App、Web App 和 Hybrid App 三種，以下我們將分別介紹三種 App 的特色和優缺點，如表 6-3 所示。

1. Native App：Native App 是指作業系統廠商本身提供 SDK 或建議的開發方式所開發的應用程式。就 iOS 的作業系統而言，就是使用 Xcode & Objective-C 開發，上架到 App Store 或 Mac App Store 上的 iOS App。以 Android 作業系統而言，就是使用 Eclipse & Java 開發，上架到 Google Play 的 Android App。以 Windows 的作業系統而言，就是使用 Visual Studio & C/ C++/C#/VB.NET/HTML5 + Java Script 開發，上架到 Windows Mobile Store 或 Windows Store 的 Windows Store App。

優點：Native App 執行速度快，效能佳，適合需要極快速反應的程式，例如複雜的動畫、遊戲等類型。同時 Native App 對硬體裝置的支援度較好，幾乎可以使用到所有硬體上的功能。例如：相機功能、GPS 地理定位、測速計、磁力計、陀螺儀等。在推廣方面，可以在官方線上商店上架增加曝光機會，同時也可設定下載 App 是否付費賺取費用。最重要的是網頁依存度較低，部分功能並不一定要連上網路才能夠使用。

缺點：不同裝置的 Native App 必須使用指定的程式語言和 SDK 開發，若 App 希望在 iOS、Android、Windows Mobile 上都能使用，則必須個別開發。有些 App 的開發者必須繳年費或註冊費給官方，才能開發 Native App 並且上架，而在上架時，也需要經過官方的審核程序。此外在更新維護的部分，Native App 若有更新就需要重新上架、審核，而使用者也必須更新或重新下載才能使用新的功能。

2. Web App：Web App 透過網頁瀏覽器來操作執行，在 Web 2.0 這個名詞風行時，許多網站平台已經由單純的靜態網頁，變成更具功能性、互動性的網站系統，因此 Web 應用程式這名詞也開始被愈來愈多人使用。而在行動運算的情境下，主要以行動裝置上的瀏覽器應用為主，所以又經常被稱為行動網頁 App（Mobile App）。一般情況下，前端網頁使用 HTML、XHTML、HTML5、CSS、Java Script 等網頁標準技術製作，而後端使用 PHP、ASP.NET、JSP、RoR 等程式語言開發，並連結資料庫或其他資料來源。

優點：通常在不同的裝置上，Web App 使用相同的前端網頁技術來開發，不需使用不同程式語言。開發過程中，Web App 只要使用裝置的瀏覽器輸入網址即可執行測試。若有任何問題，程式修改後可以快速的進行測試，甚至只需要簡單的重新整理網頁即可。Web App 不需要支付官方開發者年費，也不需要至官方應用程式商店上架、審核或付費給官方。Web App 有任何功能更新，只需要在後端網站主機修改即可，使用者不需要重新下載安裝，就可以隨時使用最新的功能。

缺點：Web App 執行速度沒有原生 App 來的快，較不適合需要快速反應的程式、複雜的動畫、遊戲等，同時對硬體裝置的支援度較不好，許多硬體上的功能可能無法使用。同時網路依存度高，需要打開瀏覽器及輸入網址才能執行 Web App，在網路斷線的狀況下，有可能完全無法運作。

3. Hybrid App：以 Web App 方式開發用戶端程式，可包裝後像 Native App 上架至應用程式商店。程式以 Web App 開發，透過 PhoneGap 等框架工具跟行動裝置硬體設備互動或加上部份原生程式，在其之上再包裝成 Native App。

優點：前端操作介面可使用統一的網頁技術，可以跨多裝置平台，不必為不同裝置維護多種程式語言版本。有些框架工具，可讓 Hybrid App 也能像 Native App 般，控制部分硬體裝置。同時能夠搭配官方的線上商店，也能降低網路依存度。

缺點：Hybrid App 開發方式，在不同裝置仍可能需要透過不同開發工具，分開編譯（Compile）包裝之後，才能進行功能測試。效能以及對硬體的支援度部分依然不如 Native APP。

表 6-3　Native App、Web App 和 Hybrid App 間的比較表。

	Native	HTML 5	Hybrid
App 特性			
圖像渲染	本地 API 渲染	Html, Canvas, CSS	混合
性能	快	慢	慢

	Native	HTML 5	Hybrid
原生介面	原生	模仿	模仿
發布	App Store	Web	App Store
本地設備訪問			
照相機	√		√
系統通知	√		√
定位	√	√	√
網路要求			
網路要求	支持離線	大部分依賴網路	大部分依賴網路

6-3 App Inventor

　　因為行動裝置的普及與流行，智慧型手機、平板電腦已成為每個人的生活必需品，許多 App 應用程式與遊戲常成為新聞與話題，例如 Angry Birds、WhatsApp、LINE、Camera360、Instagram 等，所以 App 開發也掀起一陣熱潮。App Inventor 與過去的程式開發有許多不同的地方，以往的應用程式開發必須先瞭解系統架構、程式語法等專業知識，這對於許多沒有開發程式經驗的人是一大挑戰，但 App Inventor 讓使用者以拼圖的概念來完成各種應用程式的開發，不需要有系統與程式設計的基礎，僅需透過網頁瀏覽器連線至雲端伺服器，即可開發行動裝置的應用程式。

　　App Inventor 原本是 Google 實驗室的子計畫，由一群 Google 工程師與勇於挑戰的 Google 使用者共同參與。App Inventor 是一個完全線上開發的 Android 程式環境，拋開複雜的程式碼而使用樂高積木式的堆疊法來完成 Android 程式。App Inventor 於 2012 年 1 月 1 日移交給麻省理工學院（MIT）行動學習中心，並於 2012 年 3 月 4 日公佈使用。2014 年發表 App Inventor 2，省略了需要使用 Java 才能開啓的 Blocks Editor，將其整合在網頁中即可使用，在操作上也將各指令藉由下拉式選單大幅簡化，使用者應該可以更快找到所需的指令。App Inventor 主要的好處是適合無 Java 基礎的初學者，同時 App Inventor 是全雲端環境，不需要特別為程式開發而維護一台虛擬機或實體電腦。可以讓 App Inventor 隨處可用，所有作業都在瀏覽器完成，很適合想要學習手機程式設計的入門學習者。

6-4 App Inventor 實作

　　首先進入 http://appinventor.mit.edu/explore/，（如圖 6-4），在本頁面有相當完整的教學與範例可供使用者學習與使用，我們先點選右上方『Create』按鈕。此時，您需要有 Google 帳號，若無 Google 帳號請點選『建立帳戶』，並完成註冊程序。使用時有兩種使用模式，一為使用 Android 手機，另一為使用 Android 模擬器。

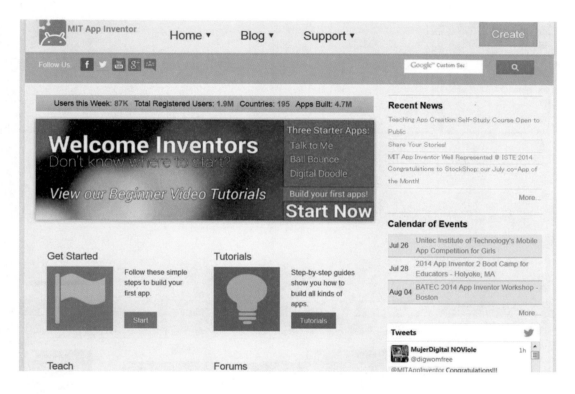

圖 6-4　App Inventor 首頁。

　　開發 App Inventor 應用程式之前，我們先介紹一些 App Inventor 的雲端開發環境（如圖 6-5），以方便 App Inventor 實作。

圖 6-5　App Inventor 開發環境。

設計選單部分有兩種功能，包含一般的設計頁面以及選擇 Blocks 之後出現的程式設計頁面（如圖 6-6）。

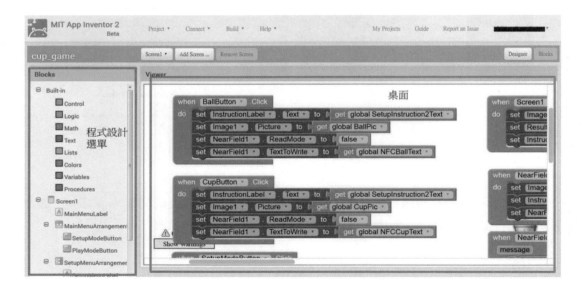

圖 6-6　App Inventor 的 Blocks 和 Viewer。

我們首先來實作一個簡單的範例，這範例的功能是當按下按鈕後即會顯示一張圖片。

一開始先新增一個專案，並且取名爲「ShowPicture」（如圖6-7）。

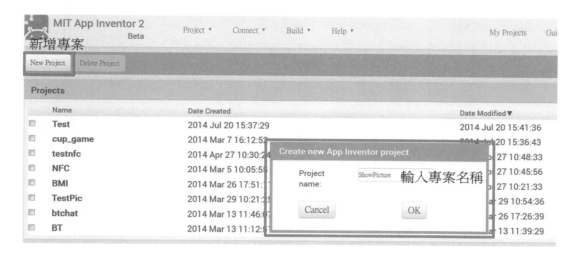

圖 6-7　新增一個專案。

建立完成之後會自動進入專案編輯畫面。此時我們需要拖曳旁邊元件列表內的「Button」（按鈕）到畫面中（如圖6-8）。

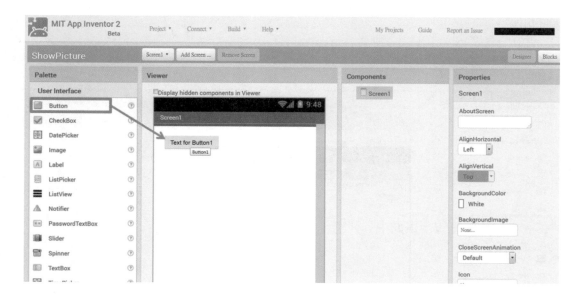

圖 6-8　拖曳一個 Button（按鈕）到畫面中。

之後，我們可以變更這個按鈕內的顯示文字，並且變更元件的名稱方便我們接下來的分辨（如圖 6-9）。

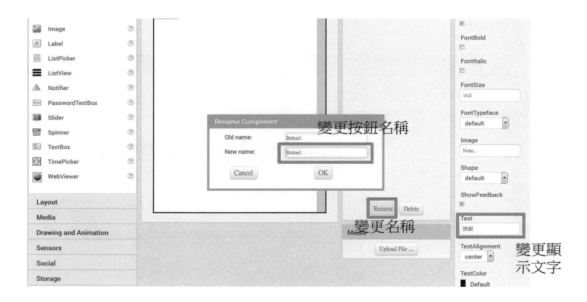

圖 6-9　更改按鈕名稱和變更顯示文字。

　　此時我們可以拖曳一個 Label（標籤）到畫面中（如圖 6-10），提醒使用者這個程式主要的用途。

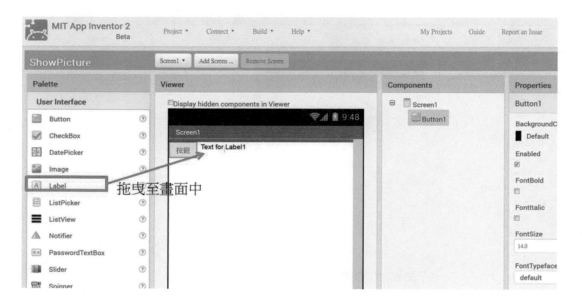

圖 6-10　拖曳一個 Label（標籤）到畫面中。

同樣地，我們可以經由旁邊的介面更改標籤中顯示的文字與名稱（如圖 6-11）。

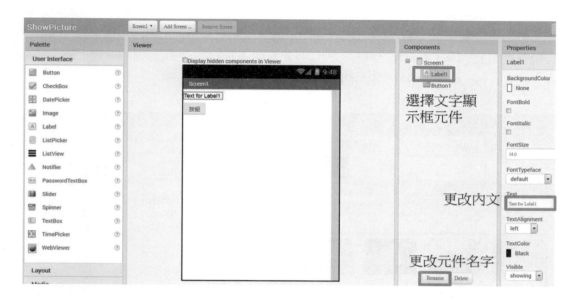

圖 6-11　更改標籤名稱和變更顯示文字。

到目前為止，我們已經將介面大致做好了，現在我們要將用來顯示的 Image（圖片）拖曳到畫面中（如圖 6-12）。

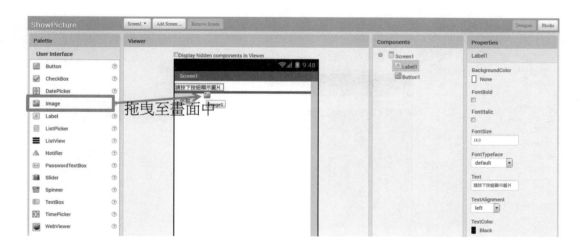

圖 6-12　拖曳一個 Image（圖片）到畫面中。

　　不過目前為止，只有將元件放入畫面中，但是還沒有指定其顯示的圖片，因此我們需要加入圖片（如圖 6-13）。選擇完畢之後，會自動將圖片上傳至 App Inventor。在畫面上就看到所上傳的圖片了。但是，我們希望圖片等按下按鈕之後再顯示出來，而不要一開始就出現在畫面上。因此需要設定圖片的顯示設定（如圖 6-14）。此時介面的設定已經全部完成（如圖 6-15），將開始執行程式的設定。

圖 6-13　選擇顯示的圖片。

圖 6-14　更改圖片的顯示設定。

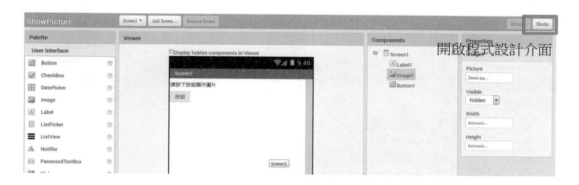

圖 6-15 App 的畫面。

將 App Inventor 切換到 Blocks，也就是程式設計的介面。由於還沒將程式設計的邏輯積木放置在編輯區，因此現在裡面是空的（圖 6-16）。

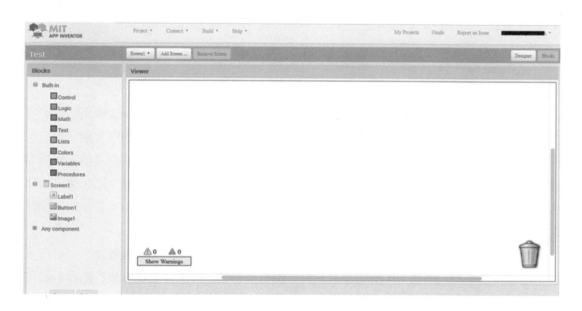

圖 6-16 程式設計的畫面。

此時先回顧此 App 的目是畫面有一個按鈕和一段文字提醒使用者，當使用者按下這個按鈕後，會將事先設定好的圖片顯示出來。至此我們已經設定好提醒使用者的文字，並且放置了一個按鈕以及一張圖片了。但是並沒有設定當這個按鈕被按下之後，程式要做些什麼事情。因此，要設定的對象就是按鈕本身，選擇左邊列表中的按鈕，名稱會依照之前步驟中提及的更改按鈕名稱而有所不同。選擇之後會看到很多積木的列表，選擇最上面的一個按鈕事件積木，並且將其拖曳到畫面中（如圖 6-17）。

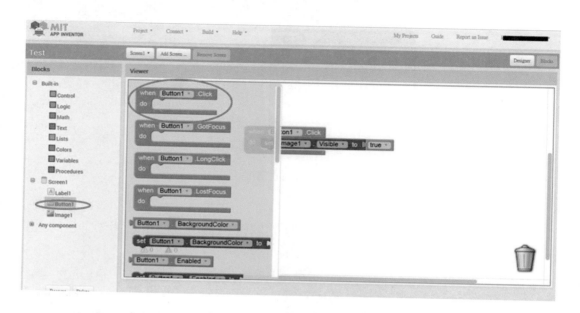

圖 6-17　按鈕事件積木。

至此已經告知程式當按下按鈕之後要做一些事，但是要做些什麼事程式並不知道。我們希望程式執行當按鈕被按下之後，將原本放置在畫面上設定為不顯示的圖片顯示出來。因此控制的對象是圖片，此時可以在左方的清單中選擇圖片，同樣的，名稱可能會根據前面的步驟更改的名稱而有所不同。在積木的列表中，可以找到將圖片的可見度變更的積木，並且將其拖曳到畫面中。值得注意的是拉出來的圖片積木有一個缺口，該缺口剛剛好可以與前一個步驟拉出來的按鈕積木拼上（如圖 6-18）。

此時已經讓程式知道當按下按鈕時，程式要將圖片是否可見的參數做變更，但是程式並不知道將變更成什麼值，因此需要告知程式將這個參數更改成什麼值。由於該參數是可不可見，因此這個參數是個邏輯值，當看不到就設定成「false」，當看到就設定成「true」。為了將這個值設定，需要由左邊的清單在 Logic（邏輯值）的分類中選擇其中「true」並且拉至畫面中。與之前一樣，我們拉出來的圖片積木有一個缺口，該缺口剛剛好可以與前面步驟拉出來的圖片積木拼上（如圖 6-19）。

圖 6-18　拼接按鈕和圖片的積木。

圖 6-19　拼接圖片和邏輯值的積木。

　　當我們已經做完所有程式的設定與操作，這個程式已經可以正常執行了。但是，還需要一些操作才能將檔案傳到使用者的手機中執行。選擇上面的設計按鈕之後回到一開始的介面設計畫面。在介面設計畫面中，選擇上面的建置選單，之後會看到兩個選單，如圖6-20。

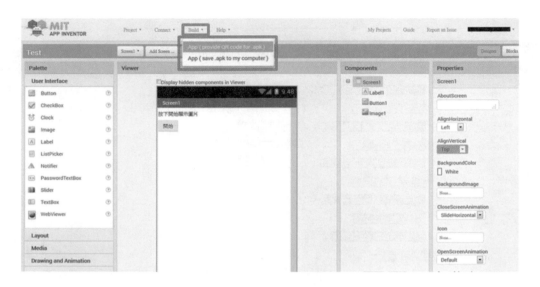

圖 6-20　App 的建置選單。

第一個選項可以在雲端的環境中將程式編譯完成，並且設計一個 QR code 讓使用者可以用手機掃描，並且自動下載至手機中（如圖 6-21）。第二個選項可以在雲端環境中將程式編譯完成之後，下載至執行 App Inventor 的設備中，再由使用者放到安裝的設備中進行安裝。

圖 6-21　使用 QR code 傳送 App 到手機中。

　　以下將舉另一個實作範例，此範例是計算身體質量指數（Body Mass Index, BMI），BMI 值的設計是一個用於公眾健康研究的統計工具。當我們需要知道肥胖是否為某一疾病的致病原因時，可以把病人的身高及體重換算成 BMI 值，再找出其數值及病發率是否有線性關連。首先新增一個專案，並且取名為「BMI」。進入設計畫面之後，需要在畫面中加入五個文字顯示框，兩個文字輸入框以及一個按鈕。其中三個文字顯示框用於提醒使用者這個程式能夠做什麼，以及需要在輸入框中輸入哪些資料。而另外兩個文字顯示框用於顯示使用者的 BMI 值，以及使用者的身體狀況。兩個文字輸入框一個用於輸入體重，另一個用於輸入體重（如圖 6-22）。當使用者按下按鈕之後，程式要能計算 BMI 值，並且在畫面上顯示 BMI 值（如圖 6-23）。

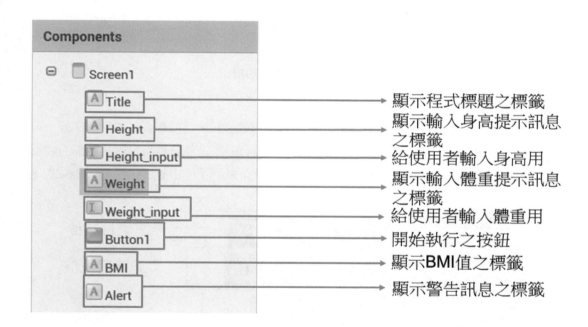

圖 6-22　BMI 的畫面元素。

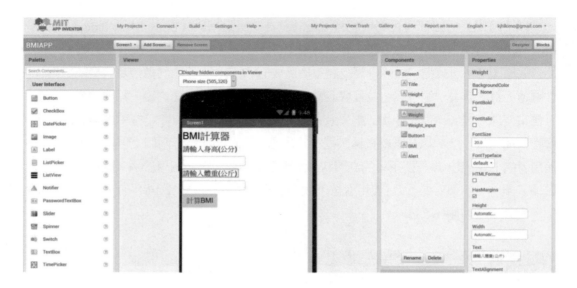

圖 6-23　BMI 的畫面設計。

　　畫面設計完成後,要開啟程式設計的介面進行程式設計。這個程式分成兩個部分,第一個部分是設定程式中需要使用的變數值(如圖 6-24)。第二部分是設定程式內部的功能(如圖 6-25)。最後經由編譯的步驟,可以將這隻程式下載到手機中並且執行(如圖 6-26)。

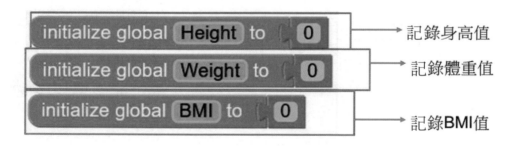

圖 6-24　設定變數的初始值。

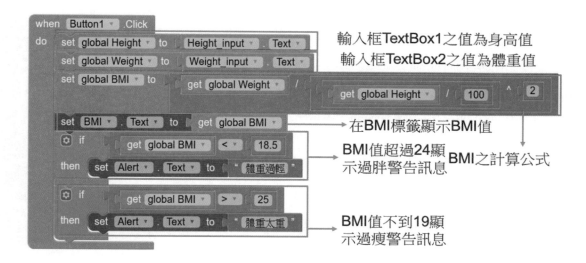

圖 6-25　BMI 的程式積木。

圖 6-26　BMI 的手機執行畫面。

6-5 習題

1. 請說明何謂行動雲端運算。
2. 請說明行動雲端運算的架構。
3. 請描述如何利用雲端運算來輔助行動運算。
4. 請說明目前採用行動雲端運算改進功能的應用有哪些？
5. 請說明使用者端行動雲端運算的困難性。
6. 請說明雲端運算端行動雲端運算的困難性。
7. 請說明 HTML 5 的特色。
8. 請比較 Native App、Web App 和 Hybrid App 三種 App 的特色和優缺點。
9. 請說明 App Inventor 的特色。

參考文獻

1. 文淵閣工作室編著，「手機應用程式設計超簡單 —App Inventor 2 初學特訓班」，碁峰，2015。

2. E. Ahmed, A. Gani, M. K. Khan, R. Buyya, and S. U. Khan, "Seamless Application Execution in Mobile Cloud Computing: Motivation, Taxonomy, and Open Challenges," *Journal of Network and Computer Applications*, Vol. 52, pp. 154-172, 2015.

3. E. Ahmed, A. Gani, M. Sookhak, S. H. A. H., and F. Xia, "Application Optimization in Mobile Cloud Computing: Motivation, Taxonomies, and Open Challenges," *Journal of Network and Computer Applications*, Vol. 52, pp. 52-68, 2015.

4. N. Aminzadeh, Z. Sanaei, and S. H. A. Hamid, "Mobile Storage Augmentation in Mobile Cloud Computing: Taxonomy, Approaches, and Open Issues," *Simulation Modelling Practice and Theory*, Vol. 50, pp. 96-108, 2015.

5. E. Benkhelifa, T. Welsh, L. Tawalbeh, Y. Jararweh, and A. Basalamah, "User Profiling for Energy Optimisation in Mobile Cloud Computing," *Procedia Computer Science*, Vol. 52, pp. 1159-1165, 2015.

6. H. T. Dinh, C. Lee, D. Niyato, and P. Wang, "A Survey of Mobile Cloud Computing: Architecture, Applications, and Approaches," *Wireless Communications and Mobile Computing*, Vol. 13, No.18, pp. 1587-1611, 2013.

7. N. Fernando, S. W. Loke, and W. Rahayu, "Mobile Cloud Computing: A Survey," *Future*

Generation Computer Systems, Vol. 29, No. 1, pp. 84-106, 2013.

8. D. Huang, T. Xing, and H. Wu, "Mobile Cloud Computing Service Models: A User-Centric Approach," *IEEE Network*, Vol. 27, No. 5, pp. 6-11, 2013.

9. A. R. Khan, M. Othman, S. A. Madani, and S. U. Khan, "A Survey of Mobile Cloud Computing Application Models," *IEEE Communications Surveys & Tutorials*, Vol. 16, No. 1, pp. 393-413, 2014.

10. A. R. Khan, M. Othman, F. Xia, and A. N. Khan, "Context-Aware Mobile Cloud Computing & Its Challenges," *IEEE Cloud Computing*, Vol. 2, No 3, pp. 42-49, 2015.

11. W. Liu, T. Nishio, R. Shinkuma, and T. Takahashi, "Adaptive Resource Discovery in Mobile Cloud Computing," *Computer Communications*, Vol. 50, pp. 119-129, 2014.

12. M. R. Rahimi, J. Ren, C. H. Liu, A. V. Vasilakos, and N. Venkatasubramanian, "Mobile Cloud Computing: A Survey, State of Art and Future Directions," *Mobile Networks and Applications*, Vol. 19, No 2, pp 133-143, 2014.

13. A. Rudenko, P. Reiher, G.J. Popek, and .H. Kuenning, "Saving Portable Computer Battery Power Through Remote Process Execution," *ACM SIGMOBILE Mobile Computing and Communications Review*, Vol. 2, No. 1, pp.19-26, 1998.

14. Z. Sanaei, S. Abolfazli, A. Gani, and R. Buyya, "Heterogeneity in Mobile Cloud Computing: Taxonomy and Open Challenges," *IEEE Communications Surveys & Tutorials*, Vol. 16, No. 1, pp. 369-392, 2014.

15. U. Varshney, "Pervasive Healthcare and Wireless Health Monitoring," *Mobile Networks and Applications*, Vol. 12, No. 2-3, pp. 113-127, 2007.

16. M. Whaiduzzaman, M. Sookhak, A. Gani, and R. Buyya, "A Survey on Vehicular Cloud Computing," *Journal of Network and Computer Applications*, Vol. 40, pp. 325-344, 2014.

17. S. Xinogalos, K. E. Psannis, and A. Sifaleras. "Recent Advances Delivered by HTML 5 in Mobile Cloud Computing Applications: A Survey," *ACM Proceedings of the Fifth Balkan Conference in Informatics (BCI '12)*, 2012.

18. "Getting Started with MIT App Inventor 2," http://appinventor.mit.edu/explore/get-started.html

19. "HTML 5," http://dev.w3.org/html5/spec/

20. http://www.whatwg.org/specs/web-apps/current-work/html5-a4.pdf

第七章　雲端作業系統

7-1 雲端作業系統簡介

　　傳統作業系統主要功能為管理電腦硬體與軟體的資源，運作於雲端網路的雲端作業系統，運作概念雖類似於傳統的作業系統，但其主要功能乃是用以管理雲端供應商所提供之運算伺服器、網路伺服器等資源。根據不同的應用服務，雲端作業系統具有多種雲端特性、服務模式與雲端部署模型，進而產生了很多具有不同運作架構的雲端作業系統。以下說明雲端作業系統與傳統作業系統間的差異。

1. 企業使用：市面上有許多雲端服務公司，根據不同企業需求而提供各種類型企業所需使用的雲端作業系統。相較於傳統的作業系統，雲端作業系統藉由雲端服務公司本身擁有的龐大硬體為後援，將比企業自行架設伺服器擁有更多的延展性與穩定性，如圖 7-1 所示，企業可透過雲端運算提供更多元的服務。

2. 主機成本負擔：不同於傳統的作業系統運作於個人主機，雲端作業系統主要透過 Internet 進行資料傳輸與運算，透過此方式，共享的軟硬體資源和資訊可按需求提供電腦和其他裝置，進而有效降低個人主機硬體上運作的負擔。如圖 7-1 所示，使用者透過雲端作業系統使用不同的終端設備及軟體資源，降低個人與企業的主機架設／維護成本負擔。

3. 資料保存：傳統作業系統的資料普遍儲存於本機上，一般使用者必須養成主動進行資料備份的習慣，以避免硬體故障或其他不可抗拒的外在因素所造成的資料遺失。如圖 7-1 所示，儲存於雲端平台提供的資料庫，透過雲端服務公司的日常維護工作異地備援的特性，使用者可以專注於自己的核心業務上，不必擔心資料遺失的問題。

　　不同的運作模式與操作設備，可能就有不同特性的作業系統。舉例而言，個人電腦可使用 Windows 作業系統，移動設備可使用 iOS 作業系統；而基於開放性使用的自由概念，以個人電腦與移動設備來說，更存在著 Linux 與 Android 作業系統。同理而論，雲端運算亦有開放原始碼的解決方案，近年更以 OpenStack 廣受世界眾多企業主喜愛，主因在於 OpenStack 已獲超過 850 家科技廠商力挺，共彙集逾 20,000 位人力投入開發，影響力所及，已使眾多企業的成功案例快速增長，現在 135 國家累積逾 500 個建置，其間不乏 AT&T、Ericsson、Cisco WebEx、華為、京東集團、富國銀行等饒富指標性的個案，而 OpenStack 社群也接續發展出 Dashboard（使用介面）、Keystone（認證）、Nova（運算）、Neutron（網路）、Glance（映像檔管理）、Swift（物件儲存）、Cinder（區塊儲存）等諸多實用組件。

　　總結來說，OpenStack 蘊含了彈性、降低成本、靈活性、開放原始碼、不被廠商綁定等多項優點。在下一章節中，我們將更詳細的介紹 OpenStack 的發展歷史及系統架構。

圖 7-1　雲端作業系統。

7-2 OpenStack

7-2-1 OpenStack 的發展

　　OpenStack 起初是一項由 Rackspace（全球三大雲端運算中心之一）與美國太空總署（NASA）合作的開放原始碼計畫，可簡單提供任何人或任何企業以低廉的成本，快速打造預期的雲端服務環境。OpenStack 的發展與 Nebula 公司的執行長 Chris Kemp 密切相關，Kemp 執行長在美國太空總署艾姆斯研究中心（NASA's Ames Research Center）工作時發現，每當需要更大的計算能力時，中心就會購買更多的超級電腦。此時，Kemp 執行長想使用低廉成本的一般伺服器主機建構一個具備龐大計算能力的資源池，適當地分配給有運算需求的使用者。於是 Kemp 執行長和一些持有相同理念的人員便開始計畫，基於普通的伺服器主機打造一套統一管理與調度計算能力的軟體系統。在此同時，全球排名第二的公共雲端服務提供者 Rackspace 也打算建立一套開放、開源的雲端系統軟體管理眾多伺服器，以更有效地提高資源利用率，降低客戶與服務商的營運成本。當 Kemp 執行長成為 NASA 總署的技術總監後，他注意到 Rackspace 中心與 NASA 總署都在尋求相同的目標，於是他們決定共同使用 Python 程式語言撰寫一套雲端管理軟體，由 NASA 總署負責運算服務

（Nova），而 Rackspace 中心則負責儲存技術（Swift）。

　　由於 OpenStack 有降低企業營運成本的優點，在推出後引起廣泛的迴響及關注，使企業紛紛加入 OpenStack 的行列。如圖 7-2 所示，於 2010 年 7 月 19 日，NASA 總署和 Rackspace 中心發布 OpenStack 開源雲端作業系統，並於同年 10 月釋出第一個版本 Austin。緊接著隔天 Microsoft 宣布旗下作業系統 Windows Server 2008 R2 的 Hyper-V 支援 OpenStack，並貢獻 OpenStack 支援 Hyper-V 的程式碼，由此可見，Microsoft 也不敢小覷 OpenStack 的影響力。Cisco 則是在隔年初加入 OpenStack 社群，VMware 不久後也以 OpenStack 為基礎，推出開源 PaaS 平台—Cloud Foundry，這也是後來 IBM 用來打造雲端 PaaS 服務平台的底層軟體系統。2011 年開始便有更多作業系統支援，同年 5 月 Ubuntu 作業系統宣布支援 OpenStack，而 Citrix 也宣布推出 Olympus 專案的 OpenStack 版本。為了能夠讓 OpenStack 持續發展，原本負責管理專案的 Rackspace 決定放手，於 2012 年 9 月成立 OpenStack 基金會，來負責管理 OpenStack 商標、制定技術發展策略以及推廣 OpenStack 計畫。

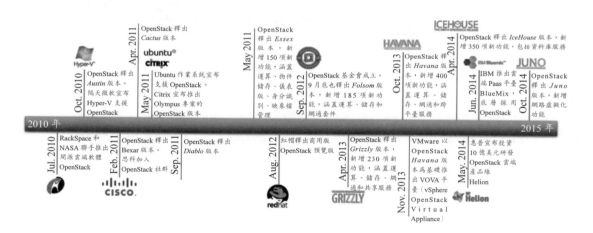

圖 7-2　OpenStack 發展歷程。

　　由於 OpenStack 蘊含了彈性、降低成本、靈活性、開放原始碼、不被廠商綁定等多項優點，所以 OpenStack 社群的管理權獨立之後，吸引了更多企業、廠商和開發者加入，至 2013 年 4 月 OpenStack 釋出第七個版本 Grizzly，新增大約 230 項新功能，涵蓋運算、儲存、網通和共享服務。而在同年 10 月釋出的 Havana 版本更一口氣增加超過 400 項新功能，涵蓋運算、儲存、網通和跨平臺服務。VMware 更以 OpenStack Havana 版本為基礎在 2014 年推出了 VOVA 平台（vSphere OpenStack Virtual Appliance）。

　　在 2014 年 4 月，OpenStack 則釋出第九版 IceHouse，改善過去每次升級都得停機的問題，改由不同伺服器輪流停機升級避免服務中斷，大幅解決長期維運的困擾，並增加超過 350 項新功能，包括資料庫服務。累計到 2014 年 10 月爲止，OpenStack 已經發布了十個版本，第十個版本名爲 Juno，主要增加網路功能虛擬化（Network Functions Virtualization，NFV）平台的功能，以及 Sahara 套件正式支援 Hadoop 和 Spark，可以用來快速地建置與管理大資料叢集。

7-2-2 OpenStack 的特色

雖然 OpenStack 與 VMware 和微軟皆爲虛擬化平台，但 OpenStack 是一套免費開源的雲端作業系統，且 OpenStack 擁有以下優勢：

1. 不受限於特定軟硬體廠商的綁定。
2. 節省部署成本。
3. 開源社群的技術支援。

以下將針對 OpenStack 之三大優勢逐一介紹。首先，OpenStack 可解決雲端服務被單一廠商綁定的問題。當企業選擇使用某公司的雲端服務，該公司除提供管理介面供企業了解硬體資源的運作狀況，此外，該公司可能提供 API，供企業在雲端平台上，建立客製化的服務，譬如負載平衡、監控工具等。倘若企業欲使用其他廠商的雲端服務時，勢必重新建立各式各樣的應用程式，由於不同廠商的 API 是無法進行通用。若服務供應商提供的雲端平台，都是採用 OpenStack 所打造的，企業就可以將應用程式無縫移轉到其他廠商的平台上。

OpenStack 的另一項優勢爲節省部署成本，對於想要打造雲端服務，而不想花費大量成本購買商業化解決方案的企業是一大福音。由於 OpenStack 是個開源軟體，只要不違背軟體授權的規範，每個人皆可從網站上公開取得。像是歐洲核子研究組織（CERN）選擇使用 OpenStack 打造私有雲時，曾評估過若使用公有雲服務，會產生成本增加的問題，雖然一開始的成本負擔不多，但是當需要增加網路資源時，所需的成本勢必會提升三至五倍。OpenStack 可以讓企業打造出一套免費的雲端平台，實現上雲端的目標，不論是公有雲、私有雲，皆可以使用 OpenStack 來建置。以有不少專家學者將 OpenStack 喻爲雲端服務中的 Linux，期許 OpenStack 是繼 Linux 之後，最成功的開源組織。

最後，OpenStack 亦具有開源社群技術支援之優勢，在 OpenStack 網站上註冊的開發人員將近萬人，遍布全球大約 87 個國家。不只在網路上已有許多參考文件或是影音，可作爲企業 IT 人員的學習範本，若是遇到無法解決的問題，也可求助幾乎遍布全球的 OpenStack 使用者社群。此外，OpenStack 的管理機制也能延伸到商用產品，凡是廠商的軟硬體產品，能支援 OpenStack 專案組件所釋出的套件，企業的 IT 人員就可以透過 OpenStack 的管理網頁，統一管理所有打造 IaaS 服務所需的硬體資源。

7-2-3 OpenStack 的內容

OpenStack 是一套使用 Python 程式語言撰寫的軟體，也是個開放原始碼軟體，以 Apache 許可證授權。OpenStack 內部包括了「Compute 運算模組」、「Networking 網通模組」和「Storage 儲存模組」，如圖 7-3 所示，在其之上，更輔以搭配可集中管理之「OpenStack Dashboard 儀表板模組」，進而組織成一套 OpenStack 共享服務，並且提供虛擬機器的方式，對外提供運算資源以便彈性擴充或調度。換句話說，OpenStack 也是一套可以用來打造 IaaS 服務的開源軟體。對應用程式而言，只要透過 API 就可以和 OpenStack 溝通，例如用 API 來調度虛擬機器的部署等，OpenStack 再負責和不同廠牌的硬體設備，或是軟體系統溝通。簡單來說，OpenStack 就是一套可以用來打造 IaaS 服務的開源雲端作業系統。

基於這一套 OpenStack 共享服務下，不斷地開發使得 OpenStack 逐漸被眾多 PaaS 服務廠商接受，成為 IaaS 服務的標準界面；許多提供 IaaS 服務或虛擬化軟體的公司亦提供 OpenStack 的應用程式介面，讓其他軟體與服務可以整合與協調。OpenStack 有三項主要原則：

1. 所有服務皆有應用程式介面以供外界存取。
2. 以訊息導向的資料與控制碼傳遞。
3. 每個元件可以獨立運作。

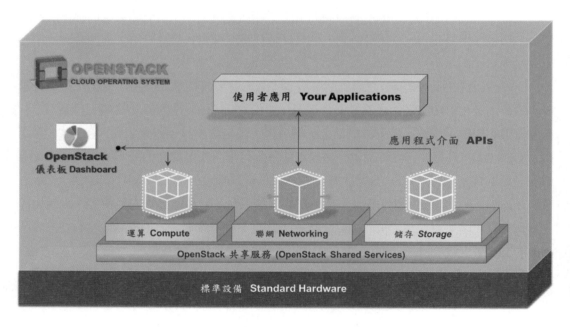

圖 7-3　OpenStack 模組架構圖。

在上述的各種功能模組間，更提供了不同功能的使用者介面以連接各個 OpenStack 元件，其中 OpenStack Compute 的運作最複雜也最常被參考，主要運作架構如圖 7-4 所示。
Nova-API 為 Cloud Controller 控管各個節點伺服器上的 Nova-Compute、Nova-Network、
Nova-Volume 以管理計算、網路與儲存資源。Nova-Compute 直接與伺服器上的虛擬機器監
督器（譬如：KVM、Xen、VMware、Hyper-V）協調，停止或開啓虛擬機器。

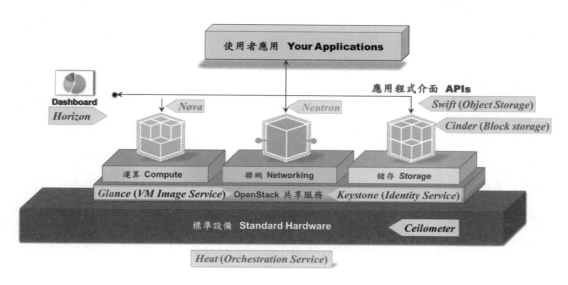

圖 7-4　OpenStack 中，Compute 運算模組功能圖。

　　扮演 Cloud Controller 的 Nova-API 透過訊息佇列協定（AMPQ, Advanced Message Queue
Protocol），使用非同步傳輸的方式來與各個伺服器上的 Nova-Compute、Nova-Network、
Nova-Volume 等代理程式溝通。Nova-API 提供應用程式介面以提供其他服務或 Dashboard
進行呼叫與存取。Nova-Schedule 則提供排程設定，讓 Cloud Controller 與各 Nova-Compute、
Nova-Network、Nova-Volume 等代理程式定期執行。

7-2-3 OpenStack 套件介紹

　　OpenStack 是由若干個不同的功能套件所構成的開源雲端軟體，大約每半年推出一個
新版本，其命名方式是以英文字母 A 到 Z 的順序，因此有不同的名稱，如圖 7-2 所示。在
2010 年 10 月 OpenStack 第一版誕生，名為 Austin，而在這版本，僅有運算套件（Nova）
與物件儲存套件（Swift）。

　　至今，OpenStack 共有九大運作套件，如圖 7-5 所示，各套件的名稱與主要功能分
別為：Nova 運算套件、Swift 物件儲存套件、Cinder 區塊儲存套件、Neutron 網通套件、
Keystone 身分識別套件、Glance 映像檔管理套件、Horizon 儀表板套件、Heat Orchestration

層整合套件以及 Ceilometer 資料監控套件。

快速認識 OpenStack 九大套件

1. 運算套件 Nova	提供部屬與管理虛擬機器的功能
2. 物件儲存套件 Swift	是個分散式儲存平臺，可存放非結構化的資料
3. 區塊儲存套件 Cinder	提供區塊儲存容量，具有快照功能
4. 網通套件 Neutron	透過 API 來管理的網路架構系統，支援多家網通廠商技術
5. 身分識別套件 Keystone	提供多種驗證方式，能查看哪位使用者可存取哪些服務
6. 映像檔管理套件 Glance	提供映象檔尋找、註冊以及服務交付等功能
7. 儀表盤套件 Horizon	圖形化的網頁介面，讓 IT 人員管理雲端服務的硬體資源
8. Orchestration 層整合套件 Heat	整合與管理運行在運算套件 Nova 上的應用程式
9. 資料監控套件 Ceilometer	計算雲端服務所使用的資料量，作為日後收費參考依據

圖 7-5　OpenStack 九大功能套件之名稱與核心功能。

　　在 OpenStack 的雲端服務架構中，又以運算套件（Nova）、網通套件（Neutron）以及物件儲存套件（Swift）最為重要。隨著 OpenStack 的茁壯，各領域廠商紛紛加入，不同的套件推陳出新，陸續被加入在新的版本內。搭配圖 7-6 之 OpenStack 模組開發時程表，以下將簡述 OpenStack 套件的功能：

1. 運算套件（Nova, Austin release, 21 October 2010）：Nova 套件主要提供部署與管理虛擬機器的功能。工程師可利用 API 開發雲端應用程式，而 IT 管理人員則可透過網頁式的介面查看或管理硬體資源運作的狀況，並可重起、暫停、調整，甚至直接關閉虛擬機器。IT 人員可將 Nova 套件部署在多家廠商的虛擬化平臺上，目前來說，以 KVM 和 Xen 虛擬化平台最為穩定。除了支援不同的虛擬化平臺之外，在硬體架構的部分，OpenStack 支援 x86 架構、ARM 架構等。另外，Nova 套件還支援 Linux 輕量級的虛擬化技術 LXC，能夠再切割虛擬機器，分出更多的虛擬化執行環境。此外，Nova 套件還具有管理 LAN 網路的功能，可程式化的分配 IP 位址與 VLAN，快速部署網路與資安功能。Nova 套件還可將某幾臺虛擬機器設為群組，和不同群組作隔離，並有基於角色的訪問控制（RBAC）功能，可根據使用者的角色確保可存取的資源為何。

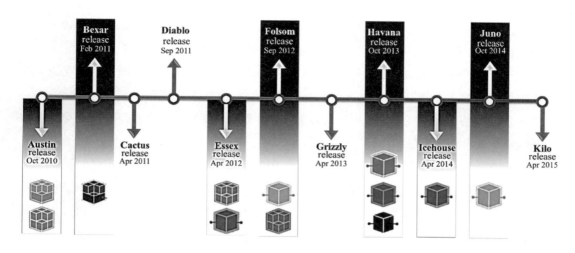

圖 7-6 OpenStack 模組開發時程表。

2. 物件儲存套件（Swift, Austin release, 21 October 2010）：Swift 套件提供可擴展的分布式儲存平台，以防止單點故障的情況產生。使用者可透過 API 進行存取，可存放非結構化的資料，像是圖像、網頁、網誌等，並可作為應用程式資料備份、歸檔以及保留之用。透過 Swift 套件，可讓業界標準的設備存放 PB 等級之資料量。而且當新增伺服器後，儲存群集可輕易的橫向擴充。此外，因為 Swift 套件是透過軟體的邏輯，確保資料被複製與分布在不同設備上，這可讓企業使用較便宜的設備，以達節省成本之目的。

3. 區塊儲存套件（Cinder, Folsom release, 27 September 2012）：Cinder 套件允許區塊儲存設備能夠整合商業化的企業儲存平台，像是 NetApp、Nexenta 及 SolidFire 等。區塊儲存系統可讓 IT 人員設置伺服器和區塊儲存設備的各項指令，包括建立、連接和分離等，並整合了運算套件，可讓 IT 人員查看儲存設備的容量使用狀態。Cinder 套件並提供快照管理功能，可保護虛擬機器上的資料，作為系統回復時所用，快照甚至可用來建立一個新的區塊儲存容量。

4. 網通套件（Neutron, Havana release, 17 October 2013）：Neutron 套件是個可擴展、隨插即用，透過 API 來管理的網路架構系統，確保 IT 人員在部署雲端服務時，網路服務不會出現瓶頸，或是成為無法部署的因素之一。Neutron 套件支援眾多網通廠商的技術，IT 人員可配置 IP 位址，分配靜態 IP 或是動態 IP。而且，IT 人員可使用 SDN 技術，像是 OpenFlow 協定來打造更大規模或是多租戶的網路環境。此外，允許部署和管理其他網路服務，像是入侵偵測系統（IDS）、負載平衡、防火牆、VPN 等。

5. 身分識別套件（Keystone, Essex release, 5 April 2012）：Keystone 套件作為 OpenStack 的身分認證系統，具有中央目錄，能查看哪位使用者可存取哪些服務，並且，提供了多種驗證方式，包括使用者帳號密碼、Token（權杖）以及類似 Amazon Web Services（AWS）的登入機制。另外，Keystone 可以整合現有的中央控管系統，像是 LDAP。

6. 映像檔管理套件（Glance, Bexar release, 3 February 2011）：Glance 套件提供硬碟或伺服器的映像檔尋找、註冊以及服務交付等功能。儲存的映像檔可作為新伺服器部署所需的範本，加快服務上線速度。若是有多台伺服器需要配置新服務，就不需要額外花費時間單獨設置，也可做為備份時所用。

7. 儀表板套件（Horizon, Essex release, 5 April 2012）：Horizon 套件提供 IT 人員一個圖形化的網頁介面，讓 IT 人員可以綜觀雲端服務目前的規模與狀態，並且能夠統一存取、部署與管理所有雲端服務所使用到的資源。Horizon 套件是個可擴展的網頁式 APP。所以，Horizon 套件可以整合第三方的服務或是產品，像是計費、監控或是額外的管理工具。

8. Orchestration 層整合套件（Heat, Havana release, 17 October 2013）：整合與管理運行在運算套件 Nova 上的應用程式。透過 OpenStack 原生相容於 Cloud Formation 的 API，可針對使用 AWS Cloud Formation 範本格式的多個複合雲端應用程式，實作協調服務。其目的是為了讓工作負載從 AWS 移至 OpenStack 部署時更為順利

9. 資料監控套件（Ceilometer, Havana release, 17 October 2013）：計算雲端服務所使用的資料量，作為日後收費參考依據。提供 OpenStack 雲端內收集使用狀況和效能評量的通用基礎架構。目標為監控、計量，以及將數據輸入記帳系統中。

OpenStack 因上述九大模組的核心功能與搭配合作，使企業或不同使用者在應用與操作上皆具備更具全面性的功能與防護。以圖 7-7 為例，因 Horizon 套件提供了 UI 圖型化網頁介面，讓使用 OpenStack 的資訊人員或使用者可更方便且輕易地進行應用管理與計費監控功能；Keystone 套件的 AUTH 身分認證功能，可同時管理並驗證多個使用者的使用權限，更因具有多種驗證方式，讓不同企業與使用者採用 OpenStack 執行應用時，有更完善的安全防護措施；Glance 套件可提供硬碟或伺服器的映像檔尋找、註冊以及服務交付，更可輕易地並主動地替多台伺服器配置新服務或提供備份功能，即使企業與一般使用者沒有定期備份資料的習慣，也不用擔心資料遺失的問題。透過 Neutron 套件的網路架構管理系統，企業與使用者可更輕鬆地達到資料異地備援與網路負載平衡的效果與優勢。

在 2014 年 11 月發布最新第十個版本 Juno，主要新功能包括初步增加網路功能虛擬化（NFV）平台的功能、Sahara 套件正式支援 Hadoop 和 Spark，可快速地建置與管理大資料叢集，以下將詳細說明。

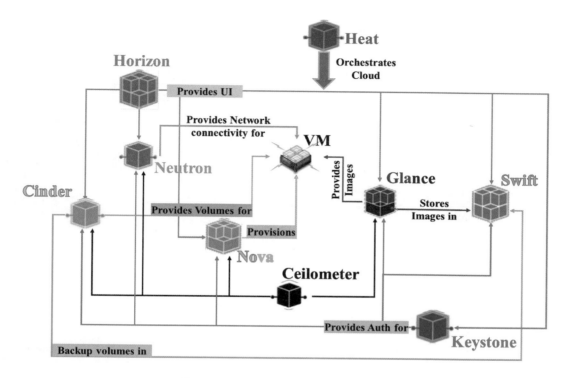

圖 7-7　OpenStack 模組運作流向。

在 Juno 版本中，增加的企業級功能包括初步建立網路功能虛擬化（NFV）功能，首度支援租戶網路 IPv6、距離向量路由（Distance-vector Routing, DVR）、第三層高可用性（Configuring Layer 3 High Availability），讓網路層也可以分配營運模式。OpenStack 社群經理 Tom Fifield 表示，網路功能虛擬化是新版 Juno 中，發布最重要的功能之一，由於網路功能虛擬化是利用標準 IT 虛擬化技術來整併許多類型的網路元件，例如將防火牆、網域名稱服務（Domain Name System, DNS）等網路功能，從專屬的硬體設備當中脫離，讓它們可以在軟體中執行。目前已有電信業者計畫透過網路功能虛擬化，來淘汰老舊的網路設備，大型企業也可以用來打造自建的網路服務，因此省下了大筆資本性支出和維運成本，同時也保持了網路服務穩定運作與提供即時性的效能。因此，在 OpenStack 初步推出 NFV 功能之後，可能將會對於硬體廠商將帶來挑戰。而以網路功能虛擬化的功能來看，OpenStack 表示，目前已經制定出完整的 NFV 開發計畫，計畫將於下一個版本 Kilo 中，進一步推出其他的功能。

OpenStack 基金會將持續關注與聆聽使用者的需求，預計於 2015 年下半年推出共享式檔案系統服務（Shared File System Service）Manila、DNS 管理服務 Designate、雲端訊息列隊服務（Cloud Messaging Queue Service）Zaqar、金鑰管理服務（Key Management Service）

Barbican，也計畫加強開發 Docker 專案。

7-3 習題

1. 請說明雲端作業系統與傳統作業系統的差異性。
2. 請說明 OpenStack 能夠受到眾多企業愛戴的原因。
3. 請說明 OpenStack 發展的歷程。
4. 請說明 OpenStack 擁有哪些優勢。
5. 請說明 OpenStack 的模組架構。
6. 請說明 OpenStack 的九大功能套件之名稱與核心功能。

📖 參考文獻

1. J. Arnold, "OpenStack Swift: Using, Administering, and Developing for Swift Object Storage" *O'Reilly Media*, 2014.

2. V. K. C. Bumgardner, "OpenStack in Action," *Manning*, 2015.

3. A. Corradi, M. Fanelli, and L. Foschini, "VM Consolidation: A Real Case Based on OpenStack Cloud," *Future Generation Computer Systems*, Vol. 32, pp. 118-127, 2014.

4. J. Denton, "Learning OpenStack Networking," *Packt Publishing*, 2014.

5. K. Jackson, C. Bunch, and E. Sigler, "OpenStack Cloud Computing Cookbook," 3rd Edition, *Packt Publishing*, 2015.

6. A. Kapadia, K. Rajana, and S. Varma, "OpenStack Object Storage（Swift）Essentials,", *Packt Publishing*, 2015.

7. O. Khedher, "Mastering OpenStack,", *Packt Publishing*, 2015.

8. A. Kumar and D. Shelley, "OpenStack Trove,", *APress*, 2015.

9. Z. Li, H. Li, X. Wang, and K. Li, "A Generic Cloud Platform for Engineering Optimization Based on OpenStack," *Advances in Engineering Software*, Vol. 75, pp. 42-57, 2014.

10. J. Proulx, E. Toews, and J. Topjia, "OpenStack Operations Guide," *O'Reilly Media*, 2014.

11. D. Radez, "OpenStack Essentials," *Packt Publishing*, 2015.

12. S. Subramanian and C. D. Chowdhury, "OpenStack Networking Cookbook," *Packt Publishing*, 2015.

13. OpenStack, http://www.openstack.org/

第八章 雲端平台——Microsoft Azure

8-1 Microsoft Azure 雲端平台

　　Microsoft 在公有雲方面提出了許多的解決方案。在 IaaS 和 PaaS 的服務主要是 Azure 的服務，之前稱爲 Windows Azure，但是現在已經改名爲 Microsoft Azure，因爲許多服務不是以 Windows 爲中心。可以利用不同方式使用此平台。例如，使用 Azure 建置一個在 Microsoft 資料中心執行並儲存其資料的 Web 應用程式。或只是使用 Azure 儲存資料，而使用此資料的應用程式則在本地執行。也可以使用 Azure 建立虛擬機用於開發和測試，或執行 SharePoint 和其他應用程式。或是使用 Azure 建置擁有海量使用者的高度可縮放應用程式。因爲此平台提供了種類廣泛的服務，所有這些想法都有可能實作。

　　圖 8-1 顯示 Azure 平台三項主要的服務，和網路流量管理之間的連接。Azure Compute 提供了主要的計算能力，包括虛擬機、雲端服務、網站和 Fabric controller。Fabric controller 可以管理由 Azure 平台所提供的虛擬機和主機。Azure Data Services 顧名思義，在雲端中提供資料存儲、備份和 SQL Server 的功能，包括關聯資料庫（但這並不包含在 Azure 的核心功能之中）。最後，Azure App Services 提供的服務包含存取控制、快取、目錄服務，和服務匯流排的功能，提供元件之間的通訊和 Azure 對外的通訊。Azure Marketplace 提供 Azure 的應用程式、元件和資料集的交易平台。

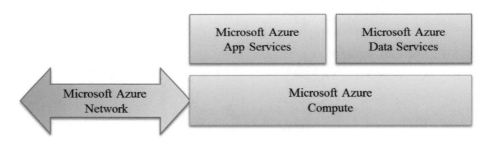

圖 8-1　Microsoft Azure 雲端平台：計算、資料服務和 App 服務。

　　決定在應用程式中使用何種伺服器、資料儲存、負載平衡或是其他需要的服務後，必須決定這些服務要放在哪個資料中心。Microsoft 有許多資料中心分佈在全世界，Azure 的應用程式可以在這些資料中心中運行。現今有四個資料中心在美國，兩個在歐洲和亞洲地區。當應用程式部署在 Azure 時，客戶可以選擇部署的地方。所有 Azure 的資料中心都是成對，提供站點故障時的保護機制和資料的複製。

8-1-1 核心架構：AppFrabic

1. 存取控制服務（Access Control Service, ACS）：存取控制服務在使用者嘗試取得 Web 應用程式的存取權時，從身分識別提供者（例如 Microsoft、Google、Yahoo 和 Facebook）驗證使用者。大部分開發人員都不是身分識別專家，因而不想花時間爲其應用程式和服務開發驗證與授權機制。存取控制服務可輕鬆驗證使用者是否能存取 Web 應用程式與服務，而不必新增複雜的驗證邏輯至程式中。

2. 服務匯流排（Service Bus）：Azure 服務匯流排是通用、雲端架構的傳訊系統，可連接位於任何地方的任何項目，包括應用程式、服務和裝置。連接 Azure、內部部署或兩者中執行的應用程式。服務匯流排甚至可以將家用電器、感應器和其他裝置（例如平板電腦或電腦）連接至中央應用程式或彼此連接。

3. Azure 快取（Cache）：隨著應用程式需求的增加（例如，網站變得熱門或其他群體開始使用共用服務），大量的資料存取通常會限制應用程式的效能與延展性。快取不僅是資料庫領域中廣爲採用的解決方案，連高效能 Web 應用程式與複合式服務也逐漸採用快取做爲基礎元件。在上述兩種案例中，Azure 快取可以提高具有大量資料存取需求之應用程式與服務的效能與延展性。Azure 快取提供高可用性的分散式記憶體內部快取，可彈性又輕鬆地調整規模，完全不會受到應用程式或資料層的限制。

8-1-2 Azure 的架構

　　Azure 是一個公有雲的解決方案，即使是使用 IaaS，使用者也不需要關心計算、儲存、網路，甚至是虛擬機管理系統的架構、實作或管理，只要可以滿足所提供的服務即可。但是了解一些 Azure 的核心架構和資料中心，對於如何使用提供的服務仍然有幫助。

　　Azure 資料中心是由 Microsoft Global Foundation Services（www.globalfoundationservices.com）所架構並和管理。Microsoft 不斷地依據世界上運行的最大型資料中心進行研究並且重新設計資料中心。Microsoft 公布資料中心的相關資訊在下面的網址：

　　http://blogs.microsoft.com/blog/2014/01/27/microsoft-contributes-cloud-server-designs-to-the-open-compute-project/

　　關於資料中心中的規格可參考下列網址：

　　http://www.globalfoundationservices.com/posts/2014/january/27/microsoftcontributes-cloud-server-specification-to-open-compute-project.aspx/

　　如果想要了解關於資料中心運作的資訊，可以參考下面這部影片：

　　http://www.microsoft.com/en-us/server-cloud/solutions/cloud-datacenter-tour.aspx/

　　當服務轉移到公有雲時，爲了改善使用者的使用體驗，需要考慮到使用這些服務的人位於何處，來最小化延遲的時間。有時可能面臨到資料所有權或法規的問題，必須將資料和服務放置於特定的區域之內，也意謂著你的雲端服務供應商需要將資料中心放在一個特定的地區。

　　Microsoft 是目前所有公有雲服務提供商中涵蓋最多區域，仍然不斷地增加新的區域。了解伺服器現今建置的位置，最好的方法就是透過 Azure 狀態網頁：

http://azure.microsoft.com/en-us/status/

　　網頁中，可以看到各區域提供的服務和健康資訊。類似的資訊也在 Azure 的入口網站中可以看到，如圖 8-2。Azure 服務已經在美國、日本、巴西、澳洲、歐洲和亞洲等地提供。除了在中國，Azure 的營運委託給 21Vianet 之外，其他世界各地，Microsoft 都是自己擁有並且自己營運他的資料中心。關於資料中心位置的詳細資訊，可以參考網址：

https://azure.microsoft.com/en-us/regions/

圖 8-2　Azure 資料中心的位置。

　　在大部分的地區，Azure 都擁有兩個區域。例如：歐洲有兩個、亞洲有兩個，而美國有許多個。這些區域之間都相距數百英里，但是區域之間都配對起來，為了資料非同步備份和服務的保護。每個 Azure 的區域都有一個或一個以上的資料中心提供服務，雖然這些個別的資料中心並不會浮現給用戶，用戶只能選擇一個 Azure 區域而不是一個特定的資料中心。表 8-1 列出了 Azure 區域的配對清單，印度及其他國家很快地就會被加入列表中。

表 8-1　Azure 區域的配對。

Azure 服務區域 1	Azure 服務區域 2	Azure 服務區域 3
美國	德國	印度
加拿大	瑞士	日本
巴西	挪威	南韓
墨西哥	西班牙	非洲

Azure 服務區域 1	Azure 服務區域 2	Azure 服務區域 3
歐 洲	亞太地區	以色列
法 國	澳 洲	阿拉伯聯合大公國
英 國	中 國	卡 達

　　當服務被部署到 Azure 時，用戶可以選擇部署該服務的區域。這一部分，Red Dog Front End（RDFE）是 Azure 中的大腦，基於可用的資源和存在的聚集，負責安排進來服務的要求到特定的叢集。每一個叢集有一些 Fabric Controller 的執行個體。主要的執行個體執行更仔細的虛擬機實際部署和其他的設定。Red Dog 是由 Dave Cutler 命名，他是 Azure 原始架構者之一，同時也是 Azure 原始碼的名稱。

　　叢集（Cluster）是了解如何透過 Azure 的資料中心去部署和組織伺服器的關鍵。雖然使用者並不需要真正了解伺服器的結構，但是可以幫助使用者了解一些 Azure 的觀念，和如何提供不同的服務層級。圖 8-3 顯示一些 Azure 伺服器的觀念。

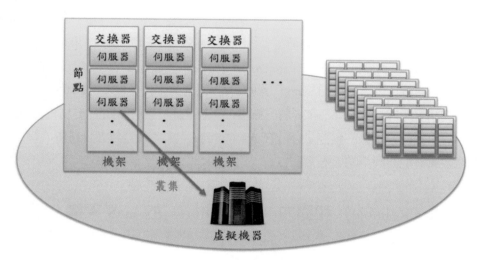

圖 8-3　Azure 伺服器的內部核心。

　　資料中心內有大量的伺服器或節點，主要都是模組化的刀鋒伺服器，他們被分成運算和儲存的角色。通常一個機架有 40 至 50 台刀鋒伺服器。每個機架有 Top-of-Rack 交換器，連結不同層級的聚集交換器，使得機架間可以連結。這使得資料中心間都可以相互連結，並且可以連結至 Internet。一些機架也有 Fabric Controller 的執行個體。Fabric Controller 被認為是 Azure 雲端作業系統的核心，他不只處理部署，還包括整個生命週期和虛擬機、節點的健康，還需要負責修護故障的虛擬機。

　　大約 20 個機架組合成一個 Stamp，是 Azure 的單位，也被稱為叢集（Cluster）。當資源加入 Azure 資料中心時，他們是以 Stamp 為單位增加。Stamp 也提供災難故障的界線，這對於處理 Azure 服務的大小非常重要。在 Fabric Controller 緊要的故障時，並不會使得其他的執行個體故障，而只會影響在同一個 Stamp 中的服務。每個 Azure 資料中心包含許多 Stamp，都是由 RDFE 中央控制。

　　在同一個 Stamp 中所有硬體都包含同一個世代的處理器。隨著時間經過，Microsoft 會在 Azure 中使用較新的處理器，但是如果你的資源部署在相同的 Stamp 中，則確保都在相同世代的處理器中執行。當建立資源時，可以選擇部署在相似的群體，將這些資源集合到一個 Stamp。這可以保證使用同構的硬體，在相似的群體中，可以預測執行的效率。

　　以此為基準，即使不使用相似群組，部署許多虛擬機在不同的 Stamp 中，在不同世代的硬體執行，將會發現在 A0 到 A7 系列的虛擬機中，仍然會得到相等的效率。在較新的硬體上，處理器的核心可以調節以配合較舊的硬體（大約 1.5GHz）。這可確保不論使用者部署的虛擬機是 A0 至 A7 中哪個規格，都可以獲得預測的效率。但是新的虛擬機規格，像是 A8、A9 或 D 與 G 系列的虛擬機以 Xeon E5，速度 2.2GHz 全速執行，比舊的 AMD Opteron 為主的處理器，效能增加 60%。雖然 D、G、A8/A9 效率有一點差別，但是差異不大。例如，D 系列比 A8/A9 稍微慢一些。G 系列採用新的 Haswell 處理器，但是處理器的時脈是 2.0 GHz。這些虛擬機在較舊世代的 Stamp 上並沒有，因此並不需要做效能的調整。

　　最後的結果是由 Fabric Controller 將虛擬機部署在 Stamp 中的節點上。此外，虛擬機（作業系統和資料磁碟）永久的儲存是存放在 Azure Storage 中，將資料在資料中心複製三份，並選擇性地做異地非同步的備份。

8-1-3 可靠（Reliable）和盡力（Best-Effort）的 IaaS 架構

　　大部分資料中心的虛擬環境中，內部部署意謂基礎設施是用可靠的基礎設施實作，如圖 8-4。虛擬化的主機群組成叢集，儲存是由企業級的 SAN 所提供。一台獨立的虛擬機藉由使用叢集而變得可靠。對於計畫性的維護作業，像是修護，虛擬機藉由即時搬移（Live Migration）的技術，可以在節點間搬移而不需停機，所以虛擬機能夠達到最小化的停機時間。

圖 8-4　可靠的內部部署虛擬環境。

　　對於內部部署這類可靠的基礎設施是合理的，但是對於公有雲需要在大規模中運作是不可行的。相對的，公有雲是採用盡力（Best-Effort）模式。盡力並不代表不好，事實上通常比較好。不依靠基礎設施提供可靠性，而是強調在應用程式。這意謂最少總是有兩個服務執行個體，構成這些服務以此方式確保兩個執行個體不會在相同的伺服器機架執行。而且這兩個執行個體不會在維修作業時，在相同的時間同時停機。應用程式必需寫成支援多重執行個體。理想下，應用程式知道有多個執行個體在需要的時候可以執行某種的回復機制，如圖 8-5。有時候需要負載平衡的技術，讓進來的連線被送到正在運行的執行個體。

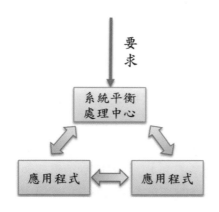

圖 8-5　盡力的基礎設施設計範例。

在多應用程式執行個體的模式中，事實上應用程式的可用程度是高於使用可靠基礎設施的模式。雖然可靠的基礎設施能夠從計畫維護的作業中提供零停機，但是可靠的基礎設施無法在計畫外的損壞中避免停機。如果主機損壞，在可靠模式的叢集基礎設施中，將會在另一個節點重新開啟虛擬機。重啟需要時間，作業系統和應用程式可能需要整合檢查和可能的回復動作，因為本來位於虛擬機內部的作業系統只是關機。在盡力的基礎設施中，使用多重應用程式執行個體，計畫外的損壞，當有其他執行個體仍然執行時，不會有全部崩潰的風險。此外，雖然可靠的基礎設施保護主機的損壞，如果位於虛擬機的作業系統有錯誤，對於主機的環境不會被認為是問題。在這種狀況下，沒有任何更正的行動會執行，這個服務也就無法使用。使用應用程式已知的方法，任何在應用程式的問題可以被偵測出來，客戶端將會被送至另一個執行個體，直到所有的問題被解決。

8-2 Microsoft Azure Compute

Azure Compute 關鍵的能力就是能夠以雲端為主託管應用程式和資料。如圖 1.7 所示，虛擬機是實際上執行應用程式的一部份，可能是網站、客戶的中介程式或舊的應用程式。所有的這些運算能力是由不同大小的虛擬機所提供。雖然虛擬機由 Azure IaaS 直接存取和使用，但其他的服務，像是 PaaS、網站、網路也是由虛擬機所建置，只是平常不容易察覺。Azure Compute 也支援行動服務，這些服務主要是設計來提供執行在 Windows、iOS 或 Android 平台上行動應用程式的後端服務。現在許多的服務都可使用，可以整合到認證服務，像是 Microsoft 和 Facebook 的帳號，提供了推播訊息到設備的能力。在 Azure 平台上提供了四種不同的應用程式角色（Application Role），分別代表不同的應用程式執行環境（Runtime Environment）。

1. Web Role：主要是當作網頁伺服器讓網頁應用程式執行，比如 ASP.NET、Classic ASP、PHP、Python 和 Node.js。Web Role 代表在 Azure 平台 Web 應用程式的部署單位，他們都是託管在 IIS 7 Web 伺服器。自 3.5 版以後，.NET 技術支援 Web 角色，開發人員可以直接在 Visual Studio 中開發應用程式，並上傳到 Azure。由於 IIS 7 還支援 PHP 執行環境，Web Role 在 Azure 可以執行和擴展 PHP Web 應用程式。沒有與 IIS 集結成其他 Web 技術，仍然可以被託管在 Azure。Web Role 促使 IIS 執行這些網頁應用程式，如果你要求在一個網站角色中有 5 台執行個體服務應用程式，則在背後會建立 5 台虛擬機運行 IIS 和負載平衡，並在上面執行應用程式。如果未來需要增加執行個體，只需要要求額外的執行個體，Azure 將會自動建立 Web Role 的執行個體，部署程式碼和對負載平衡增加新的執行個體。Azure 的網站是和 Web Role 分開，所以可以提供非常迅速的網頁應用程式部署。
2. Worker Role：是執行後端的應用程式而不是 IIS 的網頁應用程式，但可以幫助 PaaS。

與 Web role 相同，當部署應用程式時，只需告訴 Azure 需要多少執行個體，Azure 將會分配應用程式到所有的執行個體並有負載平衡機制。使用 Worker Role 執行像是 Java Virtual Machine 或 Apache Tomcat 非常靈活。Worker Role 可類比於本機 Windows 作業系統上的 Windows Service 應用程式，它是一個無使用者介面的應用程式角色，開發人員可以利用 Worker Role 來執行而不需使用者介面的大量運算工作，或是利用 Worker Role 進行 MapReduce 型的分散式運算，以有效的利用雲端上的運算資源，Worker Role 也可作為處理高負載資料存取或執行商業邏輯的應用程式。

3. Microsoft Azure Virtual Machine：VM Role 是一個類似於 IaaS 層次的服務，它和 Web Role 與 Worker Role 最大的不同是，VM Role 允許由企業使用 Hyper-V 自行安裝與組態基本的作業系統與應用程式元件，並儲存基礎磁碟（Base Disk Image）和差異磁碟映像（Differential Disk Image），再上傳到 Microsoft Azure 雲端環境，此時 Fabric Controller 會將這個磁碟儲存到以訂閱帳戶為主的映像儲存庫（Subscription-Based Image Repository）中，訂閱帳戶的使用者就可以利用這個映像在 Microsoft Azure 中部署應用程式角色的虛擬機。這對企業在移轉應用程式到雲端的需求上提供了相當大彈性的支援。而 Virtual Machine 則更進一步的在資料中心內直接提供 VM 所需要的作業系統 VHDs，不需一定要企業自行製作，而且 VHDs 也可以由使用者線上上產生，而最後的儲存地會是在使用者的 BLOB storage 空間內。

4. Microsoft Azure Website：Website 是 Microsoft Azure 基於 Web Role 上開發的新服務，它允許開發人員在 Website 的 VM 內新增 MySQL 的資料庫，而其內的 IIS 也安裝有 PHP 執行環境和 .NET Framework，開發人員除了可以透過 Visual Studio, Bitbucket, CodePlex, Git, GitHub, Dropbox, Team Foundation Services 或 WebMatrix 做網站發行與編修外，亦可直接由 Gallery 選擇像 WordPress, Drupal, Orchard CMS 等知名的大型開放原始碼應用程式直接部署。

　　Azure 自動縮放機制（Auto Scaling）的能力允許將多個虛擬機群組成在一起，成為一個可用的集合（Availability Set）。使用者可以設定虛擬機最少和最多的執行數量和如何擴展。例如，每一台虛擬機的 CPU 需求超過某些量，擴展就會啟動。為了完成此事，必須在集合中事先建立所有可能的虛擬機。Azure 的自動擴展只是簡單去停止和啟動所需要的虛擬機，只有需要虛擬機才會執行，最佳化所需的費用。自動擴展的機制並不會自動從模板中建立新的虛擬機執行個體。Azure 讓提出需求後馬上部署額外的角色執行個體變成非常容易。自動擴展可讓 System Center App Controller 更容易管理，也可以透過自己寫的自動擴展的功能來要求建立新的執行物體。

　　客戶只需要部署自己的應用程式，Azure 就會依照需求建立足夠多的執行個體，也可以隨時擴張或縮減。Azure 也提供每個月 99.5% 的可用性的服務等級協定（SLA）。而作業系統和相關的服務都會經常修補和調整。這都是 Azure Fabric Controller 所達成的結果，Azure Fabric Controller 本身是在 Azure 上執行的分散式應用程式，Fabric Agent 在所有的虛擬機上執行（除了 IaaS VM），組成 Azure Compute Fabric。Fabric Controller 持續地監控，如果發現問題將會建立新的角色執行個體。如果需要更多的角色執行個體，Fabric Controller 將會建立更多的執行個體並且加入集合中讓負載平衡器來設定。Fabric Controller 處理所有的修補和更新，修補和更新是 Azure 的應用程式可以達到「99.95」SLA 的關鍵原因。任何角色必須部署最少兩個執行個體去擔負這個能力的好處，當 Fabric Controller 要卸下一個執行個體來修護，另一個執行個體將會接續執行。若是有更多的執行個體，藉由群集在更新領域中的角色執行個體，同時有許多的執行個體可以被修護。當修護發生時，在更新領域中的所有執行個體同時會被卸下做更新。之後，一旦更新完成，下一個更新領域將會被更新，繼續執行。

8-2-1 Microsoft Azure Compute 實作

對於典型的內部部署方案，需要面對很多障礙，也要採用新的技術。你需要硬體設備來執行解決方案並且需要地方存放這些硬體，同時還需要獲得和安裝各種作業系統的需求和應用程式。如果採用公有雲的解決方案，服務都已經在那裏，等著你去使用他們。

第一個去使用 Azure 的方法是申請一個月的免費試用帳號，帳號中包含 $200 元的 Azure 額度，可以使用任何的 Azure 服務。你可以經由下面的連結申請免費試用：

http://azure.microsoft.com/en-us/pricing/free-trial/

註冊前，需要有一個 Microsoft 帳戶，電話號碼和信用卡。預設是不需要付費，一旦在 Azure 使用了 $200 元，這個帳號會被暫時停權。你必須同意對使用服務付費，不包含原來的 $200 元，在任何費用發生前，必須改變預設成隨用即付（Pay-as-you-go）的付費方式。信用卡是為了身分驗證之用。一旦超過 30 天，預設帳戶將會被凍結，所有的服務也會被移除，除非將帳戶改成隨用即付的付費方式。當然，你可以用隨用即付的方式買 Azure 的服務，帳單將會每期收到。

Preview Azure 入口網站設計得非常直觀且簡潔，使用者也可以輕易地看到和組織關注的訊息。入口網站的網址如下：

https://portal.azure.com/

入口網站的開始佈告欄包括頁籤（Blade）和旅程（Journey），如圖 8-6。這也包含 DevOps 的觀念，當管理服務時也能了解服務的狀態，像是帳單、分析、錯誤等。在入口網站左邊是樞紐選單（Hub Menu），包含重要的樞紐，跨越整個 Azure 可用的服務，樞紐選單整合各種服務的資訊。通知樞紐是一個很好的例子，他將所有 Azure 服務的通知帶到一個中央的地方。在入口網站，樞紐項目是存取資訊的開始點。資源的部分或磚塊顯示預設釘在開始佈告欄。這些顯示的資料包含 Azure 服務健康狀況、帳單資訊和建立 Azure 服務的開始處。

圖 8-6　Preview Azure 入口網站的開始佈告欄。

　　當使用者由服務種類清單中選擇服務時，若將滑鼠放置在某個項目之上則會出現精簡版本之清單。圖 8-8 所示，當滑鼠放置在虛擬機器欄位上面，則右放會出現虛擬機的清單，使用者可以由該清單中進行選擇也可以從主畫面中選擇虛擬機。

　　當使用者點選某項服務之後系統會開啟一個新的頁籤，如圖 8-8 所示。在這些頁籤點選項目後將會開啟其它頁籤，這些將會被加在現在頁籤的右邊，可以左右捲動。為了一個事件建立頁籤的流程稱為旅程（Journey）。頁籤包含一個或多個透鏡（Lense），即是將有共同主體的部分群集起來成為透鏡。如圖 8-8，虛擬機的頁籤中有數個透鏡顯示虛擬機的效能監控資訊，包含摘要透鏡、使用狀況透鏡等。每個透鏡包含的部分也會與特別的透鏡組有關連。注意的是在虛擬機頁籤的上頭有一些對於虛擬機相關的執行指令，像是連結、重新啟動、停止與刪除等。

圖 8-7　多重頁籤顯示虛擬機的詳細資訊。

圖 8-8　多重頁籤顯示虛擬機的詳細資訊。

這些功能的主要目的是為了讓使用者能夠自訂整個儀表板提供所關心的訊息。你可以從頁籤中移除預設的部份，移動一個頁籤中的元件甚至移動到另一個頁籤。可以移除開始佈告欄中的預設的部分，必要時也可以回復移除的部分。在自訂的模式下，若直接雙擊入口網站不包含其他部分的區域，可以顯示背景主題，依照藍、白、黑進行切換。也可以在開始佈告欄的右上角，選擇名字去設定主題的顏色。Azure 入口網站的介面是非常友善的，有很大的區域和按鈕。在開始佈告欄中開啟頁籤，利用捲動軸水平移動非常自然。頁籤和透鏡的架構也很容易適用在手機的行動設備，因為只有目前的頁籤和透鏡會顯示。

在介紹完 Azure 的入口網站後，接下來要介紹的是實際使用 Azure 的範例。以下的範例將介紹如何在 Azure 中建立一台虛擬機。

1. 在樞紐選單中按下「建立資源」按鈕，預設是最常被建立的服務，例如 Windows Server 2016 Datacenter 版及 SQL Server 等時常被使用的項目都會顯示在熱門選單的預設服務中。

2. 如果想要使用的服務或範本沒有在熱門選單內顯示，可以在左側的清單中尋找該各種類型服務的按鈕。當點選該類型後，可以選擇所有屬於該分類的 Azure 可用服務或範本的所有型態。

3. 這邊直接從熱門選單中選擇 Windows Server 2016 Datacenter 範本。

4. 當建立虛擬機的頁籤打開後（如圖 8-9），介面非常簡單，只需要輸入虛擬機名稱、使用者名稱和密碼。

5. 當你完成後，如果想要建立一個預設的虛擬機，只需要直接點選建立鍵即可。新建立的虛擬機將被加入在開始佈告欄上。它包含所有的預設選項，例如規格、大小、位置以和儲存群組等設定。

6. 如果想要自行決定虛擬機的配置，也可以自己更改。在建立虛擬機時預設的價格選項已經選取，所以可以看到建議的規格和最常用的虛擬機大小，基本型 A1，標準型 A2 和標準型 A6 等不同類型的虛擬機，你也可以點選看所有規格的價格和大小。入口網站的介面簡化操作的流程，而且將最常用的選項放在畫面上。當所有的選項完成後，點選建立鍵即可。

新建的虛擬機可以在開始佈告欄看到，當點選瀏覽鍵選擇虛擬機，可以看到所有的虛擬機。當點擊一台虛擬機後會開啟一個頁籤，可以看到詳細的資訊。

圖 8-9 建立虛擬機的頁籤。

8-3 Microsoft Azure Data Service

儲存資料的能力是任何服務的關鍵重點。Azure 資料服務提供許多類型的資料儲存方式，讓這些儲存的資料可以在 Azure 或內部部署中皆可使用。主要有四種資料儲存的類型：

1. Binary Large Object（BLOB）：Azure 提供非結構化 byte 的收集，可以用來儲存像是檔案，圖片，視訊檔，可執行檔，壓縮檔等二進位格式的檔案，基本上它的儲存單位就是檔案，為了要讓 BLOB 的功能應用更寬廣，Microsoft 也在 BLOB 服務上開發了內容傳遞網路的服務，讓 BLOB 可以作為大容量的檔案或資料儲存與供應的地方，以支援類似 YouTube 這樣的大型 Web 應用程式的服務。目前的 BLOB 最多可擴充至 200TB。Blob 依照性質分為兩種：

- Block Blob：這類的儲存以 4MB 為一個區塊單位，單一檔案最大可以儲存 200GB，且區塊不會連續儲存，可能會打散到不同的儲存伺服器中存放，當應用程式要求時，會依照檔案的 Key 和區塊由儲存區提取資料。另外，區塊在儲存時會經過一道認可程式，以讓應用程式決定是否要重新傳送。

- Page Blob：它會在儲存區中劃分一個連續的區域供應用程式存放資料，它本身可以視為一個大型的 VHD（虛擬機磁碟），在 Page Blob 的資料寫入會直接認可。而基於 Page Blob 的特性，Microsoft 特別在 Page Blob 上提供了一組將 Page Blob 虛擬成磁碟的功能，稱為 Microsoft Azure Drive，它能夠支援 NTFS API，也就是說應用程式可以利用現有的檔案管理 API 來存取 Microsoft Azure Drive 中的資料夾與檔案資料，並且這些資料會儲存在 Microsoft Azure 資料中心內。

2. Table：Table 儲存容易造成混淆，因為他們不是關聯式資料庫中的表格。為了關聯式資料庫的需求，Azure 使用 SQL 資料庫。Table 是一個以 key-value 為主的結構化資料儲存。他們被設計成儲存巨大規模的大量資料，一些基本的架構是需要的，但是資料間的關係不需要維護。Azure table 被視為 NoSQL 的實作，這些不使用 SQL 當作他們的語言或實作關聯表格能力成為主要的資料庫管理系統。

3. Queues：Queue 主要提供 Azure 中應用程式可靠和持續的訊息傳輸。Queue 特別常見是用在 Web role 和 Worker role 間的通訊。Queue 有一個基本的功能，使得傳輸變快。他們沒有相似的特性，像是先進先出（FIFO），開發者可以在 Azure queue 的特色之上，實作自己的特色。

4. Files：這是基於 SMB 2.1 的實作，提供了一個簡單的方式在 Azure 區域中共享儲存的資料。使用標準的 SMB 協定，檔案可以被建立和讀取，而 Azure Storage 實作讀取和寫入。

Azure Drive 的一項特色是允許 BLOB 被當作虛擬硬碟（Virtual hard disk, VHD）使用，並格式化成 NTFS。雖然允許應用程式與 BLOB 互動，但是事實上這是不同類型的儲存型態。

任何儲存在 Azure 的資料會在同一個資料中心內複製三份，而任何 Azure BLOB、Table 和 File 的內容也會被備份至數百英里遠的另一個資料中心，提供站點級（Site-Level）災難的資料復原彈性。雖然這些資料地理複製並不是同步，但是執行非常快速。資料在主要的地方和備份的不同地方，內容並不會造成太大的延遲。如果需要，對於異地備份的儲存資料也可讀取。應用程式可以使用 HTTP 或 HTTPS 去存取資料。對於 Table，可以使用 OData（Open Data Protocol），OData 建立在網頁技術，所以可以提供彈性的方法去存取資料。

Microsoft 也提供了匯入／匯出的功能，主要提供簡單的方法去傳送大量的資料，經由網路傳輸大量的資料是不實際的。匯入／匯出的服務是用 Bitlocker 加密，將資料拷貝到 3.5 吋 SATA 硬碟，然後將這些硬碟運到 Azure 的資料中心，資料匯入後，即可由 Azure 的帳號去使用這些資料。

　　另外，關聯式資料庫的能力也是必要的，Azure SQL 資料庫藉由在雲端中的 SQL 伺服器的能力提供了關聯式的資料，讓 Azure 的應用程式需要的時候可以完全存取關連式資料庫。這項服務擴展了 SQL 伺服器的功能，以雲端和為開發者提供一個可擴展的、高可用性和容錯的關連性資料庫。從 Microsoft Azure 或可以存取到 Azure 的任何位置都可以存取 SQL 資料庫。它與 SQL 伺服器所提供的接口完全相容，所以內置的 SQL 伺服器應用程式可以透明地遷移到 SQL 資料庫。此外，使用 REST 的 API，使開發人員能夠控制部署在 Azure 資料庫以及設置防火牆規則的服務是完全可控的。目前，SQL 資料庫的服務是根據空間的使用和編輯的類型計費。Azure SQL 的定價模式不同於運算和儲存，因為是付 SQL 服務而不只是資料的儲存。目前有兩種型態的資料庫可用，網頁版本（最大 10GB 的資料庫）和企業版本（最大 150GB 的資料庫），計價主要以資料庫的大小，以 GB 為單位計算，也可以使用 SQL 報表。

　　除了上述之外還有其他的服務可以使用。對於 Azure 的大數據特色，HDInsight 是一個基於 Hadoop 的服務，對於結構化和非結構化的資料可以深入的理解。共享的快取服務可以改善儲存效率。另一項具有吸引力的服務是 Azure 備份，在 Azure 中提供空間儲存備份的資料。資料在傳送時會加密，儲存到 Azure 時又再加密一次。提供了一個容易實作的雲端備份方案。目前，Windows Server Backup 和 System Center Data Protection Manager 可以直接設定 Azure 備份作為存放的目的。Azure Site Recovery 允許許多型態的複製資料到 Azure，也屬於資料服務的一部分。

8-4 Microsoft App Service

　　Azure App 服務包含各種技術用在增強 Azure 的應用程式。許多技術組成了 Azure App 的服務，包含以下的內容：

1. Content Delivery Network（CDN）：Microsoft 的資料中心分布在世界各地，但是有些類型的資料，希望存放於接近消費者的地方，對於高頻寬的內容可以得到較佳的效率。CDN 允許 Azure 儲存的 BLOB 資料可以快取在訪問點（Point of Presence, PoP）。Microsoft 管理這些 PoP，其數量遠比資料中心多。以下是 CDN 的運作原理。當某個區域中第一個人下載 CDN 的內容，此內容是來自於資料中心 Azure 儲存 BLOB 的資料，此內容會存在 CDN 的 PoP，再將資料送給第一個人。當第二個人也要存取該資料時，將會直接從 PoP 快取取得資料，因此快速可以得到資料。使用 CDN 服務是選項，基於傳送和資料量訂定自己 SLA 的隨用隨付計價方式。許多企業會利用 CDN 去傳送高頻寬的資料，即使不是真正的 Azure 應用程式，因為 CDN 很容易使用。

2. Microsoft Azure Active Directory：Active Directory（AD）提供身分辨識和存取管理的解決

方案，整合內部部署和 Microsoft 的產品，例如 Office 365，或是自行開發的解決方案。多重認證是可用的，可以將手機也納入認證的一部分，登入時需要的驗證碼，可以透過手機傳送過來。

3. Service Bus：Service Bus 支援很多種訊息協定，提供內部部署和雲端系統可靠的訊息傳送。因為防火牆和 IP 位址的轉換，通常問題發生在內部部署、行動和其他的解方案試圖在 Internet 上通訊時。使用 Azure Service Bus，透過 Service Bus 的元件，就可以通訊。

4. Media Services：提供高品質的多媒體體驗，像是高畫質的直播串流影片，也提供各種編碼和內容保護的服務。

5. Scheduler：如同名稱所示，該服務主要是依據既定的行程來安排執行的工作。

8-5 實務範例

　　以下我們將示範如何利用 Azure 雲端資源建立一個負載平衡的網頁伺服器叢集。主要的步驟如以下所示：

1. 建立虛擬機。
2. 連線虛擬機與建立範例網站程式。
3. 新增儲存體並上傳圖片到儲存體。
4. 修改虛擬機範例網站的圖片。
5. 設定虛擬機整合網站負載平衡。
6. 驗證網站負載平衡。

　　在開始實作前，使用者首先需要申請 Microsoft 帳號如圖 8-10 所示，目前 Microsoft Azure 提供給使用者一年的試用，使用者可以在註冊帳號後開始進行試用 Microsoft Azure 所提供的服務，使用者可以透過 Microsoft Azure 提供的雲端服務資源管理入口網站來進行服務的申請及使用。申請服務後的一年之內，使用者將擁有 200 美金的額度，這些額度可用於任何想要嘗試的 Azure 服務。

　　若使用者的使用費用超過 200 美金的試用額度，則該試用帳號會被停權。若要繼續使用，則需新增 Pay-as-you-go 訂閱才可繼續使用。試用帳號中創建的服務可移至後續的付費訂閱繼續使用，故不需擔心需重新建立服務。

　　圖 8-11 是 Microsoft Azure 的雲端服務資源管理入口網站，除了帳號密碼的驗證方式外，Microsoft Azure 亦提供 One Time Password 的驗證方式，目前使用的方式是使用簡訊來傳送驗證碼。

圖 8-10   申請 Microsoft 帳號並且使用 Azure。

圖 8-11   Microsoft Azure 的雲端服務資源管理入口網站。

　　圖 8-12 中說明 Azure 要使用其服務可透過將滑鼠移至該服務的分類並停留一段時間，之後已經建立的，屬於該類型的資源清單即會在右方的浮動式窗中列出。使用者可點選要操作的選項直接進入該資源的操作頁面。

圖 8-12　呼叫項目快速清單。

　　若覺得上述的快速清單中所顯示資訊太少，則可點選欲操作的服務類別，之後會直接進入該服務詳細的物件清單中，如圖 8-13 所示。點選項目之後可以進到該項目的詳細頁面，此頁面與圖 8-12 中利用點選快速清單的項目所進到的頁面一樣。在此頁面中可以進行針對每個項目不同的詳細操作，同時也可看到屬於該資源的細節資訊。圖 8-13 的例子為虛擬機項目的範例，操作者進到項目操作頁面之後，點選概述後除了可以看到虛擬機資源的使用狀況、開機時間及網路流量狀況等資訊的報表之外，也可以在上方的操作欄位針對虛擬機進行包含連線、重新啟動或關機等基本操作功能。

圖 8-13　雲端資源操作頁面。

8-5-1 建立虛擬機

　　這個範例中我們一共需要用到兩台虛擬機，在這小節中我們將介紹如何利用 Azure 的雲端運算啓動兩台適合的虛擬機，並且完成設定。在 Azure 的雲端環境中，建立任何的雲端資源都可通過右邊主控台的新增類別來進行新增。在 Azure 中首先要點選「資源群組」按鈕創建一個新的資源群組，圖 8-14 爲進入資源群組介面的操作方式。

圖 8-14　進入資源群組操作介面。

　　所有 Azure 的雲端資源如虛擬機和儲存體等需要用到的雲端資源，均可分門別類的存放在資源群組中，以方便達到管理的目的。因此下個步驟如圖 8-15，需要新增一個新的資源群組存放後續範例所使用的雲端服務。

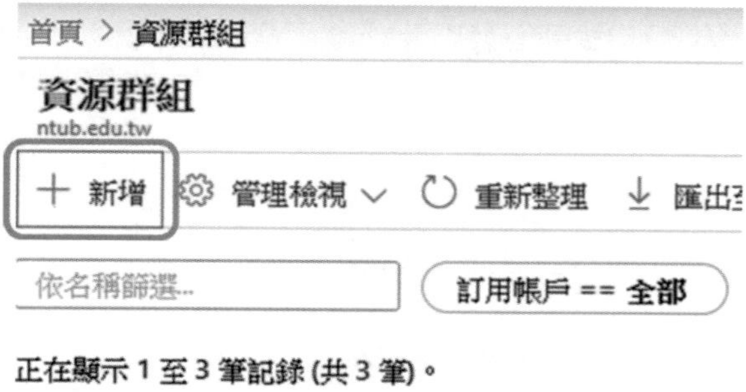

圖 8-15　新增資源群組。

　　圖 8-16 為設定所需建立的資源群組之名稱與存放的資料中心的介面，一般而言建議將資源群組存放於所需要建立的雲端資源欲存放的資料中心相同的資料中心內以方便管理。本書範例中為了統一起見，所有的運算資源都存放在美國西部這個資料中心中。

圖 8-16　設定資源群組。

　　建立完資源群組後，我們需要增加一套管理規則，方面管理後續建立的虛擬機器。圖 8-17 為建立管理規則的方法，請點選左方的清單並選擇所有服務按鈕，之後在搜尋的位置打入「可用性設定組」文字，並點選搜尋出的可用性設定組後按下建立按鈕。

圖 8-17　建立可用性規則。

　　之後系統會自動開啟可用性規則的設定頁面，正常來說畫面中的資源群組欄位會自動代入前面步驟建立的資源群組，如圖 8-18 所示。而這邊要設定的主要是這個管理規則的名稱及存放區域，名稱部分只要不違反 Azure 的命名規則即可自行決定，存放區域則選擇美國西部資料中心。

　　建立玩管理規則之後需要新增虛擬機，因此我們可以透過新增功能，並且選擇其中的計算資源來新增我們需要的虛擬機，如圖 8-19 所示。選擇了計算功能之後，選擇完畢之後會自動跳出虛擬機的細部設定頁籤，我們將設定一些關於虛擬機的屬性（如圖 8-20 所示），包含虛擬機的規格、網路設定、系統設定以及可用性設定。首先須確保虛擬機所存放的資源群組與資料中心與剛才建立的資源群組相同，並在可用性設定欄位確保可用性設定為上述步驟所建立的可用性設定。最後下方有個欄位讓讓使用者能夠選擇要使用的作業系統，本範例使用 Windows Server 2016 DataCenter 版本作為範例。

首頁 > test_ntub > 新增 > Marketplace > 可用性設定組 > 建立可用性設定組

建立可用性設定組

基本 進階 標籤 檢閱 + 建立

可用性設定組是在部署時，隔離 VM 資源的邏輯群組功能。Azure 會確認您在可用性設定組中放置的容器執行、電腦架、存放裝置及網路交換器。如果發生硬體或軟體失敗，則只有 VM 的一部分受到影響可運作。可用性設定組是建立可靠雲端解決方案的必要條件。 深入了解可用性設定組。

專案詳細資料

選取用以管理部署資源及成本的訂用帳戶。使用像資料夾這樣的資源群組來安排及管理您的所有資源。

訂用帳戶 * ⓘ	Azure for Students
└─ 資源群組 * ⓘ	test_ntub
	新建

執行個體詳細資料

名稱 * ⓘ	Set
區域 * ⓘ	(US) 美國西部
容錯網域 ⓘ	
更新網域 ⓘ	
使用受控磁碟 ⓘ	無 (傳統) 是 (已對齊)

檢閱 + 建立   < 上一步   下一步：進階 >

圖 8-18　設定可用性規則。

≡　Microsoft Azure　　　　　　　🔍 搜尋資源、服務及文件 (G+/)

所有服務 > 新增

新增

🔍 搜尋 Marketplace

Azure Marketplace 查看全部	精選 查看全部
開始使用	Virtual machine 深入了解
最近建立	
AI + 機器學習服務	SQL Server 2017 Enterprise Windows Server 2016 深入了解
分析	
區塊鏈	Reserved VM Instances 快速入門 + 教學課程
計算	
容器	

圖 8-19　新增計算資源並選擇虛擬機。

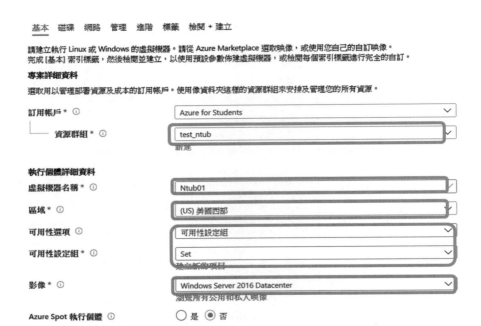

圖 8-20　設定虛擬機的屬性。

　　再來我們需要設定虛擬機的規格，每種不同的規格均有不同的定價，Azure 網頁中均有詳細資料。本範例使用了標準 A2 規格，使用者可以依照自己的需求更改規格，但需注意要選擇有支援負載平衡的「標準」類規格。之後必須決定虛擬機的名稱和管理者的帳號密碼，由於 Azure 對於管理者的密碼強度要求較高，需要滿足大寫字母、小寫字母、數字及特殊服號四種條件中的其中三種，並且滿足一定的長度才可設定爲密碼。除此之外要記得開啓下方 HTTP、HTTPS 及 RDP 三種通訊協定，範例才能夠成功完成。設定如圖 8-21 所示。

　　當虛擬機的基本設定完成之後，請如圖 8-22 點選上方的網路頁籤。在這個設定介面中可以看到這台虛擬機所建立的虛擬網路名稱，這個名稱在後面建立負載平衡器時會需要設定。確認完成之後即可按下下方的建立按鈕。

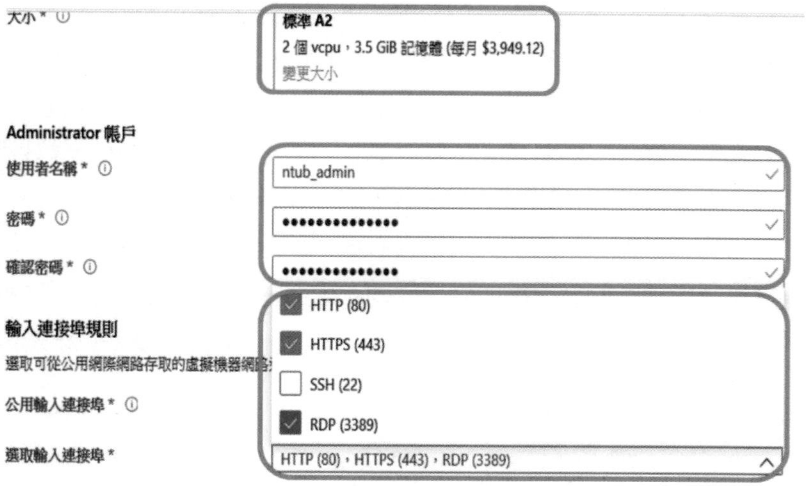

圖 8-21 設定虛擬機的屬性。

圖 8-22 設定虛擬機網路。

上述設定都已完成之後即可按下建立，Azure 即開始建立符合需求之虛擬機。整個建立的過程大約需要 5～10 分鐘。由於本範例需要用到兩台虛擬機，因此我們需要佈建第二台虛擬機。需要注意的是，使用者一次只能對 Azure 提出一項要求，所以需要等待第一台虛擬機完成佈建之後，才能開始建立第二台虛擬機，不然 Azure 將會拒絕第二台虛擬機的建立需求而回報錯誤訊息。建立第二台虛擬機的操作步驟與第一台大致相同，只有一些地方需要修改。第一個地方是第二台虛擬機的名字要與第一台不同。第二個地方是在圖 8-22 中關於虛擬機的網路設定，一般 Azure 預設會建立一個全新的虛擬網路，並且將虛擬機放置在新的網域中，但是因為我們需要用到負載平衡，而負載平衡機制本身是針對位於同一個網域中的不同主機進行運作，因此第二台虛擬機不能放置在新的網域中，而是應該加入第一台虛擬機建置時所建立的虛擬網路中。當兩台虛擬機都建好後即可在虛擬機清單中看到剛剛建立的兩台虛擬機，如圖 8-23 所示。

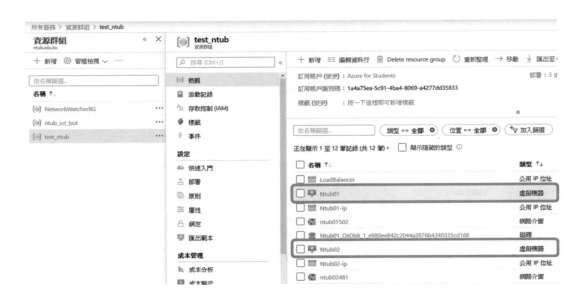

圖 8-23　於虛擬機清單中看到兩台虛擬機均已建立完成。

8-5-2 連線虛擬機與建立範例網站程式

當虛擬機建立完成後，進行虛擬機內部的操作就必須連線至虛擬機的作業系統之中。首先於主控台，點選建立完成之虛擬機，即可進入虛擬機的專屬頁面，如圖 8-24 所示。此時可以看到虛擬機的資料以及運行狀態，由於需要連線至虛擬機的作業系統中，因此點選上方工具列的「連接」按鈕，系統會自動下載一個 .rdp 檔案至使用者的電腦中，RDP（Remote Desktop Protocol）是 Windows 作業系統中遠端登入的通訊協定。將下載之 .rdp 檔案開啟之後，會自動顯現遠端桌面的連線設定視窗。在該視窗中，包含主機位置等設定均會自動填入，使用者只需要按下確定並且輸入在建立虛擬機時輸入的管理者帳號密碼即可登入虛擬機。

圖 8-24　於虛擬機控制頁面進行連線。

　　登入 Windows 系統之後，需要等候一段時間，使系統完成第一次登入時的檔案建立。完成之後系統會自動跳出 Windows 的伺服器控制台。由於本範例是要完成網站的負載平衡設定，因此需要在 Windows 中開啓網頁伺服器，本範例中使用的是 Windows Server 內建的 IIS 網頁伺服器。啓動的方法是在伺服器控制台中選擇新增角色與功能，如圖 8-25 所示。

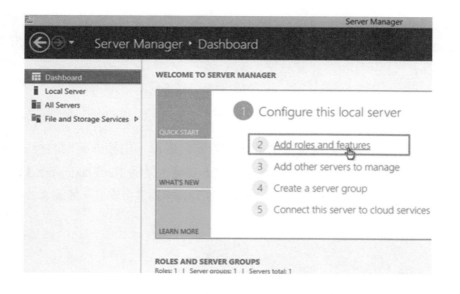

圖 8-25　控制台新增 IIS 角色與功能。

系統會自動啟動角色與功能安裝精靈，使用者可以選擇新增的角色，本範例需新增 IIS 伺服器管理，如圖 8-26 步驟 1 和 2 所示。選擇新增 IIS 管理伺服器後，系統會自動跳出警告訊息要求使用者順便安裝 IIS 控制台程式的功能，步驟 3 選擇安裝之後，步驟 4 點選下一步。

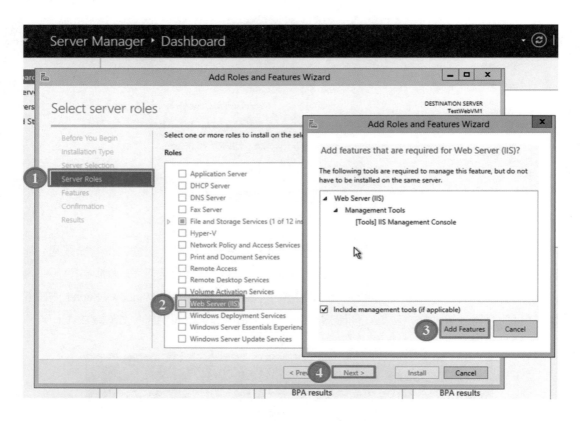

圖 8-26　新增 IIS 伺服器管理角色。

新增 IIS 角色之後，系統會自動進入功能安裝選單。由於本範例的程式需要 .Net Framework 2.0，因此需要安裝 .Net Framework 3.5 功能，因為 .Net Framework 3.5 相容之前的版本，如 2.0 與 3.0。我們將 .Net Framework 3.5 勾選後再進行安裝，如圖 8-27 所示。

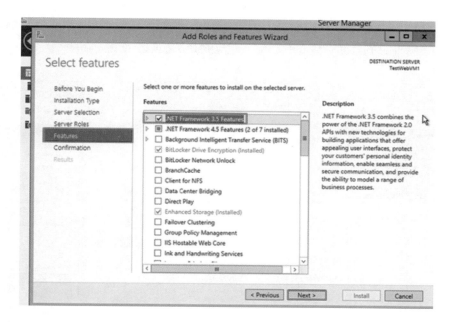

圖 8-27　Windows Server 中安裝 .Net Framework 3.5。

　　安裝完成後會自動回到伺服器管理員畫面，於左邊的角色一覽中會增加剛才安裝的 IIS 角色，如圖 8-28 所示。右鍵點選 IIS 後於畫面右邊的伺服器清單中的我們的電腦，選擇 IIS 管理員啟動 IIS 管理員。

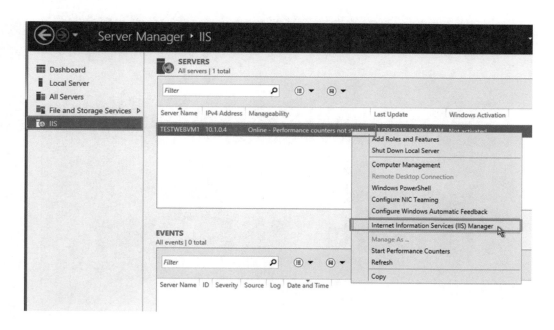

圖 8-28　伺服器管理員視窗中啟動 IIS 管理員。

到目前為止,已經成功在虛擬機中架設了一個 IIS 的網頁伺服器。圖 8-29 中,可以經由 IIS 伺服器管理員的介面瀏覽範例網站,建立的範例網站,如圖 8-30 所示。

圖 8-29　IIS 伺服器管理員的介面。

圖 8-30　IIS 管理員中瀏覽預設網頁。

因為範例中將實作負載平衡的機制，所以修改了範例網頁，方便辨識 Azure 將該筆 HTTP 的請求分配到哪一台伺服器上。首先開啟 C: 中的 inetpub 資料夾，是 IIS 存放網頁的預設資料夾。然後開啟其中的 wwwroot 資料夾，是存放預設網站的資料夾。此資料夾有兩個檔案，為 html 網頁檔案與 jpg 圖檔。我們將修改 jpg 圖檔，在圖檔上點選右鍵，並且選擇編輯，如圖 8-31 所示。在此圖檔上加上虛擬機的名稱，用以識別目前使用的伺服器。至此，我們已經完成一台虛擬機的網頁伺服器設定。第二台虛擬機也依相同的流程完成設定。

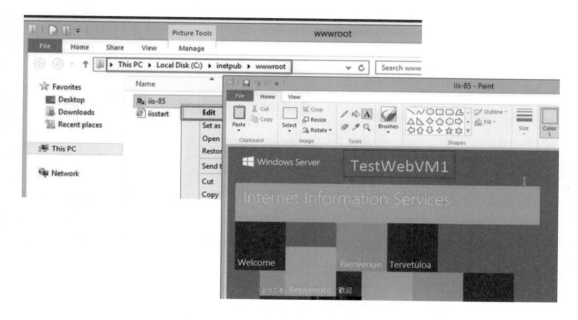

圖 8-31　修改 jpg 圖檔用以識別目前使用的伺服器。

8-5-3 設定虛擬機整合網站負載平衡

此時兩台虛擬機的網頁伺服器均準備完成，接下來將設定負載平衡，讓 Azure 監控兩台虛擬機的流量，並且自動將造訪網頁的需求導向負擔較輕的虛擬機。要做到這件事我們必須新增一個負載平衡器，並且將兩台網頁伺服器均交給該負載平衡器管理。首先我們如同建立可用性規則時的操作方式類似，在所有服務中搜尋「Load Balancer」之後點選搜尋出來的負載平衡器並建立。

圖 8-32　新增負載平衡器。

　　點選建立後系統將開啓負載平衡器的設定頁面，如圖 8-33 所示。基本的設定名稱設定及存放區域的注意點跟前面的步驟一樣，但這邊要注意的是負載平衡器需要一個對外的 IP，這邊可直接利用設定精靈新建一個。將圖中的公用 IP 位置選擇建立新的，並且給予這個 IP 一個代稱並照圖中完成設定，最後按下建立即可。

圖 8-33　新增負載平衡器之設定。

　　當點選建立之後，Azure 會花費一小段時間去建立負載平衡器。建立好的負載平衡器也會存放在我們指定的資源群組中。若點選此資源群組並進入資源列表後看到如圖 8-34 所示的負載平衡器即代表建立成功，之後點選該負載平衡器物件即可進入負載平衡器的細部設定。

圖 8-34　確認負載平衡器建立。

　　選擇負載平衡器後即可進入負載平衡器的在設定畫面，在這邊需要設定三樣設定，分別為「後端集區」、「探查規則」與負載平衡規則。首先點選後端集區選項進行設定，後端集區指的是該負載平衡器需要負責監控的服務集合，如本範例中指的是剛剛建立的兩台拿來當作網頁伺服器的虛擬機。首先點選圖 8-35 畫面中的新增即可新增服務。

圖 8-35　新增後端集區。

在設定剛剛新增的這個後端集區的畫面中，我們可以設定後端集區的名稱。該後端集區需要跟前面建立虛擬機存放在同一個虛擬網路中才能夠運作，故這邊虛要確定存放的虛擬網路位置與前面步驟中查看的虛擬網路名稱要一致。而在關聯對象設定中可以選擇要監測的服務的種類，本範例中設定為虛擬機器。選擇完畢後下方的選項會被系統自動更改成虛擬機器的設定介面，本範例中需要將前面建立的兩台虛擬機器都加入後端集區。完成的畫面如圖 8-36 所示，設定完成後按下下方的確定可完成後端集區的設定。

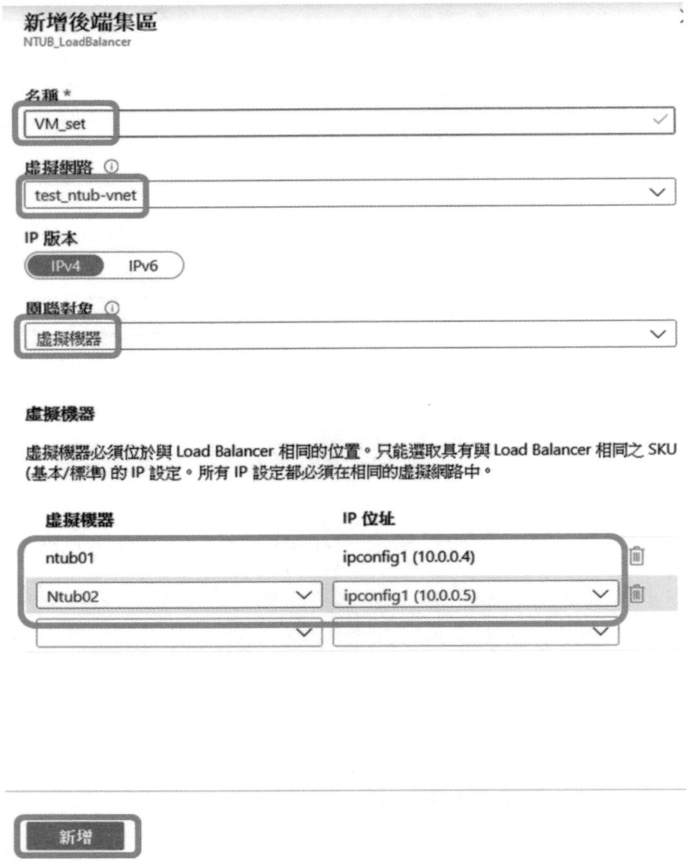

圖 8-36　將虛擬機加入後端集區。

設定完成之後，如同圖 3-35 畫面中所示，在左方的選單中可以找到第二項設定項目「健康狀態探查」。透過類似的步驟選擇新增探查之後會出現健康狀態探查的設定精靈，如圖 3-37 所示。在這個功能中主要是設定負載平衡器要根據什麼作為依據，調整其所監控的各種資源的負載。本範例中使用的服務是網頁伺服器，網頁伺服器作為 http 協定的服務提供者，其所提供服務通過的 port 號是 80，故在狀態探查裡面本範例將針對 80 port 做健康狀態的探察。圖 8-37 的設定代表的是負載平衡器針對 80 port 做健康狀態的探察，這個探查每間格 5 秒即會執行一次，也就是負載平衡器下面的虛擬機每隔五秒會回報一次自己的負擔狀況給負載平衡器。而這個回報機制若連續兩次執行週期無法完成，則負載平衡器會認為這台虛擬機已失去服務的能力。

圖 8-37　設定負載平衡器的健康探查機制。

　　設定探查機制之後，如同圖 3-35 畫面中所示，在左方的選單中可以找到另一項設定項目「負載平衡規則」。透過類似的步驟選擇新增探查之後會出現健康狀態探查的設定精靈，如圖 3-38 所示。這個服務主要是設定負載平衡器的對外 IP 與 port 號與其後端集區所監管的服務的 port 號之間的對應關係。由於本範例中並無進行特別的修改，負載平衡器對外的 port 號即為原本 http 服務所設定的 80 port，而後端集區所管理的兩個虛擬機器 web 伺服器所提供服務的 port 號也是 80 port，故照著圖 8-38 的設定即為將前端的 80 port 導至後端集區 80 port 的正確設定。設定名稱並且按下建立之後負載平衡器即設定完成。

新增負載平衡規則
NTUB_LoadBalancer

名稱 *
HTTP

IP 版本 *
◉ IPv4　○ IPv6

前端 IP 位址 * ⓘ
40.118.162.69 (LoadBalancerFrontEnd)

通訊協定
◉ TCP　○ UDP

連接埠 *
80

後端連接埠 * ⓘ
80

後端集區 ⓘ
VM_set (2 個虛擬機器)

健康狀態探查 ⓘ

確定

圖 8-38　設定負載平衡器的健康探查機制。

8-5-4 驗證網站負載平衡

　　在以上的設定中已經將網頁伺服器的首頁修改完成，並且設定好負載平衡集。此時在資源群組中點選負載平衡器，並在負載平衡器的狀態畫面如圖 8-39 的位置找到 IP 位置，使用者可以在瀏覽器中輸入這個 IP 位置連線到負載平衡器。

　　在瀏覽器中輸入剛剛查到的 IP 位置，即可連線到網頁伺服器，顯示網頁內容。當連線時，Azure 的負載平衡器會判斷哪一台虛擬機的伺服器負載較輕，將需求轉至該虛擬機。但是若使用者使用同一個瀏覽器開啟兩個頁籤送出需求時，Azure 將視為同一筆需求而導至同一台虛擬機。所以如果想在同一瀏覽器中，看到兩個不同虛擬機的頁面，需要重新整理網頁多次。因此建議，送出兩次 HTTP 的需求，使用不同的瀏覽器瀏覽，如圖 8-40 所示。首先使用 Edge 連線至網頁，Azure 導至第二台虛擬機，此時再開啟 Chrome 連線至網頁，Azure 則導至第一台虛擬機，因此可以驗證網站確實啟動負載平衡的機制。

圖 8-39　負載平衡器的 IP 位置。

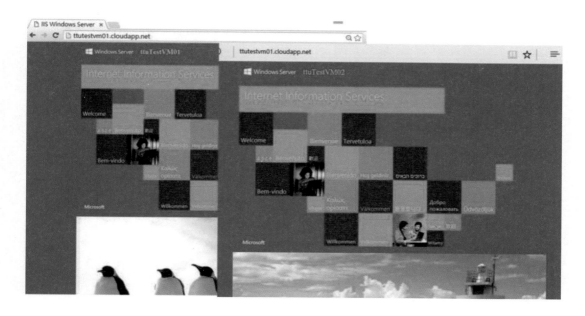

圖 8-40　使用兩個不同的瀏覽器連線至網頁，驗證負載平衡的功能。

8-6 習題

1. 請說明 Microsoft Azure 平台三項主要的服務。
2. 存取控制服務的功能為何？
3. 請說明可靠和盡力的 IaaS 架構。

4. 請說明 Microsoft Azure 平台上提供了那四種不同的應用程式角色（Application Role），分別代表不同的應用程式執行環境（Runtime Environment）。

5. 請說明 Frabic Controller 的運作內容。

6. 請說明 Microsoft Azure 四種資料儲存的類型。

7. 請說明 Microsoft Azure 內容傳遞網路（Content delivery network, CDN）的功能。

8. 請利用 Microsoft Azure 雲端資源建立一個負載平衡的網頁伺服器群集。

參考文獻

1. R. Barga, V. Fontama, and W. H. Tok, "Predictive Analytics with Microsoft Azure Machine Learning," *APress*, 2nd Edition, 2015.

2. B. Barton, "Microsoft Public Cloud Services: Setting Up Your Business in the Cloud," *Microsoft*, 2015.

3. S. J. Johnston, N. S. O'Brien, H. G. Lewis, E. E. Hart, A. White, and S. J. Cox, "Clouds in Space: Scientific Computing Using Windows Azure," *Journal of Cloud Computing*, Vol. 2, No. 2, 2013.

4. S. Mund, "Microsoft Azure Machine Learning," *Packt Publishing*, 2015.

5. A. Puca, M. Manning, B. Rush, M. Copeland, and J. Soh, "Microsoft Azure: Planning, Deploying, and Managing Your Data Center in the Cloud," *APress*, 2015.

6. J. Savill, "Mastering Microsoft Azure Infrastructure Services," *Sybex*, 2015.

7. M. Washam, "Automating Microsoft Azure Infrastructure Services," *O'Reilly*, 2014.

8. G. Webber-Cross, "Learning Windows Azure," *Packt Publishing*, 2014.

9. https://azure.microsoft.com/

第九章　雲端平台——Amazon Web Services

9-1 Amazon Web Services

Amazon Web Services（AWS）是提供應用程式的彈性、透過訊息傳遞和資料儲存的雲端解決方案，可以達到擴展基礎架構的雲端平台。該雲端平台是透過 SOAP 或 REST 的網路服務介面連結，並提供了 Web-Based 的控制台，用戶可以管理和監控所需的資源，和按照使用量付費為基礎的運算費用。

AWS 雲端系統提供許多服務，如圖 9-1 所示。Amazon Elastic Compute Cloud（EC2）和 Amazon Simple Storage Service（S3），是兩個最常被使用的服務，一般用以輔助其他產品構建一個完整的系統。而更高階的服務則有 MapReduce 和自動縮放機制（Auto Scaling），用以建置更智慧且更有擴充性運算系統。在資料儲存方面，Amazon Elastic Block Store（EBS），Amazon SimpleDB，Amazon Relational Database Service（RDS）和 Amazon ElastiCache 提供了可靠的資料快照、結構化管理解決方案和半結構化資料。在網路層面的通訊需求服務則有 Amazon Virtual Private Cloud（VPC）、Amazon Elastic Load Balancing（ELB），Amazon Route 53 和 Amazon Direct Connect。更進階的服務用於連接應用程式的則有 Amazon Simple Queue Service（SQS）、Amazon Simple Notification Service（SNS）和 Amazon Simple Email Service（SES）。其他服務包含：

圖 9-1　Amazon Web Services（AWS）雲端服務系統。

1. Amazon CloudFront 的內容交付網路解決方案。

2. Amazon CloudWatch 監測雲端運算環境的監控解決方案。

3. Amazon Elastic Beanstalk 和 CloudFormation 靈活的封裝和部署應用程式。

9-2 運算服務

　　運算服務是構建雲端運算系統的基本要素。Amazon 基本的運算服務是 EC2，它提供了一個 IaaS 的解決方案。Amazon EC2 允許建立伺服器在虛擬機上，並且創建一個特定的映象檔的伺服器。映像檔有預先裝入的作業系統和軟體可供執行個體配置，伺服器建構記憶體、處理器數量和儲存設備。如果需要進一步的配置或安裝軟體，可以提供使用者憑證，遠端連結虛擬機。

9-2-1 Amazon Machine Images（AMI）

　　Amazon Machine Images（AMI），是一個創建虛擬機的模板。AMI 會在 Amazon S3 中儲存成 XML 的文件，而且是唯一的標籤，例如 AMI-XXXXXX。一個 AMI 包含檔案系統資料和預先選擇安裝的作業系統。這些都是由 Amazon ram disk 映像（ARI ID：ARI-YYYYYY）和 Amazon 處理器核心映像（AKI ID：aki-ZZZZZZ），這些都是配置 AMI 模組的一部分，AMI 的製作是從新的虛擬機配置後創建或是透過綁定現有的 EC2 執行個體。要創建一個新的 AMI 常見的作法是從一個已經存在的 AMI 運行虛擬機，登錄到虛擬機後啓動和運行，並安裝所有需要的軟體。使用 Amazon 提供的工具，我們可以轉換虛擬機到一個新的映象檔。AMI 被創建後將被存在一個 S3 Bucket，使用者可以決定是否可以給其他使用者使用或僅供個人使用。最後，也可以將產品連結該 AMI，當使用者使用該 AMI 創建 EC2 虛擬機時可以得到收入。

9-2-2 EC2 執行個體

　　EC2 執行個體代表的是虛擬機，使用 AMI 作爲模板，選擇核心的數量，計算能力和記憶體大小。EC2 的運算能力取決於虛擬核心和 EC2 計算單元（ECU）。ECU 衡量一個虛擬核心的運算能力，用來預測一個眞實 CPU 的運算能力分配給一個虛擬機的運算資源，它不是一個眞正頻率的計算單元值。Amazon 隨著時間的經過，將這些運算單位映射到底層，改變眞實的運算能力分配，透過標準的時間設置，使 EC2 執行個體的性能達到一致性的計算量。隨著時間的經過，底層的基礎架構設施會有更新與更強大的硬體進行更換，而使用 ECU 有助於給每一個使用者一致性的 EC2 執行個體性能。由於使用者是租用運算能力，而不是購買硬體，這樣的做法是合理的。而部分虛擬機的規格並不保證提供的運算能力，而是單純提供租用的 vCPU 數據。表 9-1 列舉了使用不需額外付費的 Linux 作業系統的數種不同的 EC2 執行個體配置，為了統一起見選用一般常見的 vCPU 方式作為標示。以下為六大類執行個體的說明。

1. 一般執行個體：此類提供了一組配置，適合於大多數的應用程式。EC2 提供了三種不同的類別增加運算能力、儲存能力和記憶體。

2. 微型執行個體：此類適合那些應用程式消耗有限的運算能力和記憶體。微型執行個體可用於小型網路應用程式與有限的流量

3. 高記憶體執行個體：此類針對需要處理龐大工作負載和需要大量記憶體的應用程式。此類的特點是記憶體的需求比較運算能力大，較高流量的網路應用程式。

4. 高 CPU 執行個體：此類針對運算密集型的應用程式。運算能力需求比超過記憶體。

5. 儲存執行個體：此類主要用來提供保存資料或是進行資料分析，特色是專為需要對本機儲存上的超大型資料集進行高序列讀取及寫入存取的工作量所設計，這些執行個體經過最佳化，能為應用程式提供每秒數萬次低延遲隨機的 I/O 操作（IOPS）。

6. GPU 執行個體：此類提供圖形處理單元（Graphics Processing Unit, GPU）執行個體，提供高運算能力、大量記憶體需求、極高的 I/O 和網路性能。此類特別適合用於同時執行繁重的圖形運算，例如叢集應用程式的繪圖叢集。因為 GPU 可用於通用運算，有額外的圖形運算能力，使得適用於高性能運算應用程式。

表 9-1　Amazon EC2 執行個體特性

實例類型		CPU	記憶體	硬碟空間	價格（美東）（美元／小時）
一般實例	a1.medium	1	2 GB	EBS	$0.025
	a1.xlarge	4	8 GB	EBS	$0.102
	a1.metal	16	32 GB	EBS	$0.408
高記憶體實例	x1e.xlarge	4	122 GB	1×120 SSD	$0.834
	x1e.4xlarge	16	488 GB	1×480 SSD	$3.336
	x1e.32xlarge	128	3904GB	2×1920 SSD	$26.688
高運算實例	c5d.large	2	4 GB	1×50 NVMe SSD	$0.096
	c5d.9xlarge	36	72 GB	1×900 NVMe SSD	$1.728
	c5d.metal	96	192 GB	4×900 NVMe SSD	$4.608
GPU 運算實例	p2.xlarge	4	61 GB	EBS	$0.900
	g4dn.xlarge	4	16	125 GB NVMe SSD	$0.526

　　EC2 執行個體是根據它們所屬的類別當作每小時的計價。一開始使用，使用者就會被收取一小時的費用，每隔一小時使用者將被收取整個小時的費用，每小時虛擬機的費用是固定的。另一種方法是透過 Spot 執行個體，這些虛擬機的定價和使用期限是動態，因為它們是根據 EC2 的負載提供給用戶的空閒資源。但是虛擬機的使用者必須制定他們自己的備份策略，因為不能保證該執行個體能運行整個小時。使用者制定他們支付這些虛擬機價格的上限，只要目前 Spot 機器的價格保持在給定的值，該執行個體會保持運行，每一個小時的開始價格會進行更新。Spot 虛擬機比正常下的虛擬機不穩定，對於正常的 EC2 將盡可能地保證持續運行，但是 Spot 虛擬機沒有這樣的保證。因此，實施備份和檢查機器的策略是必須的。

　　EC2 執行個體可以透過使用 AWS 命令行工具來連接 Amazon 網路服務，提供遠端連結 EC2 的基礎設施，或透過 AWS 控制台來做。在預設情況下一個 EC2 執行個體是由相關的 AMI 創建來選擇核心與硬碟，定義結構（32 位元或 64 位元）和執行個體可用的硬碟空間。這只是一個暫時性的硬碟，一旦該執行個體被關閉時，硬碟的內容會消失。另外，執行個體可以附加 EBS，它的內容將被儲存在 S3。預設 AKI 和 ARI 是不適合的，EC2 提供透過指定不同的 AKI 和 ARI 運行 EC2 執行個體的功能，進而提供創建執行個體的靈活性。

9-2-3 EC2 環境

　　EC2 執行個體都在一個虛擬的環境，為了提供對主機應用程式的服務執行需求。EC2 環境負責分配地址，附加儲存量，訪問控制和網路連接方面的安全配置。在預設值下，執行個體與一個內部 IP 位址，他們能夠在 EC2 網路中進行溝通和訪問。每一個執行個體關聯到一個彈性 IP 是可能的，隨著時間的經過它可以被重新映射到不同的執行個體。一個外部 IP，EC2 執行個體會給一個域名的形式 EC2-xxx-xxx-xxx.compute-x.amazonaws.com，而正常情況下 xxx-xxx-xxx 用破折號分開代表外部 IP 位址的四個部分，而 compute-x 提供了有關執行個體部署的可用區域訊息。目前，有五個定價不同的可用區域，兩個在美國（維吉尼亞州和北加州），一個在歐洲（愛爾蘭），以及兩個在亞太地區（新加坡和東京）。

　　執行個體的建立者可以部分控制在何處部署執行個體，他們能更仔細地控制執行個體的安全性和網路的存取。當執行個體被建立時，建立者能將一對密鑰關聯到一個或多個執行個體。所有者能夠使用一對密鑰遠端連接到該執行個體，並且獲得 root 登入權限。Amazon EC2 控制虛擬執行個體的存取藉由基本的防火牆設定，例如允許特定的來源地址、埠和協議（TCP、UDP、ICMP）。在執行個體部署之前，他們可以加到其他的群組，而規則就可以設定到這些群組中。安全群組和防火牆規則適當的設定提供 EC2 執行個體安全的一個彈性的方法。

9-3 AWS 的部署和管理服務

EC2 執行個體和 AMI 構成建置 IaaS 雲端運算的基本架構。除此之外，AWS 提供更先進的部署和管理服務，AWS Identity and Access Management（IAM）、Amazon CloudWatch、AWS Elastic Beanstalk 和 AWS CloudFormation，還有基於 MapReduce 應用程式的執行計算平台。

9-3-1 AWS Identity and Access Management（IAM）

AWS Identity and Access Management（IAM）能夠建立和管理用戶組的安全控制存取。使用 IAM 可以建立和管理 AWS 的用戶組，並使用權限來允許和拒絕 AWS 資源。可以使用現有的企業身份，給予 AWS 資源，如 Amazon S3 Buckets 的安全存取，而無需建立任何新的 AWS 身份。AWS IAM 是一個 Web 服務，讓 AWS 管理使用者和使用者權限。使用 AWS IAM，可以集中管理使用者、安全憑證、控制 AWS 資源和用戶可以訪問的權限。

9-3-2 Amazon CloudWatch

Amazon CloudWatch 是 AWS 開發和管理服務的一部分，能夠監控、管理和發布各種指標，以及配置警報動作。CloudWatch 可以看圖形、設定警報、發現趨勢，並採取自動操作。它是透過 AWS 管理控制台使用 API、SDK 和 CLI。可以用自己的指標制定或使用網路上的模板。對於 Amazon EC2 執行個體，Amazon CloudWatch 執行基本監控收集和 CPU 利用率報告、數據傳輸和 Amazon EC2 執行個體的硬碟使用指標。

9-3-3 AWS Elastic Beanstalk

使用 AWS Elastic Beanstalk，只需上傳應用程式，AWS Elastic Beanstalk 將自動處理容量配置的部署細節、負載平衡、自動縮放和應用程式的監測。使用 AWS Elastic Beanstalk，可以快速部署和管理 AWS 的應用程式，而不必擔心執行這些應用程式的基礎設施。目前，這項服務僅適用於 Java/Tomcat 開發的 Web 應用程式。開發人員可以在他們的 Web 應用程式，很方便打包成一個 WAR 文件，並使用 Elastic Beanstalk 自動部署在 AWS。相對於該自動化部署的其他解決方案，Elastic Beanstalk 簡化了繁瑣的任務不刪除用戶的訪問和接管，底層的 EC2 執行個體構成頂部運行應用程式的虛擬化基礎架構的控制能力。對於 AWS CloudFormation，AWS Elastic Beanstalk 提供了應用程式部署在雲端上，它不要求用戶在 EC2 執行個體和它們指定的基礎設施。

9-3-4 AWS CloudFormation

AWS CloudFormation 給開發人員和系統管理員提供了一個簡單的方法來建立 AWS 相關的資源集合，並提供一個有秩序和可預測的方式。AWS 的 CloudFormation 樣本包裹包含的模板，說明各種使用情況下的集合。透過 AWS CloudFormation 命令行工具或通過 AWS CloudFormation 的 API，Stacks 可以藉由 AWS 管理控制台從模板來建立。

9-3-5 Amazon Elastic MapReduce

Amazon Elastic MapReduce 提供 AWS 用戶雲端運算平台的 MapReduce 應用。它採用 Hadoop 作為 MapReduce 的引擎，部署在虛擬基礎架構，並使用 S3 的儲存。除了支援連接到 Hadoop 的所有應用程式堆疊（Pig, Hive, etc.），Elastic MapReduce 具有彈性，允許用戶根據自己的需求動態的調整，以及選擇 EC2 執行個體適當的配置組成群集（小型、高記憶體、高 CPU、集群運算和集群 GPU）。在這些服務之上，基本的 Web 應用程式允許用戶快速運行數據密集型應用程式而無需編寫代碼。

9-4 儲存服務

AWS 提供了數據儲存和訊息管理服務。以下是一些最常使用的 AWS 儲存服務，包括 Amazon Simple Storage Service（S3）、Amazon Elastic Block Store（包含 Amazon Glacier、Amazon EBS）、AWS Storage Gateway 和 Amazon Import/Export。

9-4-1 Amazon Simple Storage Service（S3）

Amazon S3 主要目的是為了讓開發人員容易開發大型 Web 的系統。Amazon S3 提供簡單的網頁服務介面，不論在任何時間和地方都可以藉由網頁存取資料。Amazon S3 提供開發人員一個高度可擴展性、可靠性、安全、快速和便宜的網路基礎設施。使用 Amazon S3，需要了解一些簡單的概念。首先，Amazon S3 在 Bucket 中儲存資料當作是 Object，如圖 9-2。物件是由檔案和任何描述檔案中的 Metadata 所組成。在 Amazon S3 儲存物件，上傳想要儲存的檔案到 Bucket 中。上傳檔案時，可以設定物件和 Metadata 的存取權限。對儲存在 Amazon S3 的物件來說 Bucket 是邏輯的容器，每一個 Object 是包含在 Bucket 中。例如，如果 Object 的名字是「photos/puppy.jpg」儲存在「johnsmith」Bucket 中，可以使用「http://johnsmith.s3.amazonaws.com/photos/puppy.jpg」的 URL 來存取資料。在帳戶中可以有一個或多個 Bucket。對於每一個 Bucket，可以建立控制存取的權力，也就是說誰可以在 Bucket 中建立、刪除和列表。也可以查看存取 Bucket 和 Object 的日誌檔，選擇 Amazon S3 所在的位址。

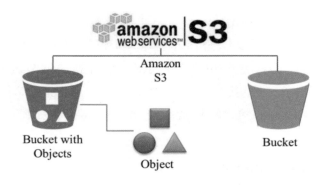

圖 9-2　Amazon S3 的概念。

　　在 Amazon S3 中，Object 是最基本的儲存單位。當使用控制台的操作介面時，可以把它們視為檔案。物件是由資料和 Metadata 所組成。對 Amazon S3 而言，資料部分是不透明的。Metadata 是由（Name, Value）所形成的集合，用來描述 Object。一些預設的 Metadata，例如最後被修改的日期，標準的 HTTP Metadata，例如 Content-Type。你也可以在 Object 儲存時，指定自己的 Metadata。在 Bucket 中使用 Key 來識別唯一的 Object。

　　生命週期管理是指在他們的生命中 Amazon S3 如何管理物件。儲存在 Amazon S3 Bucket 中的一些物件可能定義明確的生命週期，例如，如果上傳週期性 Log 資料到 Bucket 中，在建立之後，應用程式可能每星期或每個月須要這些 Log 檔，但是之後想要將他們刪除。有一些文件在一段期間內經常存取，之後可能不需要即時去存取這些物件，但是組織可能需要封存這些資料一段較長的時間，然後選擇性地刪除他們。有可能上傳一些封存的資料到 Amazon S3，像是數位媒體、財務、醫療記錄、原始基因序列資料、長期的資料庫備份和必須保留的資料。

　　Amazon S3 的定價是基於實際使用的容量和頻寬。Amazon S3 是一個網際大規模的服務，它可以處理大量的請求服務。所有到 Amazon S3 的頻寬流量都是免費的，但是從 Amazon S3 出來的頻寬流量就需要計費。最重要的是，因為 Amazon S3 可以處理任何容量的資料，只需要付使用的空間容量。在 Amazon S3 中，每個帳戶有 100 Bucket 的限制。而每個 Bucket 可以儲存無限數量的 Object，一個物件的容量可以高達 5 TB，而且沒有限制 Bucket 的大小。Amazon S3 在一年內為物件提供 99.999999999% 的持久性和 99.99% 的可用性。任何時間、任何地方，都可在網頁上透過 HTTP 或 HTTPs 來存取資料。最重要的是，Amazon S3 具有高度的可擴展性、可靠性、快速及便宜。

9-4-2 Amazon Glacier

Amazon Glacier 是非常低成本的儲存服務，提供安全和持久的資料封存和備份。Amazon Glacier 適用於資料很少存取，取用資料需要花費數小時的情況。可以一個單獨的檔案或組合一些檔案作為成為一個封存檔上傳到 Amazon Glacier。而從 Amazon Glacier 擷取檔案通常需要 3 至 5 小時完成。Amazon Glacier 可以減少管理的麻煩下載封存的資料，將需要保存很久的資料儲存到 Amazon Glacier 封裝。使用 Amazon Glacier，只要花費每個月每 GB $0.01 的費用，這與自己儲存資料的成本便宜許多。

9-4-3 Amazon Elastic Block Store（EBS）

Amazon Elastic Block Store（EBS），提供持久的 Block level 儲存容積（Volume）提供 Amazon EC2 執行個體使用達到一致和低延遲的效率。Amazon EBS 特別適合於應用程式需要資料庫和檔案系統。Amazon EBS 的快照（Snapshot）可以持續自動複製於可用的區域內。快照也可以存在 Amazon S3 中。Amazon EBS 是高可用性和可靠的儲存容積，他們可以附在相同可用區域中任何執行中的執行個體。Amazon EBS 附在 Amazon EC2 執行個體中會被視為是儲存的容積，與執行個體的生命期是無關的。當這個容積不再附在 EC2 的執行個體中，只要付儲存的費用即可。Amazon EBS 有三種不同型態的容積可以適合商業的需求。可以將多個 Amazon EBS 的容積附加到一個 Amazon EC2 的執行個體中，為伺服器創建一個 RAID 的設定。容積就像為了 Linux 或 Windows 執行個體的未格式化區塊設備。Amazon EBS 提供 99.999% 的可用性，也提供 EC2 和 EBS 間 AES-256 加密的資料在傳輸。

Amazon EBS 服務就像是一個虛擬硬碟。所以 Amazon EBS 常用在想要硬碟可以維持 Amazon EC2 執行個體過去的歷程。在 Amazon EBS 服務開始之前，AWS 只能使用實體的區域硬碟。問題是當停止 Amazon EC2 執行個體時，所有的資料都遺失了，這是因為區域儲存只能暫時儲存的特性。Amazon EBS 的價格取決於分配的容量，無論有沒有使用，這與 Amazon S3 取決於真正使用的空間不同。

Amazon EBS 是高度的可用性和可靠性，他的資料複製在可用區域內的多台伺服器上，避免因為設備的損害而遺失資料。容積的持久性在於容積的大小和上次快照後資料改變的比例。例如，具有 20G 的容積和上次快照後只有一些資料更改，全年的失效率（Annualized Failure Rate, AFR）大約 0.1%～0.5%，相對於一般的硬碟有大約 4% 的 AFR，有更高的可靠性。因為 Amazon EBS 的伺服器是在一個可用區域中複製，再將多個 Amazon EBS 在相同的可用區域做鏡射（Mirror）複製，但這無法顯著改善容積的持久性。如果需要更強的持久性，可以為容積建立時間點快照（Point-in-time snapshot），存在 Amazon S3 中，自動複製在許多不同的可用區域中。經常為容積做快照是一個方便和划算長期保持資料持久性的方法。當 Amazon EBS 損壞時，所有的快照將完整的回復，可以從最後的快照點重建容積。

　　Amazon S3 和 EBS 之間的顯著差異是，Amazon EBS 是網路連接的硬碟，寫入或讀取都是以區塊層級儲存，而 Amazon S3 是物件層級儲存。這意味著，必須一次寫入整個物件。如果只變更一個檔案的一小部分，仍然必須重寫整個檔案，變更到 Amazon S3。如果需要頻繁的寫入到同一個物件，這可能是非常耗時的。Amazon S3 適用於寫入一次但是需要讀取很多次。其他主要區別是成本，Amazon S3 是支付你所使用的，而 Amazon EBS 是支付你所提供的。Amazon EBS 和 Amazon S3 的比較如表 9-2。

表 9-2　Amazon EBS 和 Amazon S3 的比較。

	EBS	Amazon S3
方法	檔案系統	物件儲存
效率	非常快	快
備援	在資料中心內	跨多個資料中心
安全性	只能在 EC2 中看到	Public Key/Private Key
價格	$0.10/GB/ 月存取	$0.023/GB/ 月儲存
是否從網路存取？	否	是
使用的時機	當成硬碟	寫一次，讀多次

9-4-4 AWS Storage Gateway

　　當加密的資料安全地儲存在 Amazon S3 時，AWS Storage Gateway 提供低延遲的執行效率是藉由維護內部部署經常存取的資料。它是連接內部部署軟體設備與雲端的儲存，提供組職內部部署 IT 環境和 AWS 儲存間無縫和安全的一體化服務。使用 AWS Storage Gateway 可備份內部部署應用程式資料的時間點快照到 Amazon S3。如果需要提供未來資料災難復原的能力，在計算尖峰時刻、增加新的專案或更有成本效益執行一般的事物，可以使用 AWS Storage Gateway 鏡射儲存本地的資料到 Amazon EC2 執行個體上，增加 Amazon EC2 的計算能力。

9-4-5 AWS Import/Export

　　AWS Import/Export 使用攜帶式儲存設備運送，加速搬移大量資料的匯入和匯出到 AWS。AWS Import/Export 支援 Amazon S3、Amazon Glacier 和 Amazon EBS 資料的匯入和匯出。攜帶式的設備運送到 AWS，連接到 AWS 匯入 / 匯出站，資料將被處理並安全地轉移到 AWS 資料中心。如果資料要下載，資料將會傳到這攜帶式的儲存設備上。AWS 匯入／匯出在 AWS 雲端和攜帶式儲存設備之間加速傳輸大量資料。AWS 直接從儲存設備轉移資料，使用 Amazon 的高速內部網絡。對於大型數據來說，AWS 匯入／匯出可以比網際網路更快且更有效的升級網路連結。

9-4-6 結構化的儲存方法

　　企業應用程式往往依賴於資料庫來儲存、索引數據，並對其分析。傳統上，RDBMS 一直是通用的資料後端的應用範圍廣泛，即使最近更具擴展性和輕量化解決方案已被提出。以下是一些 AWS 主要的資料庫服務，Amazon SimpleDB、Amazon Relational Database Service、Amazon DynamoDB、Amazon ElasticCache 和 Amazon Redshift。

1. Amazon SimpleDB

　　Amazon SimpleDB 是高度可擴展、靈活的資料儲存方式。Amazon SimpleDB 是半結構化資料。關於關聯模型，這個模型提供較少的限制。Amazon RDS 為他們的資料儲存釋放 AWS 用戶進行配置、管理和高可用性設計。為了有效為 AWS 用戶提供可擴展性和容錯服務，Amazon SimpleDB 中實現了一個寬鬆的約束模型。對同一資料的多個訪問可能無法讀取，但他們最終會收斂一段時間。因此，在不同的客戶端存在一段期間，可以訪問具有不同值的相同資料的不同副本。這種做法是非常可擴展性但有小缺點，因為 Amazon SimpleDB 應用場景的特點是查詢和資料索引操作，可以改變默認行為，並確保所有的讀者在更新過程中被阻止。儘管 Amazon SimpleDB 不是一個交易模式，它允許客戶端有條件的插入或刪除，以防止更新時丟失。

2. Amazon RDS（Amazon Relational Database Service）

　　Amazon RDS（Amazon Relational Database Service）是一個 Web 服務，容易設置、操作和在雲端中擴展關聯性資料庫。在資料庫耗時的管理中，提供具經濟效益和調整容量大小的能力，使用者可以專注在應用程式和企業的經營上。Amazon RDS 提供類似 MySQL、Oracle 或 SQL 伺服器引擎的存取能力。這意味現今在使用資料庫中的程式碼、應用軟體和工具都可以直接在 Amazon RDS 上用 Amazon RDS 自動修補資料庫軟體和備份資料庫，根據用戶定義的保留期儲存備份。可以透過 API 的呼叫達成對於關聯資料執行個體中有彈性和可調整計算資源或儲存的容量。

　　在使用 Amazon VPC 時，可以啟動一個 Amazon RDS 資料庫執行個體。當使用 VPC，可以控制虛擬網路環境，可以選擇自己的 IP 位址範圍，建立子網路，並配置路由和存取控制列表。Amazon RDS 的基本功能是相同的，無論是否在 VPC 中執行。Amazon RDS 管理備份、軟體修補、自動故障檢測和恢復。在 VPC 中執行資料庫執行個體並不會有額外的成本。在 Amazon EC2，對於在 AWS 帳戶中 VPC 支援的平台資訊在選定的區域中不會有預設的 VPC。Amazon RDS 在每個區域支援 EC2 和 VPC 支援平台的兩個 VPC 平台，你必須使用 Amazon VPC 服務去建立 VPC，VPC 支援平台將會在你的 AWS 帳戶中在一個區域中具有一個預設的 VPC。

3. Amazon DynamoDB

Amazon DynamoDB 在任何規模下，具有非常低的延遲和可預測性的效能，不需要複雜的查詢功能，如加入（Join）或交易（Transaction），對資料庫應用程式非常適合。Amazon DynamoDB 是一個全面管理的 NoSQL 資料庫服務，提供高性能、可預測的吞吐量和低成本，很容易安裝、操作和擴展。Amazon DynamoDB，可以從小處著手、指定需要的吞吐量和儲存，並輕鬆地根據容量需求在幾秒鐘內擴展。它會自動將資料分配到多台伺服器滿足需求。除此之外，DynamoDB 在一個區域中將會同步複製資料到多個可用的地區，以確保資料的高可用性和持久性。

AWS 提供給開發者一些資料庫的選擇。你可以完全執行關聯性和 NoSQL 的服務，也可以在 Amazon EC2 和 Amazon EBS 操作自己在雲端的資料庫。如果你需要以最少管理關聯性資料庫服務，則可以考慮使用 Amazon RDS。如果你需要快速、高擴展性的 NoSQL 資料庫服務，可以考慮使用 Amazon DynamoDB。如果你需要可以管理自己的關聯性資料庫，那麼可以考慮使用關聯性的 AMI。

4. Amazon ElasticCache

Amazon ElastiCache 是一個 Web 服務，在雲端中易於部署、操作和擴展的記憶體快取。該服務可提高 Web 應用程式的效率，可以從快速、受管理的記憶體快取系統中存取資料，而不是在慢速的磁碟為主的資料庫。在 AWS 管理控制台，按幾個滑鼠鍵就可以由快取節點的集合組成快取叢集。也可以在幾分鐘內透過增加或刪除快取節點擴展快取叢集的記憶體，以滿足變化的工作負載需求。此外，Amazon ElastiCache 自動檢測並取代壞掉的快取節點，提供一個彈性的系統，減輕超出資料庫負荷的風險。一個快取安全組允許控制存取快取叢集。快取提高了應用程式的效率。快取的訊息包括 I/O 密集型資料庫查詢或計算密集型。一個快取安全組就像一個防火牆控制網路存取快取叢集。在預設下，網路是無法存取一個新的快取安全組。建立一個快取安全組後，必須明確授權存取 EC2 的安全組。

5. Amazon Redshift

Amazon Redshift 是雲端中一個快速和強大全面管理 PB 等級的資料倉儲服務。Amazon Redshift 提供快速的查詢，可以用來分析任何大小的資料集，就像使用當今相同的 SQL 工具和商業智慧應用程式。Amazon Redshift 採用了多種創新的技術快速地查詢數百 GB 到 PB 大小的資料集。首先，使用以欄為主的儲存和資料壓縮，以減少執行查詢所需的 I/O 量。其次，在優化的硬體上執行資料倉儲，是藉由區域的附加儲存和以 10GB 網路來連接各個節點。最後，它具有大規模平行處理（Massively Parallel Processing, MPP）架構，當需要改變效能或儲存時，無需停機就可擴大或縮小規模。Amazon Redshift 管理所有需要設置、操作和擴展資料倉儲的叢集，從配置能力、監控和備份叢集到修補和升級。

9-4-7 Amazon CloudFront

Amazon CloudFront 是在 Amazon 分散式儲存架構上實作的內容傳遞網路（Content delivery network, CDN）。它利用收集在全球各地的邊緣伺服器，提供靜態和串流網頁內容請求更好的服務，所以盡可能降低傳輸的時間。AWS 為用戶提供簡單的 Web 服務 API 來管理 Amazon CloudFront。為了透過 CloudFront 來傳送可用的內容，必須建立一個分佈。先確認原始的伺服器，其中包含分佈出去原始版本的內容，對應到 Cloudfront.net 底下的 DNS，也可能以一個給定的域名對應到分佈。一旦分佈被建立，就可以參考到分佈的名字，CloudFront 引擎就會將此請求導向最接近的伺服器，如果沒有找到或被選到的邊緣伺服器已過期，就必須從原來的伺服器下載最原始版本的內容。靜態的內容（HTTP 和 HTTPS）或串流內容（Real time Messaging Protocol 或 Reliable Multicast Transport Protocol）可以經由 CloudFront 傳送。原來伺服器的原始內容可能是 S3 Bucket，EC2 執行個體或是外部的伺服器。使用者會被限制只能使用一些協定或是自己設定的存取規則去存取資料內容。在過期之前有些不正確的內容有可能被移除或更新。

9-5 通訊服務

Amazon 提供的設備使現有的應用程式和服務在 AWS 基礎設施架構中容易溝通。這些設施可以分為兩大類，虛擬網路（Virtual Networking）和訊息（Messaging）。

9-5-1 虛擬網路（Virtual Networking）

虛擬網路包含許多伺服器，讓 AWS 用戶控制計算和儲存服務間的連結。Amazon VPC 和 Amazon Direct Connect 提供基礎設施間的連結方法，Route 53 是解決命名的連結。Amazon VPC 提供了在 Amazon 基礎設施內，很有彈性地建立虛擬私有網路。服務提供者準備經常使用的模板或完全客製化的網路服務模板的進階設定。準備的樣板包括公共子網路、獨立的網路、透過網路位址轉換（Network Address Translation, NAT）存取 Internet 的私有網路和包含 AWS 資源和私有資源的混和網路。藉由使用身分存取管理（Identity Access Management, IAM）服務來控制不同服務（EC2 執行個體和 S3 Bucket）的連接。Amazon Direct Connect 讓 AWS 用戶在使用者的私有網路和 Amazon Direct Connect 的位置建立特定的網路，叫做 Port。這個連接可更進一步分割成多個邏輯的連接，存取 Amazon 基礎設施的公共資源。使用 Amazon Direct Connect 的好處是使用者端和 Direct Connect 位置的連接可以有一致的效率。這個服務與其他 EC2、S3 和 Amazon VPC 的服務相容，可以使用在 Amazon 網路和外部網路需要較大頻寬的環境。

Amazon Route 53 實作動態 DNS 服務，透過不同於 amazon.com 的域名去存取 AWS 的資源。透過 Amazon DNS 伺服器的大型全球分散式網路，AWS 用戶可以公開 EC2 執行個體或 S3 Bucket 當作他們域名底下的資源。EC2 執行個體似乎比實體機器更動態，S3 Bucket 也可能只存在一段時間。為了應付多變的環境，當執行個體在 EC2 執行時或 S3 建立新的 Bucket 時，讓 AWS 使用者有動態名字對應到資源的能力。藉由與 Route 53 網頁服務的互動，使用者可以管理一組託管地區（Hosted Zone），代表由服務控制用戶域，然後透過它提供編輯可用的資源。

9-5-2 訊息（Messaging）

為了發揮 AWS 的功能，訊息服務可以連接應用程式。三種不同類型的訊息服務，分別是 Amazon Simple Queue Service（SQS）、Amazon Simple Notification Service（SNS）和 Amazon Simple Email Service（SES）。

在 Amazon 基礎設施下利用訊息佇列，Amazon SQS 在應用程式之間交換訊息使用不相連的模式。使用 AWS 控制台或直接在底層的 Web 服務，用戶可以建立無限數量的訊息佇列，並設定他們來控制存取。應用程式可以將訊息發送到可以存取的任何佇列。這些訊息可以多份和安全地儲存在 AWS 的基礎設施裏一段時間，他們可以被其他授權的應用程式進行存取。當讀取訊息時，訊息被鎖住，以避免其他應用程式處理此訊息。在一段時間後，此鎖定將會被釋放。

Amazon SNS 提供了發行 — 訂閱（Publish-Subscribe）的方法連接異質的應用程式。對於 Amazon SQS，處理一個新的訊息時，需要不斷地詢問給定的佇列，而 Amazon SNS 可以在有興趣的新內容產生時，通知應用程式。透過 Web 服務，當 AWS 用戶建立一個主題，其他應用程式可以訂閱。任何時候，應用程式可以在一個給定的主題發布內容，而訂閱者會被自動通知。該服務為用戶提供不同的通知模型（HTTP/HTTPS、Email/Email JSON 和 SQS）。

Amazon SES 提供 AWS 用戶可擴展的電子郵件服務。一旦用戶登錄這項服務，他們必須提供一個電子郵件，SES 用此來發送電子郵件。要啓動該服務，SES 將發送一封電子郵件，以確認給定的地址和為用戶提供必要的訊息。經確認後，用戶在 SES 沙盒中測試服務，可以要求存取產生的版本。使用 SES，可以透過電子郵件的標頭和 Multipurpose Internet Mail Extension（MIME）型態來發送 SMTP 相容的電子郵件或原始郵件。電子郵件被放在佇列中傳送，任何失敗的傳送也會通知用戶。SES 還提供了廣泛的統計數據，幫助用戶改善他們的電子郵件是項，達成與客戶有效的溝通。

　　關於費用計價，這三個服務都不需要付最低的基本費用，而是採取用多少付多少的模式。目前，用戶達到一個最低門檻時才開始付費。此外，資料在內部傳輸不需付費，外部傳輸才需付費。

9-6 實務範例

　　以下將示範如何利用 AWS 雲端資源建立一個負載平衡的網頁伺服器叢集。主要的步驟如以下所示：

1. 建立虛擬機。
2. 設定立虛擬機的公有 IP，Security Group。
3. 連線至虛擬機。
4. 儲存檔案至 S3。
5. 設定負載平衡器。
6. 驗證網站負載平衡。

　　開始實作前，首先使用者需要申請 AWS 帳號如圖 9-3 所示，AWS 提供使用者十二個月或 750 小時的免費試用，使用前請先到 AWS 網站詳閱試用相關的規定。使用者在註冊帳號後可以開始試用 AWS 所提供的服務，使用者可以透過 AWS 提供的雲端服務資源管理入口網站來進行服務的申請及使用。

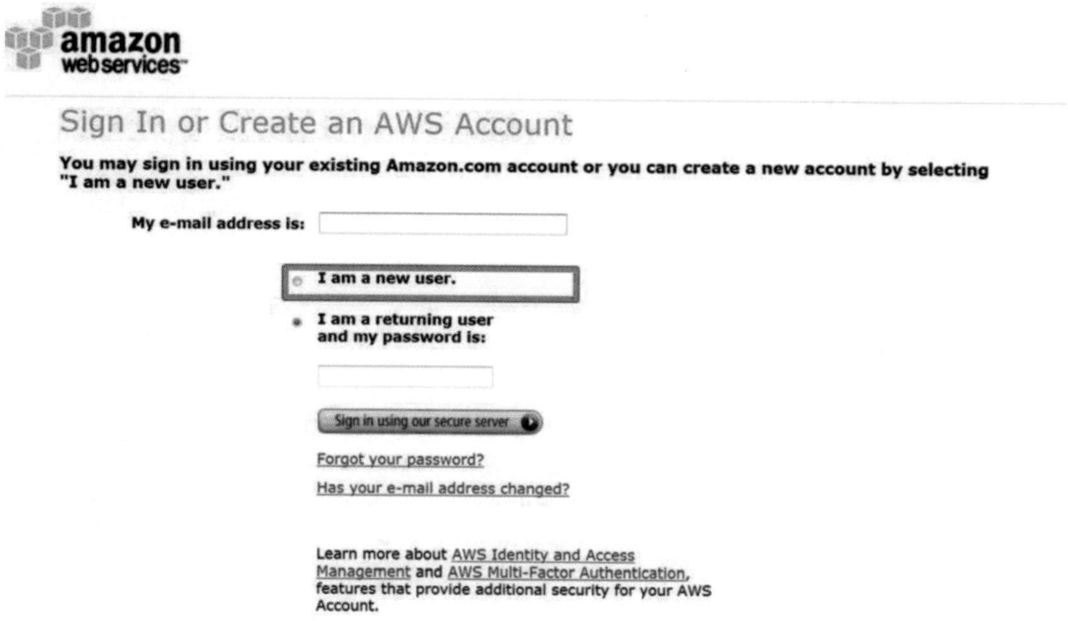

Sign In or Create an AWS Account

You may sign in using your existing Amazon.com account or you can create a new account by selecting "I am a new user."

My e-mail address is: _____

○ **I am a new user.**

● **I am a returning user and my password is:** _____

[Sign in using our secure server ⊙]

Forgot your password?

Has your e-mail address changed?

Learn more about AWS Identity and Access Management and AWS Multi-Factor Authentication, features that provide additional security for your AWS Account.

圖 9-3　申請 AWS 帳號。

　　圖 9-4 是 AWS 的雲端服務資源管理入口網站，所有 AWS 的服務都會列在此網站中，每一個服務都有一個專屬的 Icon，依據服務的分類有不同的顏色，方便使用者區別。

圖 9-4　AWS 的雲端服務資源管理入口網站。

9-6-1 建立虛擬機

　　此範例總共需要使用兩台虛擬機，我們將介紹如何利用 AWS 的雲端服務啟動兩台虛擬機，並且完成設定。在 AWS 的雲端環境中，EC2 可以提供虛擬機的服務，因此在主控台點選 EC2 的服務進入 EC2 主控台。在主控台點選新增，如圖 9-5 所示。

　　選擇了新增虛擬機後，網站會導向設定頁面，讓使用者選擇使用的作業系統。因為試用 AWS 只有一部分的作業系統和虛擬機規格包含在免費試用的清單中，所以可以選擇左邊的免費選項，只列出免費試用的作業系統，此範例選擇 Windows Server 2012 R2 版本，如圖 9-6 所示。

圖 9-5　新增虛擬機。

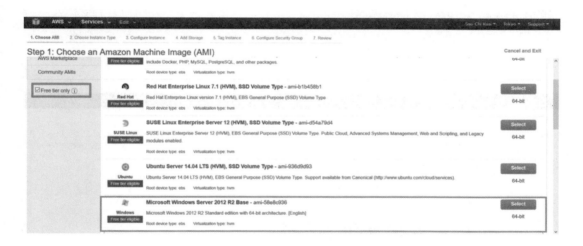

圖 9-6　新增虛擬機並且選擇作業系統。

　　此時選擇虛擬機的規格，每種不同的規格均有不同的定價，AWS 網頁中均有詳細資料。此範例採用免費試用的 t2.micro 規格，使用者可以依照自己的需求選擇不同的規格。

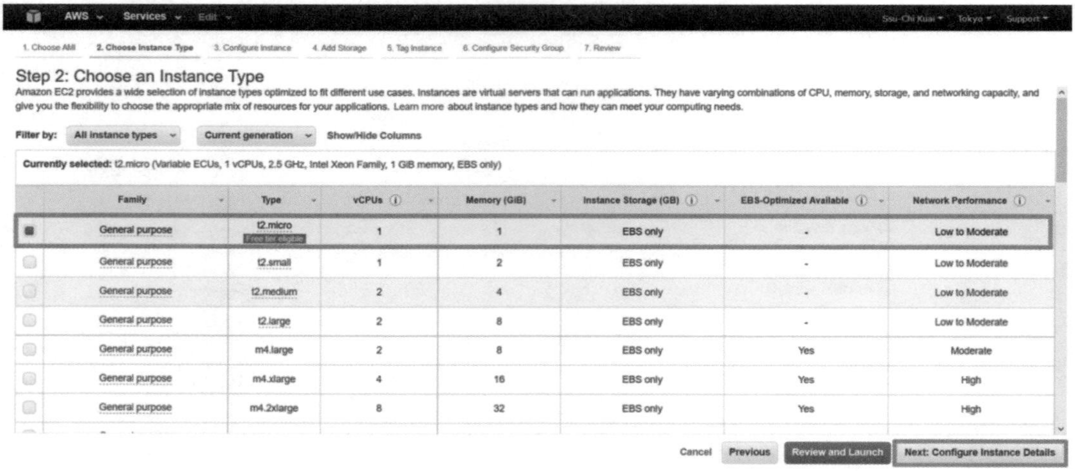

圖 9-7　設定虛擬機的規格。

　　下一步進行一些虛擬機的網路設定。當使用者第一次使用時，需要選擇虛擬機所需使用的虛擬網路（VPC）才能繼續虛擬機的建立，點選下拉式選單之後可以見到系統在該資料中新替使用者建立的預設 VPC，如圖 9-8 所示。由於 VPC 的名稱為亂碼，因此每位使用者看到的 ECP 名稱均不相同。

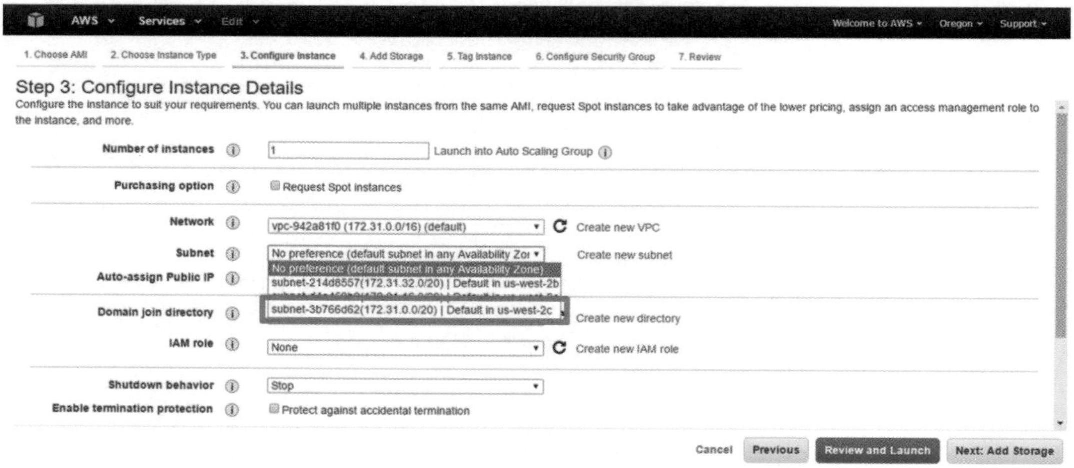

圖 9-8　建立虛擬機的 VPC 網路。

　　選擇完成隻後點選上方頁籤中的「Configure Security Groups」進行 Security Groups 的規則設定。由於本範例使用的是 Windows 的虛擬機，則遠端連線需要使用 Winodws 需要的

RDP 通訊協定。同時由於本範例要建立一個網頁伺服器，故虛擬機的 HTTP 通訊協定也需開啟，如圖 9-9 所示。

圖 9-9　針對虛擬機的 Security Groups 進行設定。

設定完 Security Groups 之後按下一步繼續，在虛擬機的基本設定完成後，接下來將設定 Key Pair。未來使用者都需要 Key Pair 才可以使用虛擬機，如圖 9-10 所示。設定新的 Kay Pair 後，需要下載 Key Pair 的檔案，點選「Download Key Pair」後將會下載一個 .pem 檔案。這邊需要留意的是該 Key Pair 檔案只有此時能夠下載，之後若是遺失則沒有任何地方能夠再次下載這個 .pem 檔案，因此務必保留好。

圖 9-10　設定虛擬機的 Key Pair。

前面的步驟完成後，等待一段時間虛擬機即會自動建立完成。因為本範例需要用到兩台虛擬機，所以需要建立第二台虛擬機。建立第二台虛擬機的操作步驟與第一台大致相同，只有一些設定不同。在虛擬機的網路設定部分，需要用到負載平衡，而負載平衡機制是針對位於同一個網域中的不同主機進行運作，所以第二台虛擬機不需要放在不同的 VPC 中，而是加入第一台虛擬機同樣的 VPC 中。最後，在設定 Key Pair 的部分，第二台虛擬機不需要另外再建立一個新的 Key Pair，可以使用第一台虛擬機的 Key Pair 即可。

當完成虛擬機的建立之後理論上虛擬機器已經可以使用了，但是 EC2 的環境中預設並不會安排給虛擬機真實的 IP，這將導致我們無法透過 RDP 的方式連線到虛擬機器。AWS 系統預設虛擬機的使用方式是先 VPN 連線至 AWS 的 VPC 中，再經由區域網路連線至虛擬機，但是我們現在並非這樣做，因此在連線至虛擬機器之前，必須完成公有 IP 的設定。建立步驟如圖 9-11 所示。

1. 選擇「Elastic IPs」。
2. 選擇「Allocate New Address」。
3. 選擇一個公有 IP。
4. 選擇關聯位址。
5. 選擇虛擬機。
6. 關聯。

圖 9-11　設定虛擬機的公有 IP。

9-6-2 連線至虛擬機並啓動伺服器

當虛擬機建立完成後，接下來將連線至虛擬機中的作業系統，如圖 9-12 所示。

1. 點選虛擬機，可以看到虛擬機的資料和運作狀態
2. 點選上方工具列的「Connect」，將開啓連線虛擬機的視窗。
3. 下載 .rdp 檔案將檔案開啓後，將顯示遠端桌面連線的設定視窗。在視窗中，包含主機位置等設定均會自動填入，使用者只需要按下確定，輸入虛擬機的管理者帳號密碼即可登入虛擬機。但是密碼要經由下個步驟才可取得。
4. 在連線設定視窗中選擇「Get Password」，並且設定建立虛擬機時的 Key Pair 存放的檔案才能取得連線的密碼，使用此密碼即可登入虛擬機。

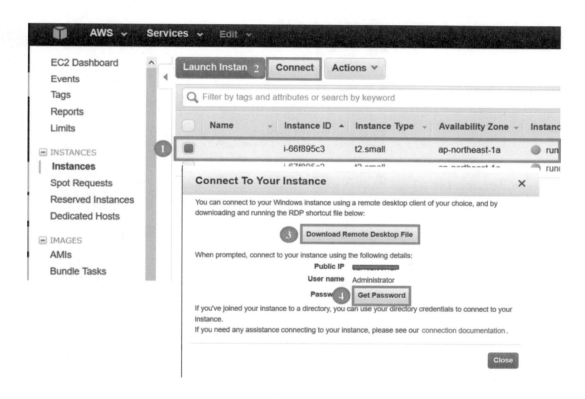

圖 9-12　連線至虛擬機。

登入 Windows 後，需要等候一段時間，系統將完成第一次登入時的檔案建立。完成後會顯示 Windows 的伺服器控制台。由於本範例是建立網站的負載平衡，因此需要使用 Windows Server 中的網頁伺服器，內建的是 IIS 網頁伺服器。啓動 IIS 網頁伺服器是在「Server Manager → Dashboard」中選擇「Add roles and features」，如圖 9-13 所示。

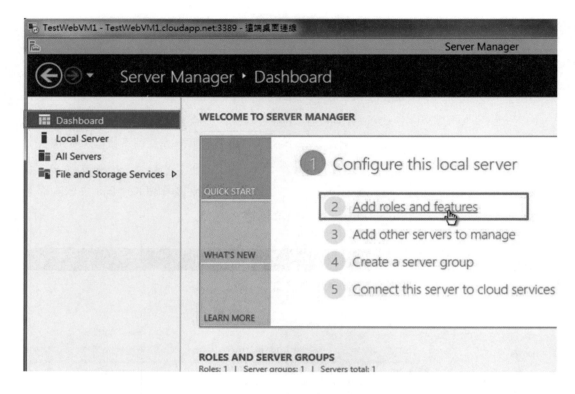

圖 9-13　新增 IIS 角色與功能。

　　系統將會自動開啓角色與功能安裝精靈，以下為設定的步驟，如圖 9-14。

1. 選擇「Server Roles」，新增伺服器的角色。

2. 選擇「Web Server（IIS）」，開啓網頁伺服器 IIS。

3. 選擇安裝 IIS 控制台的功能，按「Add Features」後增加此功能。

4. 點選「Next」。

　　新增 IIS 角色之後，系統會自動進入功能安裝選單。由於需要 .Net Framework 2.0，因此需要安裝 .Net Framework 3.5 功能，因為 .Net Framework 3.5 相容之前的版本，如 2.0 與 3.0。我們將 .Net Framework 3.5 勾選後再進行安裝，如圖 9-15 所示。

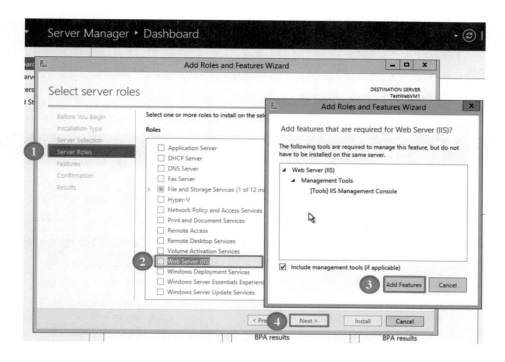

圖 9-14　新增 IIS 網頁伺服器角色。

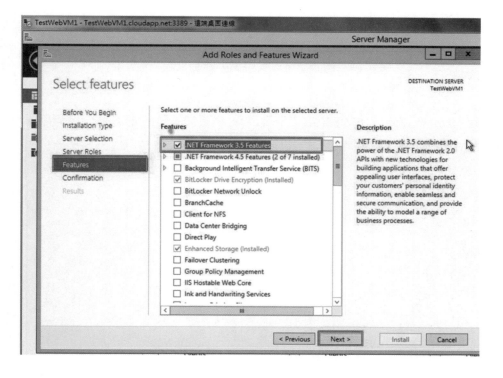

圖 9-15　Windows Server 中安裝 .Net Framework 3.5。

安裝完成後會自動回到伺服器管理員畫面，左邊的角色中會增加剛才安裝的 IIS 角色，如圖 9-16 所示。右鍵點選 IIS 後，選擇「Internet Information Services（IIS）Manager」，啟動 IIS 管理員。

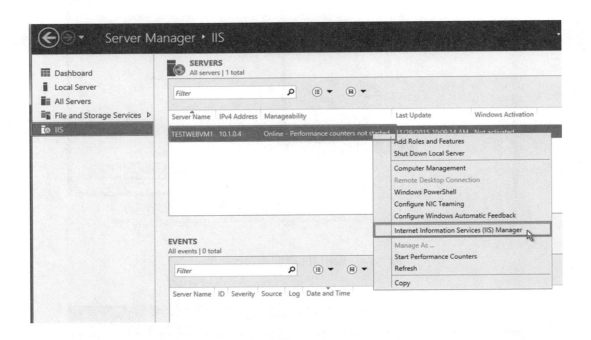

圖 9-16　伺服器管理員視窗中啟動 IIS 管理員。

到目前為止，已經成功在虛擬機中架設了 IIS 網頁伺服器。可以經由 IIS 伺服器管理員的介面瀏覽範例網站，如圖 9-17。範例網站如圖 9-18。

圖 9-17　IIS 伺服器管理員的介面。

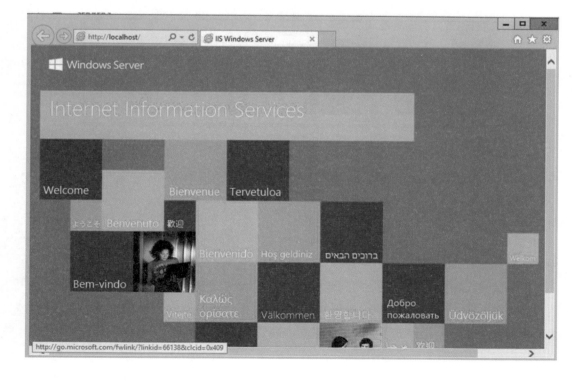

圖 9-18　IIS 管理員中瀏覽預設網頁。

範例中將實作虛擬機負載平衡的機制，所以修改範例網頁，方便辨識 AWS 將 HTTP 的請求分配到哪一台伺服器上。首先開啟 IIS 存放網頁預設的資料夾 C:\inetpub，然後開啟 預設網站的資料夾 wwwroot，此資料夾有兩個檔案，分別為 html 網頁檔與 jpg 圖檔。我們 將修改 jpg 圖檔，在圖檔上點選右鍵，選擇「Edit」，如圖 9-19 所示。在圖檔上加上虛擬機 的名稱，用以識別目前使用的伺服器。至此，已經完成第一台虛擬機的網頁伺服器設定。 第二台虛擬機也依相同的步驟完成設定。

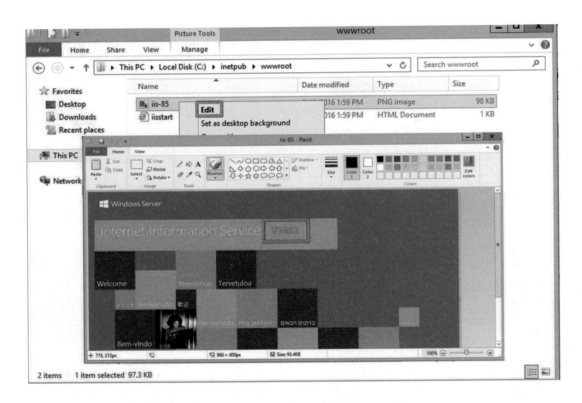

圖 9-19　修改 jpg 圖檔用以識別目前使用的伺服器。

9-6-3 儲存檔案至 S3

虛擬機建立好後，虛擬機提供的運算資源將與 AWS 的 S3 儲存服務結合。我們將上傳 兩張照片至 S3 中。首先在主控台找到 S3，建立 S3 的儲存容器，如圖 9-20 所示。之後會 跳出圖 9-21 的儲存容器建立畫面，這個畫面中需要輸入儲存容器的名稱，而這個名稱由於 需要作為網址提供給使用者透過網路的方式存取儲存體，因此名稱需要獨一無二。也就是 說，這個儲存容器的名稱不只不能跟使用者自己帳號內的 S3 儲存容器同樣名稱，甚至不 能跟所有 AWS 用戶所建立的任何一個 S3 儲存容器的名稱相同。因此在建立的時候建議取一個稍微複雜一點的名稱，不然若是跟其他的容器名稱相同則 S3 將出現錯誤訊息提醒。
除名稱之外，儲存容器還需要設定存放區域，這邊建議使用者將 S3 的存放機房設定的跟
前面的虛擬機一樣，若是存放在不同的機房則需要進行很多額外的設定，這邊並沒有在範
例中示範。

圖 9-20　建立 S3 儲存容器。

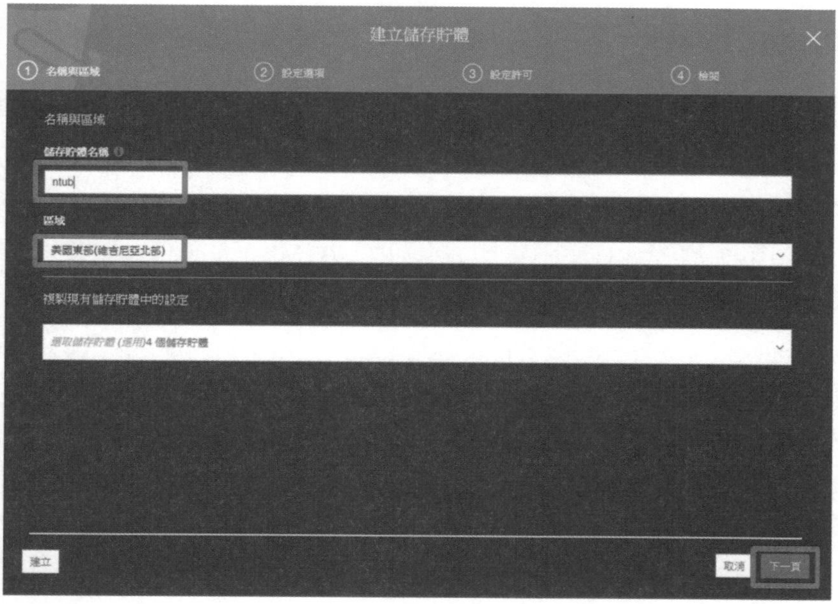

圖 9-21　建立 S3 儲存容器。

　　新增容器之後會顯示容器的管理頁面，使用者可以點選上傳按鈕啓動上傳介面並且上傳檔案至 S3 中，如圖 9-22 所示。上傳方式爲將檔案拖放至瀏覽器中深色的上傳位置，當檔案解析完畢之後畫面中的下一步及可以點選並且完成檔案傳輸。

圖 9-22　上傳圖片至 S3。

　　S3 的儲存架構中，每個檔案物件都有唯一的 URL。檔案上傳後，若在範例網頁中使用此檔案必須找出檔案資訊中的 URL。尋找 URL 的方式爲在儲存容器中的檔案清單上找到剛剛上傳的檔案，點選後進入詳細資料畫面，如圖 9-23 所示。在最下方的存取 URL 欄位中可以見到這個檔案的 URL 網址，將該網址貼入 HTML 語法就能夠貼圖。

　　但目前爲止，若是直接在範例網頁中使用 URL 是無法順利顯示圖片，因爲 S3 中的檔案有權限設定，只有符合權限的使用者或是應用程式才可看到圖片。因此必須更改檔案的權限。修改方式跟剛才找 URL 一樣，在清單中點選檔案名稱之後進入詳細設定。之後點選上方的許可頁籤可以進入權限修改畫面，如圖 9-24 所示。在這個畫面中點選下方的使用者群組「Every One」之後會跳出權限設定畫面，將兩個允許讀取選項都啓動後即可按下下方的儲存將設定保存下來。

圖 9-23 在檔案資訊中找到該檔案之 URL。

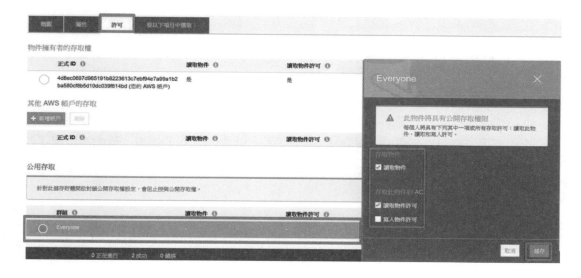

圖 9-24 設定檔案存取權限。

　　接下來將兩張圖片分別使用在兩台虛擬機上，讓使用者更容易識別兩台不同的網頁伺服器。為了此目的，必須修改首頁的 HTML 檔，加入一段貼圖程式。在 IIS 預設資料夾中 iisstart.htm 檔案上按下右鍵，選擇使用記事本開啟，然後加入一段貼圖程式，將儲存在 S3 的圖片貼在網頁中，如圖 9-25 所示。圖中「img src=」字串後面加入 S3 中第一張圖檔的 URL，第一台虛擬機的首頁即完成。第二台虛擬機則也依照一樣的步驟設定，但是「img src=」後填上第二張圖檔的 URL。

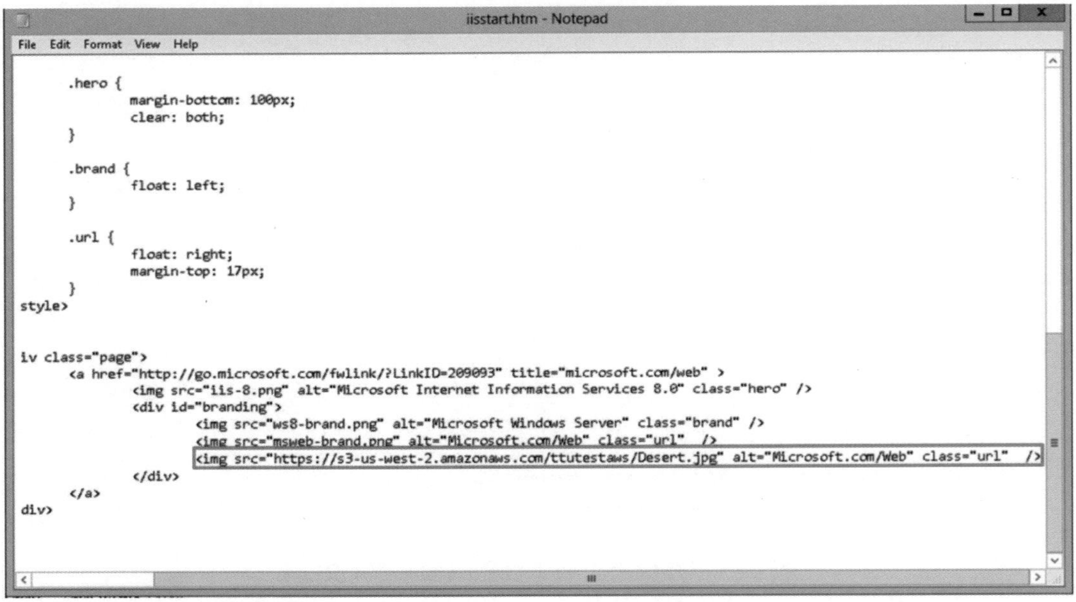

圖 9-25　修改首頁檔案，貼上 S3 儲存體的圖片。

9-6-4 設定負載平衡器

　　此時兩台虛擬機的網頁伺服器均準備完成，接下來將設定負載平衡，讓負載平衡器監控兩台虛擬機，將網頁流量重定向到運作狀態良好的虛擬機，以取得更一致的應用程式效能。首先在 EC2 主控台選擇「Load Balancer」，進入管理頁籤選擇「Create Load Balancer」，如圖 9-26。

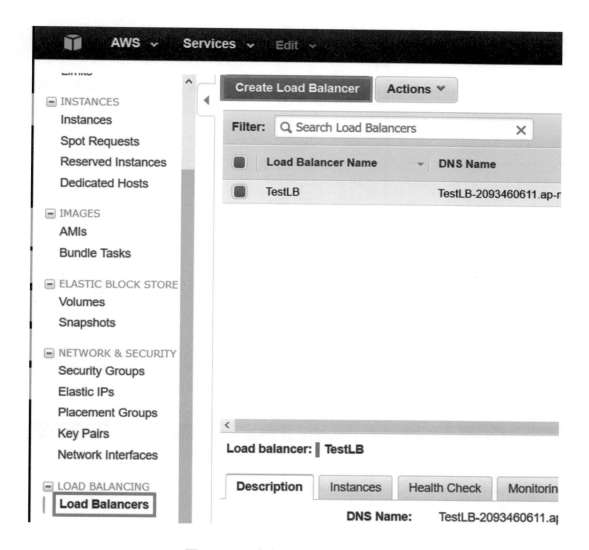

圖 9-26　設定虛擬機的負載平衡器。

　　之後系統會讓我們選擇負載平衡器種類，由於 HTTP 網頁系統的負載平衡器算是最常
被使用的負載平衡器之一，所以 AWS 現在將 HTTP 的負載平衡器獨立出一個快捷設定選
項，如圖 9-27 所示。若使用者想完全進行客製化設定請選第三項，在這個選項中可以自行
設定想要平衡的 TCP port。

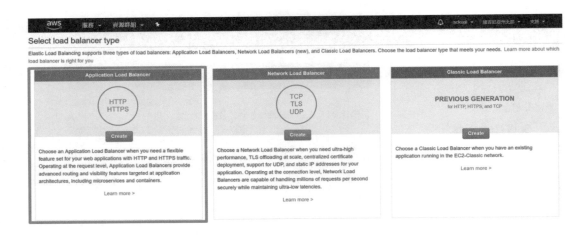

圖 9-27　HTTP 負載平衡器快速設定。

　　建立負載平衡器後會顯示設定負載平衡器視窗，本平衡器中精靈已經自動設定好負載平衡器要監控的對象，也就是 HTTP 通訊協定。需要設定的是負載平衡器的名稱，跟下方的 VPC 選項。VPC 選像部分需要選擇剛剛建立虛擬機時所存放的 VPC 才能夠順利完成網路偵測。設定完成後則往下一步設定 Security Groups，如圖 9-28 所示。

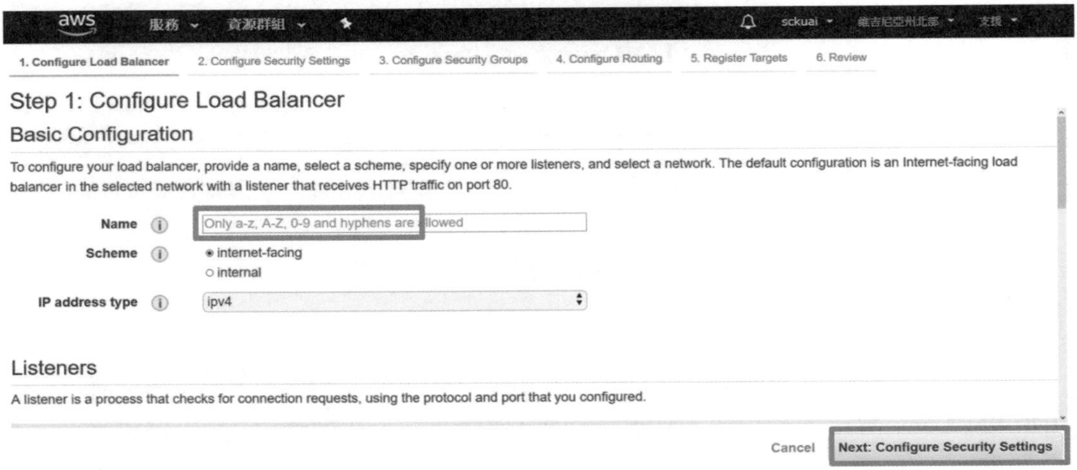

圖 9-28　建立負載平衡器。

　　接下來設定負載平衡器的 Security Groups，使用者可以將負載平衡器放在之前的 Security Groups 中，也可以建立一個新的 Security Groups 存放此負載平衡器。因為此範例建立的負載平衡器只需要開放 80 port，所以此處建立新的 Security Groups，將該 Security Groups 開啟 80 port 即可，如圖 9-29 所示。

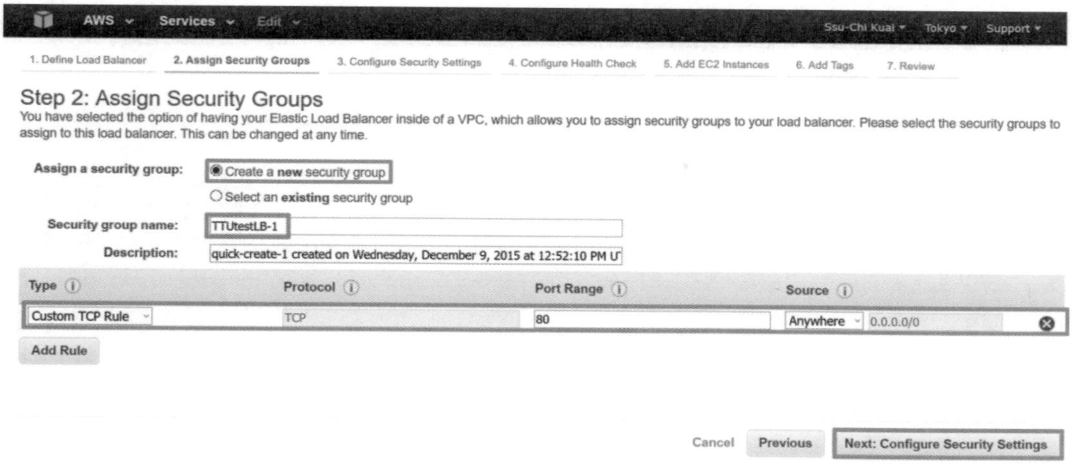

圖 9-29　設定負載平衡器的 Security Groups。

下一步是設定虛擬機是否正常運作，針對 HTTP 協定的 TCP 80 port 做監控，設定多久監控一次和失敗時會重送幾次 ping，若是全部 Time out 才會判斷監控的虛擬機不運作，如圖 9-30 所示。

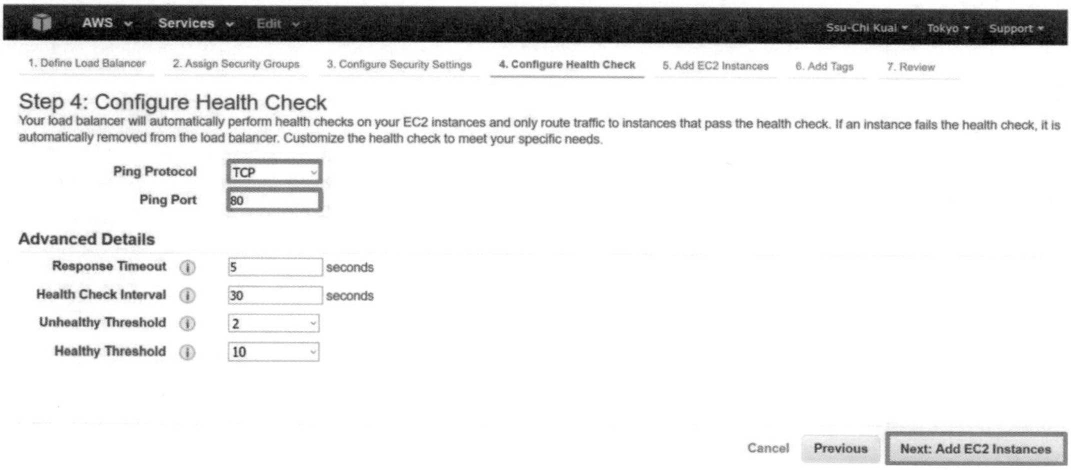

圖 9-30　設定正常運作的參數。

最後選擇監控的虛擬機，加入負載平衡器的監控清單中，如圖 9-31 所示。設定完成後，持續選擇下一步至負載平衡器完成。之後需要等一段時間，直到負載平衡器監控流程執行完後即可連線至負載平衡器。

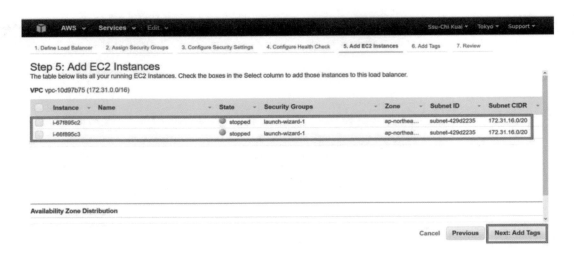

圖 9-31　設定負載平衡器監控的虛擬機。

9-6-5 驗證網站負載平衡

現在已經將網頁伺服器的首頁修改完成，並且設好負載平衡器。在主控台選擇負載平衡器，只要點選建立的負載平衡器即可在下方的狀態列看到負載平衡器的 DNS 名稱，如圖 9-32 所示。

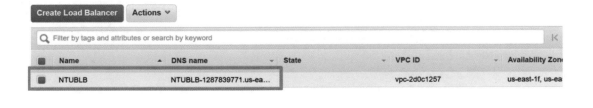

圖 9-32　負載平衡器的 DNS 名稱。

在瀏覽器中輸入 DNS 名稱，即可連線到網頁伺服器，顯示網頁內容。當連線時，AWS 會判斷哪一台虛擬機的伺服器負載較輕，而將需求導至該虛擬機。但是若使用同一個瀏覽器開啓兩個頁籤送出需求時，AWS 將視爲同一筆需求而導至同一台虛擬機。所以如果想在同一瀏覽器中，看到兩個不同虛擬機的網頁內容，需要重新整理網頁多次。因此建議使用不同的瀏覽器送出 HTTP 的需求，如圖 9-33所示。首先使用 Edge 瀏覽器連線至網頁，AWS 導至第一台虛擬機，此時再開啓 Chrome 瀏覽器連線至網頁，AWS 則導至第二台虛擬機，因此可以驗證網站確實啓動負載平衡的機制。

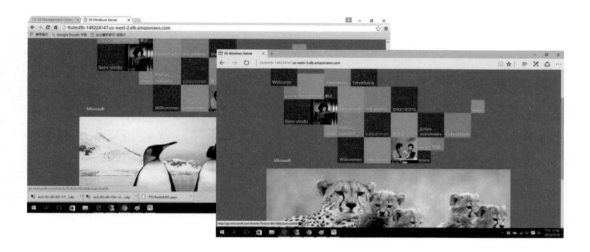

圖 9-33　使用兩個不同的瀏覽器連線至網頁，驗證負載平衡的功能。

9-7 習題

1. 請說明 AWS EC2 的計價方式。
2. 請說明如何使用 AWS IAM 建立和管理 AWS 的用戶組。
3. 請說明如何使用 AWS Elastic Beanstalk 的功能。
4. 請說明和比較 AWS S3 和 EBS 的特色和這兩種儲存資料的異同。
5. 請說明和比較 Amazon SimpleDB, Relational Database Service（RDS）和 DynamoDB 的特色和儲存資料的異同。
6. 請說明 Amazon CloudFront 的功能和使用的場景。
7. 請說明 Amazon Virtual Private Cloud（VPC）、Amazon Direct Connect 和 Route 53 如何在網路上使用。

8. 請說明 AWS 三種不同類型的訊息服務 Amazon Simple Queue Service（SQS）、Amazon Simple Notification Service（SNS）和 Amazon Simple Email Service（SES）的功能。

9. 請利用 Amazon Web Services 雲端資源建立一個負載平衡的網頁伺服器群集。

📖 參考文獻

1. J. Barr, "Host Your Web Site in The Cloud: Amazon Web Services Made Easy," *SitePoint*, 2010.

2. D. Hand, "Introduction to Architecting Amazon Web Services-Training Video," *O'Reilly Media*, 2015.

3. K. R. Jackson, L. Ramakrishnan, K. Muriki, and S. Canon, "Performance Analysis of High Performance Computing Applications on the Amazon Web Services Cloud," *IEEE Second International Conference on Cloud Computing Technology and Science (CloudCom)*, 2010.

4. W.-H. Liao, S.-C. Kuai, and Y.-R. Leau, "Auto Scaling Strategy for Amazon Web Services in Cloud Computing," *IEEE International Symposium on Cloud and Service Computing (SC2 2015)*, 2015.

5. S. R. Mandapati and A. Sarkar, "Amazon EC2 Cookbook," *Packt Publishing*, 2015.

6. J. Murty, "Programming Amazon Web Services: S3, EC2, SQS, FPS, and SimpleDB," *O'Reilly Media*, 2008.

7. M. Ryan, "AWS System Administration," *O'Reilly Media*, 2015.

8. A. Sarkar and A. Shah, "Learning AWS," *Packt Publishing*, 2015.

9. A. Shackelford, "Beginning Amazon Web Services with Node.js," *APress*, 2015.

10. J. V. Vliet and F. Paganelli, "Programming Amazon EC2," *O'Reilly Media*, 2011.

11. A. Wittig and M. Wittig, "Amazon Web Services in Action," *Manning*, 2015.

12. https://aws.amazon.com/

13. https://aws.amazon.com/architecture/

第十章　雲端平台——Google Cloud Platform

10-1 Google Cloud Platform

10-1-1 簡介

Google Cloud Platform 是 Google 於 2013 年 6 月提出的雲端整合服務，其主要競爭對手為 Amazon AWS。而 2014 年 4 月 Google 宣布在亞洲建立 Data Center，台灣成為第一波區域化服務名單之一。與其他的服務相較來，Google 以與現有功能（如：Google Search 或 YouTube）的整合性作為宣傳重點之一。不過嚴格來說，Google Cloud Platform 並非完全都是新的產品或服務，其中部分的服務是 Google 已經經營多年的雲端服務進行整合。Google Cloud Platform 是以 Project 為概念來控管資源，在管理介面裡提供了前面所提到雲端服務資源的控管，也就是一個帳號下有很多個專案，每個專案都可以有不同的設定，來控管資源。這樣的概念有助於藉由帳號來整合服務的協同合作。因此，我們可以將 Google Cloud Platform 可視為 Google 對陸續推出雲端服務的整合監控管理平台，它提供了整合性的入口可以連結到 Google 雲端服務所提供的各項產品，同時也提供以專案為單位對雲端服務資源進行控管，以下將逐一的介紹 Google Cloud Platform 所提供的服務。

Google Cloud Platform 目前由功能來分，大致可以分為運算、儲存空間、大數據、服務和管理五個方向。詳細的功能項目以及服務內容如下所示：

1. 運算
   (1) Google Compute Engine：這是一個 IaaS 的服務。Google 基礎架構所代管的虛擬機器可承接各種大型工作。選擇符合工作需求的虛擬機器，讓光纖網路為服務傳輸的來源。
   (2) Google App Engine：這是一個 PaaS 服務。用內建的服務開發應用程式，將編寫好的應用程式部署到由 Google 管理的平台上。使用者只須下載免費提供的 SDK，即可著手開發應用程式。

2. 儲存空間
   (1) Google App Engine：提供完全託管的關聯式 MySQL 資料庫，儲存及管理資料。Google 負責進行複製作業、更新託管項目和管理資料庫，確保資料庫可正常提供服務。
   (2) Google Cloud Storage：提供一個物件儲存服務（File Level）。使用者可利用全球 Edge Caching 技術，存取應用程式的資料。Google 負責管理各種版本、確保 SLA 的可靠性，另外還提供 API，可透過程式設計的方式管理資料。
   (3) Google Cloud Datastore：提供託管的 NoSQL 無結構資料庫，可用於儲存不具關聯性的資料。同時可自動擴大儲存空間，還支援交易事務以及類似 SQL 的查詢功能。

3. 大數據：分析儲存在雲端上的巨量資料。可以類似 SQL 的查詢功能，在幾秒鐘之內，便能從數 TB 大小的資料集中找出所需資料，同時提供運算的資源可自動擴充。

4. 服務

(1) Cloud DNS：由 Google 的 Anycast DNS 提供，具備穩定、有彈性且低延遲等優點。使用者可以透過指令列介面建立 DNS，也可以 RESTful API 進行程式設計，根據特定需求自訂服務。

(2) Cloud Endpoints：自行撰寫 RESTful 服務，並供使用者透過 iOS、Android 和 JavaScript 用戶端加以使用。

(3) Translate API：建立多語言應用程式，利用電腦翻譯功能，將文字翻譯成其他語言。目前支援的語言高達數千種。

(4) Prediction API：利用 Google 的機器學習演算法，可分析及預測結果。

5. 管理：讓開發人員可利用簡單的陳述式範本，輕鬆設計、共用、部署及管理複雜的 Cloud Platform 解決方案。

10-2 Google Compute Engine

10-2-1 簡介

　　Google 推出雲端服務多年後在 2012 年 Google 開始提供 IaaS 服務，有自動擴展機制與動態計價。自動擴展是服務提供商能夠讓使用者自行設定規則，來決定什麼時候需要系統自動新增虛擬機器以負擔突然增加的需求，或是自動關閉虛擬機器以節省花費。相較於其它目前市場上主要的雲端服務供應商，Google Compute Engine 所提供的 VM 的作業系統環境只有 Linux（Debian-7 和 CentOS-6）。比較特別的是 Google Compute Engine 以分鐘計價，這樣的計價模式跟其他目前市場上主要的雲端服務供應商比較起來彈性大許多。

10-2-2 實作

　　以下我們將示範如何利用 Google Compute Engine 雲端資源建立一個負載平衡的網頁伺服器群集。主要的步驟如以下所示：

1. 建立虛擬機。
2. 連線虛擬機與建立範例網站程式。
3. 新增儲存體並上傳圖片到儲存體。
4. 修改虛擬機範例網站的圖片。
5. 設定虛擬機整合網站負載平衡。
6. 驗證網站負載平衡。

　　首先，需要先連線至 Google Compute Engine 的首頁，https://cloud.google.com/，並且點選「立即試用」，如圖 10-1 所示。由於 Google Cloud Platform 的服務使用 Google 帳號，所以系統會要求使用者登入或註冊一個新帳號。

圖 10-1　Google Cloud Platform 首頁。

　　登入之後，系統要求使用者輸入一個專案名稱，然後顯示 Google Cloud Platform 的專案畫面。此時是英文的介面，在頁面有一個選項是「Account Setting」，可將語言選擇為中文。點選上方的專案選項，在專案頁面上有該專案的基本資訊和操作面板。包含左邊分類選單，上方的專案資訊以及下方的專案操作介面。從左邊選擇操作種類後，右邊會顯示專案操作的介面，如圖 10-2。

圖 10-2　Google Cloud Platform 專案畫面。

1. 建立虛擬機

現在可以開始使用 Google Cloud Platform 了，它提供兩項最主要的服務為 Google Compute Engine 和 Google App Engine，首先將介紹如何利用 Google Compute Engine 建立虛擬機，並且使用該虛擬機建立網頁伺服器。由於使用 Google Compute Engine 的雲端資源是需要付費，因此當使用者第一次使用時，系統會要求設定信用卡和付款資訊，然後就可以在 Google Compute Engine 的「VM 執行個體」選項中，點選新增的選項，如圖 10-3 所示。

圖 10-3　新增 VM 執行個體。

　　圖 10-4 中是輸入虛擬機相關設定的操作介面，首先設定虛擬機的名稱，然後選擇虛擬機所在的區域，還可以選擇虛擬機的種類。

圖 10-4　設定虛擬機。

　　將設定畫面往下捲動可選擇機器類型及作業系統，如圖 10-5 所示。讓使用者選擇 CPU 的規格和記憶體的容量，以及虛擬機的作業系統，此處選擇 Windows Server 2016 Datacenter 版本作為虛擬機的作業系統。

圖 10-5　設定作業系統與虛擬機種類。

最下面的部分是讓使用者設定通訊協定,如圖 10-6 所示。由於這台虛擬機器將作為網頁伺服器,所以選取防火牆中的允許 HTTP 的流量,建立之後 Google Cloud Platform 即會開始建立虛擬機。

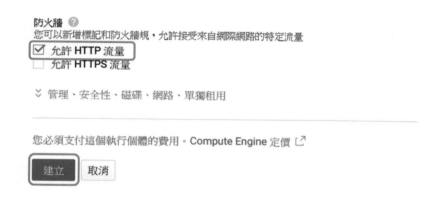

圖 10-6 設定防火牆與建立虛擬機。

虛擬機建立完成後將會導向管理畫面,如圖 10-7 所示。在畫面中可以看到虛擬機 CPU 的使用率和功能列表,包含編輯、重設、停止和刪除等。因為本範例需要用到兩台虛擬機,所以需要建立另一台虛擬機,操作步驟如之前所述。

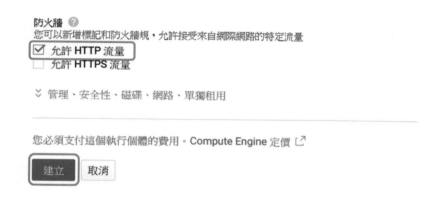

圖 10-7 虛擬機管理畫面。

2. 連線虛擬機與建立範例網站程式

　　當虛擬機建立完成後，進行虛擬機內部的操作就必須連線至虛擬機的作業系統之中。首先點選建立完成之虛擬機，即可進入虛擬機的專屬頁面。此時可以看到虛擬機的資料以及運行狀態，由於需要連線至虛擬機的作業系統中需要下載一個 .rdp 檔案至使用者的電腦中，RDP（Remote Desktop Protocol）是 Windows 作業系統中遠端登入的通訊協定。當虛擬機剛剛建置完成時，直接使用 RDP 檔案是無法連線至虛擬機器的，還需要經過設定帳號密碼的步驟。在管理頁面上面可以看到設定密碼的選項，如圖 10-8 所示。點選修改密碼之後會跳出設定 Windows 新密碼的視窗，會看到 Windows 預設的使用者帳號，該帳號預設為登入 GCP 的 Google 帳號，按下設定後會跳出一個視窗，顯示一組亂碼組成的密碼，該組密碼即為虛擬機中 Windows 的登入密碼。

圖 10-8　於虛擬機控制頁面進行連線。

　　將下載之 .rdp 檔案開啟後，會自動顯現遠端桌面的連線設定視窗。在該視窗中，包含主機位置等設定均會自動填入，使用者只需要按下確定並且輸入剛剛設定的管理者帳號密碼即可登入虛擬機。登入 Windows 系統之後，需要等候一段時間，使系統完成第一次登入時的檔案建立。完成之後系統會自動跳出 Windows 的伺服器控制台。由於本範例是要完成網站的負載平衡設定，因此需要在 Windows 中開啟網頁伺服器，本範例中使用的是 Windows Server 內建的 IIS 網頁伺服器。啟動的方法是在伺服器控制台中選擇新增角色與功能，如圖 10-9 所示。

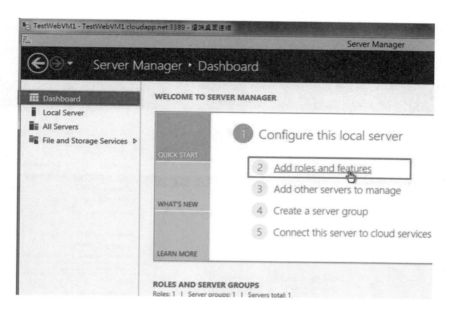

圖 10-9　控制台新增 IIS 角色與功能。

系統會自動啟動角色與功能安裝精靈，使用者可以選擇新增的角色，本範例新增 IIS 伺服器，如圖 10-10 步驟 1 和 2 所示。選擇新增 IIS 伺服器後，系統會自動跳出警告訊息要求使用者安裝 IIS 控制台程式的功能，步驟 3 選擇安裝，步驟 4 點選下一步。

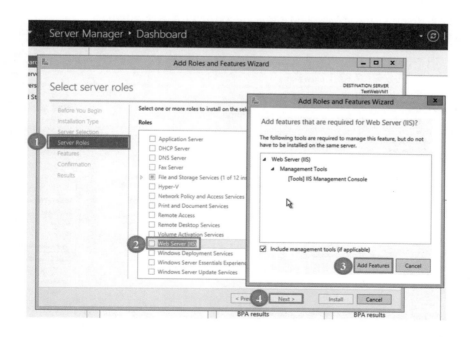

圖 10-10　新增 IIS 伺服器角色。

　　新增 IIS 後，系統進入安裝選單，安裝完成後回到伺服器管理員畫面出現 IIS，如圖
10-11 所示。右鍵點選 IIS 後於畫面右邊的伺服器清單中，啟動 IIS 管理員。

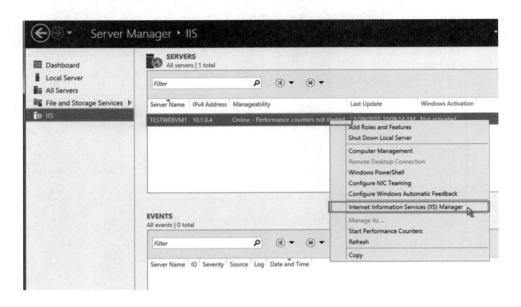

圖 10-11　　伺服器管理員視窗中啟動 IIS 管理員。

　　目前已經成功在虛擬機中架設一個 IIS 網頁伺服器。圖 10-12 中是 IIS 伺服器管理員的
介面，經由此介面可以瀏覽預設網頁的網站。圖 10-13 是預設的網頁。

圖 10-12　IIS 伺服器管理員的介面。

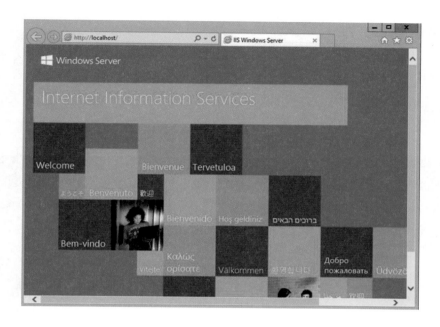

圖 10-13 預設的網頁。

　　我們將實作負載平衡的機制，所以修改預設網頁，方便辨識 HTTP 的請求分配到那一台伺服器。首先開啓 C: 中的 inetpub 下的 wwwroot 資料夾，是 IIS 存放網頁的預設資料夾。此資料夾有兩個檔案，分別為 html 網頁檔案與 jpg 圖檔。此時將修改圖檔，在圖檔上點選右鍵，選擇編輯，如圖 10-14 所示。在此圖加上虛擬機的名稱，以識別目前使用的伺服器。至此已經完成一台虛擬機的網頁伺服器設定。第二台虛擬機也依相同的流程完成設定。

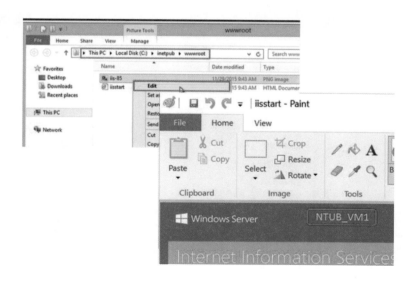

圖 10-14 修改圖檔以識別目前使用的伺服器。

3. 新增儲存體並上傳圖片到儲存體

虛擬機建立後,將與儲存服務結合。我們將上傳兩張圖片到儲存服務中,首先點開左上角的 GCP 功能清單中找到 Storage,之後如圖 10-15 的畫面中可以建立 Bucket 值區。點選建立之後可以設定名稱、儲存空間類別以及存放位置等設定,這部分的設定大部分不需要進行變更。

圖 10-15　建立 Bucket 儲存容器。

建立 Bucket 後,使用者可以上傳圖片檔案至 Storage 中,如圖 10-16 所示。

圖 10-16　上傳圖片檔案至 Storage。

4. 修改虛擬機範例網站的圖片

在 Storage 的檔案儲存架構中，每個檔案物件都有唯一的 URL。在網頁中使用檔案必須知道相關的 URL 連結。因此在檔案的權限設定之處選取「公開連結」後才能取得檔案的 URL，如圖 10-17 所示。

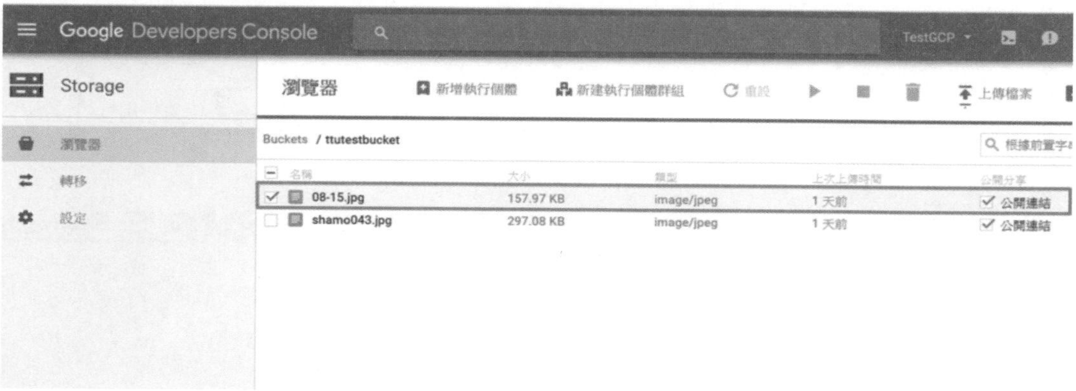

圖 10-17　在檔案資訊中設定公開連結，取得該檔案之 URL。

接下來將兩張圖片分別用在兩台不同的虛擬機上，讓使用者更容易識別兩台不同的網頁伺服器。為達成此目的，我們必須修改首頁的 HTML 檔，加入一段貼圖程式。在 IIS 預設資料夾中的 HTML 檔 iistart.htm 上按下右鍵，並且選擇使用記事本開啟，然後加入一段貼圖程式，將 photo 資料夾中同步的圖片貼在網頁中，如圖 10-18 所示。圖中「img src=」字串後面加的路徑，請加入使用者設定的圖片存放路徑，第一台虛擬機的首頁即完成。第二台虛擬機則按照之前的步驟設定，但是「img src=」後填上與第一台虛擬機不同的圖片檔。

5. 設定虛擬機整合網站負載平衡

要建立負載平衡器，必須先建立後端的虛擬機執行個體群組。在 GCP 的 Compute Engine 中除了前面使用的建立虛擬機個體之外，還有建立執行個體群組的選項。選擇後點選右上角的新增群組。之後由於虛擬機我們已經建立完成，因此在分類中選擇新增非代管個體群組。在新增的設定畫面中可以設定群組名稱以及群組規則存放的地區。之後最重要的是在 VM 執行個體的位置要將前面建立的兩台虛擬機放入，如圖 10-19 所示。

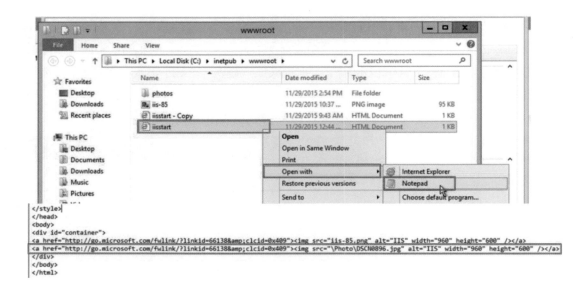

圖 10-18　修改首頁檔，貼上儲存體的圖片。

圖 10-19　編輯個體群組。

　　建立完成執行個體群組後，在群組清單中點選編輯群組進行細部規則設定。由於此實作將對 HTTP 的協定和 80 port 進行監控，最後點選「儲存」，如圖 10-20 所示。

圖 10-20　編輯個體群組。

　　此時執行個體群組已經準備完成，接下來將設定負載平衡，讓 Google Cloud Platform 監控兩台虛擬機的流量，並且自動將造訪網頁的需求導向負擔較輕的虛擬機。設定如圖 10-21 所示，首先在 GCP 總選單中選取網路服務，之後在第一項的附載平衡中點選新增 HTTP 負載平衡器。當然，若要用的負載平衡較為特殊需自訂監視的 TCP port 也可以選擇新增 TCP 負載平衡器自行設定。

　　之後在建立 HTTP 負載平衡器的畫面可以輸入平衡器的名稱，並且進行後端集區設定、監控規則設定以及前端網路設定等選項。首先點選後端設定之後可以建立後端集區，如圖 10-22 所示。

圖 10-21　設定負載平衡器。

圖 10-22　新建執行個體群組。

　　設定完成的負載平衡還需要設定前端流量與後端服務後才能正常運作。在畫面的下方點選「新增後端服務」，設定通訊協定為「HTTP」，逾時為「30」秒，與執行個體群組，如圖 10-23 所示。之後需要指定要針對哪一個後端群組進行監控，這邊需要指定為前面步驟中建立的執行個體群組，並且在下方的健康狀態檢查中設定要監視的種類。

圖 10-23　建立負載平衡的後端服務。

　　由於本範例是針對網路伺服器服務進行健康狀態檢測，點選建立健康狀態檢查後針對
TCP 的 80 port 進行監測，並且設定每 10 秒監測一次且若送出健康監控需求後 5 秒之內沒
收到回覆則斷定此次監控失敗。若連續 3 次監測失敗則視為無法提供服務，並且連續回應
2 次才當作伺服器已經正常。詳細設定位置如圖 10-24 所示。

　　下一步將設定負載平衡前端「前端設定」中的新增前端設定，並且新增前端 IP 與通訊
埠，通訊協定為 HTTP 的 80 通訊埠，並且設定目標，如圖 10-25 所示。本設定是替負載平
衡器本身設定一個 IP，並且指定好使用者連進此負載平衡器的 port 號。

圖 10-24　建立負載平衡的健康診斷規則。

圖 10-25　建立新的通用轉寄規則。

6. 驗證網站負載平衡

　　此時已經完成網頁伺服器的首頁修改，並且設定好負載平衡器。在後端服務中即可看到兩台執行個體是否正常執行，通常當負載平衡器剛建立好的時候執行狀態並不會直接顯示為良好，因為前面的健康設定需要連續成功回應兩次健康診斷，若依照範例的設定則約需要 10～15 秒左右的時間兩台執行個體才會顯示良好，因此建議等待 20 至 30 秒後重新整理網頁。如果兩台的健康狀態均是良好，就可準備使用瀏覽器連線到負載平衡器的 IP，如圖 10-26 所示。

圖 10-26　　執行個體的健康狀態和負載平衡器的 IP。

　　在瀏覽器中輸入負載平衡器的 IP，即可連線到網頁伺服器，顯示網頁內容。當連線時，GCP 會判斷哪一台虛擬機的伺服器負載較輕，將需求轉至該虛擬機。但是若使用者使用同一個瀏覽器開啟兩個頁籤送出需求時，GCP 將視為同一筆需求而導至同一台虛擬機。所以如果想在同一瀏覽器中，看到兩個不同虛擬機的頁面，需要重新整理網頁多次。因此建議，送出兩次 HTTP 的需求，使用不同的瀏覽器瀏覽，如圖 10-27 所示。首先使用 Edge 連線至網頁，GCP 導至第二台虛擬機，此時再開啟 Chrome 連線至網頁，GCP 則導至第一台虛擬機，因此可以驗證網站確實啟動負載平衡的機制。

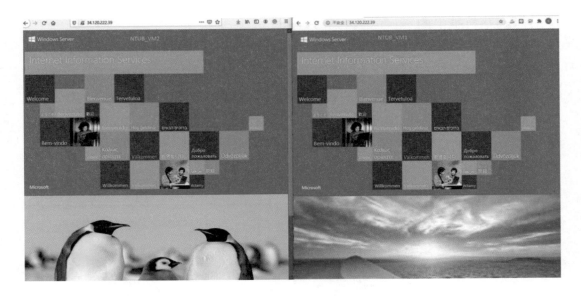

圖 10-27　使用兩個不同的瀏覽器連線至網頁，驗證負載平衡的功能。

10-3 習題

1. Google Cloud Platform 可以分為運算、儲存空間、大數據、服務和管理。請說明這些功能的服務內容。
2. 請說明 Google Compute Engine 的特色。
3. 請說明 Google App Engine 的架構。
4. 請說明 Datastore 的特色。
5. 請說明 Memcache 的特色。
6. 請利用 Google Compute Engine 雲端資源建立一個負載平衡的網頁伺服器群集。
7. 請利用 Google App Engine 雲端資源建立一個具有增加、查詢和刪除的員工基本資料管理系統。

參考文獻

1. 湯秉翰，「雲端網頁程式設計－Google App Engine 應用實作」，博碩，第二版，2013。
2. A. Bedra, "Getting Started with Google App Engine and Clojure," *IEEE Internet Computing*, Vol. 14, No. 4, pp. 85-88, 2010.

3. M. Cohen, K. Hurley, and P. Newson, "Google Compute Engine," *O'Reilly Media*, 2014.

4. S. P. T. Krishnan and J. U. Gonzalez, "Building Your Next Big Thing with Google Cloud Platform," *Apress*, 2015.

5. M. Malawski, M. Kuźniar, P. Wójcik, and M. Bubak, "How to Use Google App Engine for Free Computing," *IEEE Internet Computing*, Vol. 17. No. 1, pp. 50-59, 2013.

6. M. Pippi, "Python for Google App Engine," *Packt Publishing*, 2015.

7. D. Sanderson, "Programming Google App Engine with Java," *O'Reilly Media*, 2015.

8. D. Sanderson, "Programming Google App Engine with Python," *O'Reilly Media*, 2015.

9. C. Severance, "Using Google App Engine," *O'Reilly Media*, 2009.

10. https://cloud.google.com/

11. http://datacommunitydc.org/blog/2013/01/google-compute-engine-vs-amazon-ec2-part-2-synthetic-cpu-and-memory-benchmarks/

12. https://gigaom.com/2013/03/15/by-the-numbers-how-google-compute-engine-stacks-up-to-amazon-ec2/

13. https://gigaom.com/2014/04/12/need-for-speed-testing-the-networking-performance-of-the-top-4-cloud-providers/

14. http://www.inside.com.tw/2014/04/15/google-unveils-google-cloud-platform-in-taiwan

15. http://www.webhostingtalk.com/showthread.php?t=1281096

16. http://www.rightscale.com/blog/cloud-cost-analysis/google-slashes-cloud-prices-google-vs-aws-price-comparison

第十一章 雲端運算的應用

　　近年來隨著網路資訊技術逐漸成熟，雲端運算被廣泛地應用於工業、商業、醫療、健康照護、自然生態環境、國防軍事等領域，不論是各國的政府組織、學術研究單位或相關科技產業，紛紛表達對雲端運算發展的高度重視，並積極進行相關的研究與推動。雲端運算是一種基於網際網路的運算方式，對使用者而言，這種運算方式可將網路上共享的軟硬體資源按需求地提供給使用者；對網路服務供應者而言，透過雲端運算可以在數秒內處理數以萬計的資訊，提供等同於超級電腦效能的網路服務，除此之外，雲端運算不僅能快速地提供使用者不同資源需求的服務，同時可減少管理的工作，並降低成本以提升效能。

　　雲端運算可應用於各種領域的研究發展，以下我們將依序說明雲端在科學研究、工程研究、企業資訊發展、社群網路、數位內容及教育等領域的應用。

11-1 雲端在科學研究的應用

　　雲端在科學研究的應用上，除了透過雲端運算所具備的大數據計算能力，可方便建立及維護資料庫之外，更可依使用者實際需求提供更多高效能的雲端主機，以科學研究的應用為例，可將雲端服務分為以下三種類型：

圖 11-1　使用者可依據需求來選擇租用雲端主機的數量。

1. 基礎設施即服務（Infrastructure as a Service, IaaS）：在科學研究中，常需要利用實驗模擬來進行運算並分析結果，若是透過單一電腦來進行實驗的模擬運算，將會提高實驗所需的時間成本，若是添購大量高效能電腦來進行實驗的模擬運算，則會使得硬體成本的大量增加，且會造成實驗過後大量電腦閒置浪費的問題。如圖 11-1 所示，透過基礎設施即服務，使用者可以向服務提供者租用所需的硬體設備，彈性地依據目前實驗需求動態調整租用電腦主機的數量及效能。在實際案例上，例如知名藥局輝瑞公司（Pfizer），在生物科學研究上常需進行藥物的模擬實驗（如測試抗原抗體對接的位置），該公司策略即是租用 Amazon 所提供的雲端服務「Amazon Web Services（AWS）EC2」，據該公司提供的資料，租用約 500 台主機可將運算的時間從 48 小時大幅降低至 3.5 小時，大量減少研發藥品所需之成本。

2. 平台即服務（Platform as a Service, PaaS）：就科學研究領域於平台即服務而言，使用者可依據自身欲開發之科學應用或服務功能，向提供平台即服務廠商租賃平台，使用者可透過該平台進行科學應用軟體開發或運行各種應用程式。科學研究領域所提供之平台有許多類型，例如 Amazon Web Services（AWS）平台、Microsoft Azure 平台、Google App Engine 等。以 AWS 平台為例：使用者可向 Amazon 租賃網路服務程式撰寫平台，在該平台上進行相關網頁程式的開發，透過平台即服務的好處是可以減少維護管理系統底層的成本，相對於自己架設機器而言，必須要自己管理的系統、機器和軟體，其中只要一個環節出錯即可能造成資料庫的帳號密碼等重要資訊通通曝光，造成敏感資料暴露在危險當中。而租用雲端平台，便可由雲端公司代管，在維護或管理上相對更穩定。

3. 軟體即服務（Software as a Service, SaaS）：在軟體即服務於科學研究的應用上，使用者可依照自身對科學應用服務之需求，向提供軟體即服務廠商租賃相關應用軟體來使用，例如：科學應用繪圖程式、科學數據分析程式及數學方程式運算程式等，使用者可藉由網際網路直接使用該應用程式，而不需掌控該軟體之架構。總結而言，雲端在生物科學研究的應用依照不同廠商、研究單位之需求提供安全的使用環境、高速的運算機能、大量的儲存機能，以及寬頻優質的網路環境，同時可藉由雲端運算節省大量採購設備與維護的經費。

11-2 雲端在工程研究的應用

近年來，隨著硬體設備效能的提升與雲端虛擬化技術的興起，為了有效整合管理工程研究之應用，導入雲端技術是現行趨勢，不論主管機關、營造廠商及相關設計公司等均積極投入這項技術。藉由雲端運算對於巨量資料的處理技術，提供工程研究上多維度的資料整合方式以及串連工程團隊間之資訊交流，提升工程領域研究發展的效率。

以雲端在工程研究的應用為例，如圖 11-2 所示，工程雲所提供的服務範圍包含工程的主管機關、監造單位、承攬廠商與設計單位，大致流程為主管機關將工程案件發包，經由承攬廠商與設計單位合作規劃及施工，再經過主管機關所委任的監造單位監督及審查施工的狀況。以下，我們將雲端在工程研究的應用分為三種類型進行說明：

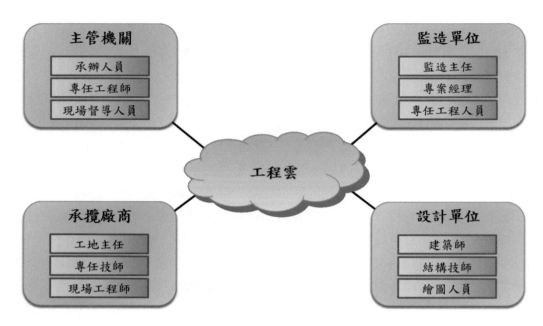

圖 11-2　工程雲之概念圖。

1. 基礎設施即服務（Infrastructure as a Service, IaaS）：就工程研究領域於基礎設施即服務而言，使用者可依據自身欲開發之工程領域，向提供基礎設施即服務廠商租賃設備，並依應不同的應用服務選擇不同的設備，以租用電腦設備為例，使用者可以按照工程開發所需的系統資源，挑選不同 CPU 運算速度、硬碟空間大小、記憶體容量大小、網路頻寬、顯示卡效能等級、繪圖卡效能等級與租用的時間，來有效地管理開發進度並降低成本及時間。在工程研究領域所提供之基礎設施即服務有許多類型，常見的例如 AWS EC2 與 Google Compute Engine，前者是利用其全球性的數據中心網絡，為客戶提供虛擬主機服務，讓使用者可以租用雲電腦運行所需應用的系統，後者則提供開發者可以在 Google Compute Engine 上運行 Linux 虛擬機，並通過 Google 網絡與用戶聯繫，得到更快速的數據運算能力。因此，透過基礎設施即服務，可提供工程研究高速的運算機能、大量的儲存機能、安全的使用環境以及寬頻質優的網路環境，讓工程研究的大量運算能在雲端上執行，可節省大量採購設備與維護的經費。

2. 平台即服務（Platform as a Service, PaaS）：就工程研究領域於平台即服務而言，使用者可按照自身欲開發之工程領域的功能需求，或是欲執行之工程研究應用程式需求，向提供平台即服務廠商租賃平台，使用者可在該平台進行工程研究軟體開發或運行各種相關的應用程式。目前常見的開發平台包含 iOS 平台、Android 平台、Windows 平台及 Linux 平台等，以 iOS 平台為例：使用者若需要在 iOS 手機上開發工程領域的相關軟體以提高工程研究的效率，可向提供平台即服務廠商租賃 iOS 程式開發平台，即可在該平台上進行 iOS 系統之工程領域軟體開發，以降低後續管理以及維護平台所需之成本。

3. 軟體即服務（Software as a Service, SaaS）：在軟體即服務於工程研究的應用上，使用者可依照本身對工程領域應用服務之需求，向提供軟體即服務廠商租賃相關應用軟體，例如：建築工程軟體、土木水利工程軟體、機械工程軟體及工業工程等相關軟體，並可藉由網際網路直接使用該應用程式，而不需掌控該軟體之系統架構。以建築工程為例：在傳統上，工程團隊的工程師僅靠著已拍攝的照片或是施工圖來確認目前工程的正確性，然而許多未被拍攝到的死角可能存在著工程上的風險。經由軟體即服務的導入，現場工程師可利用行動網路裝置或穿戴式裝置安裝建築工程軟體，將建築物的架構圖匯入，藉由軟體提供的全方位 3D 模型以及 2D 照片解說，如圖 11-3 所示，可以讓工程團隊獲得更快速且即時的建築物結構的相關資訊，增加施工工程的效率與安全性。

圖 11-3　建築物 3D 剖面示意圖。

資料來源：http://www.autodesk.com.tw/adsk/servlet/item?siteID=1170616&id=20059754

　　總結而言，雲端在工程研究的應用可依照使用者的需求，提供不同類型的基礎設施、平台及軟體服務，透過雲端服務的特性，大幅降低以往工程研究所需花費的硬體、軟體與維護的成本。

11-3 雲端在企業資訊發展的應用

　　「管理上雲端」是新一代企業資訊發展的重要概念，其目的是借重雲端服務建立有效率的管理流程。如圖 11-4 所示，企業顧及網際網路可能存在的安全性問題，大多採用安全性較高的防火牆與認證系統，或是僅供企業內部運作的封閉雲端架構，以保護企業內部的相關重要資料，而透過雲端在企業資訊發展的應用，將可讓企業資源安全有效地能夠儲存於網路中，無論在任何地點，透過不同層級之部門與群組的權限控管，使需要存取雲端資訊且擁有權限的員工，能夠使用行動網路裝置從企業雲的網路倉儲中得到需要的資訊。

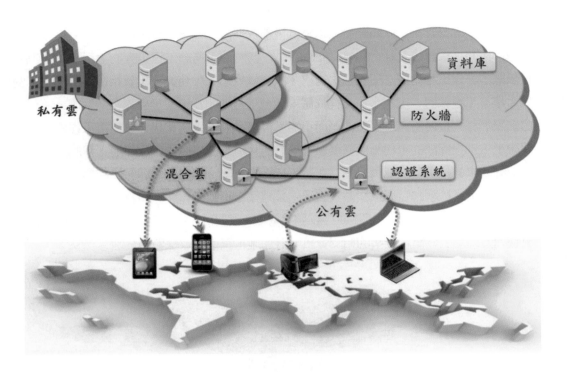

圖 11-4　企業雲之架構圖。

　　雲端在企業資訊發展所帶來的效益，就管理層的角度而言，雲端可協助管理者掌握整個公司的營運狀況，搜集企業內部員工的工作數據，透過系統自動運算出營運指標，進而提高企業內部營運效率。以中階主管的角度而言，透過雲端運算，規劃部門的目標及部門的運作流程，可即時掌握部門員工的行程及工作內容，給予部門基層員工意見及工作評價。對於基層人員的角度而言，可以從雲端查詢需要的資訊，企業內部的公告發布、公司內部的資源分享、人力資源管理及行事曆管理等。以下，我們將雲端服務在企業資訊發展的應用分為三種類型：

1. 基礎設施即服務（Infrastructure as a Service, IaaS）：雲端於企業資訊發展的基礎設施即服務中，使用者可依照自身欲開發之企業資訊相關內容，向提供基礎設施即服務廠商租賃設備，包含基礎伺服器、網路資料庫等設備及軟體整合，例如遠傳雲端運算服務，採用虛擬化技術將硬體資源（CPU 運算速度、硬碟空間大小、記憶體容量大小等）加以分割利用，並透過遠傳雲端管理軟體進行資源部署、監控與負載管理，以提供企業最佳的雲端運算主機服務。就系統面而言，透過基礎設施即服務，企業可專注於營運相關的核心作業，不必再擔心系統相容性與擴充的問題，並可隨業務成長做彈性及快速的擴充，加快企業導入時程，滿足企業降低營運成本及彈性提升系統效能的雙向需求。就成本面而言，企業無需採購昂貴的硬體設備，即可以月租的方式取得所需運算、儲存、作業系統等資源，有效降低企業持有成本與維運成本。

2. 平台即服務（Platform as a Service, PaaS）：早期企業資訊發展於平台即服務來自程式語言開發平台概念，例如 Google APE 及 Force.com 平台，隨著雲端服務的發展，企業產生各種不同類型的雲端服務，因而需要進行企業內部的系統整合，而平台即服務逐漸擴展成為提供各種服務整合中介的平台，就企業資訊發展於平台即服務而言，可提供使用者在應用程式開發、部署、整合與中介等平台服務。目前已有許多平台即服務廠商，例如：Google App Engine、Heroku、AppFog 與 Jelastic。除了支援 Python、Java、Go 及 PHP 等多種程式語言之外，平台即服務也支援自動化的備份機制和災後回復，使企業不必擔心系統錯誤的發生。當部分資源發生錯誤時，PaaS 會啟動備用資源當應用程式遇到錯誤，將服務轉移到備用的主機。

3. 軟體即服務（Software as a Service, SaaS）：雲端在企業資訊發展的軟體即服務中，由於企業管理上的需求，軟體即服務廠商開發了各種支援管理的資訊工具如搜尋引擎、企業入口網站、內部網路、資料探勘、文件管理系統程式等，使得企業可以透過租賃該軟體，以處理大量企業內部資料，為企業提供更有效率的運作環境，然而企業管理工具通常所費不貲，造成企業管理在 IT 工具應用上的進入障礙。在實際的案例上，世大化成公司向中華電信流通雲租賃「金賺錢雲端 POS 服務」，透過中華電信的雲端科技，解決了內部缺乏 MIS 專業人員建置及維護雲端 POS 系統的困擾，另一方面還能隨時掌握櫃點的銷售狀況及庫存量，所有商品價格及折扣透過系統控管，可有效降低門市人員負擔。若遇到缺貨情況，櫃點人員也可直接透過雲端 POS 系統直接調貨，不僅省時、省力，還省下電話費。

總結而言，雲端服務不僅提供企業更有效率的營運環境，同時所有交易資料都可自動傳送到雲端，並直接在雲端上進行資料的分析與物流的管理，且雲端的資料伺服器有提供廠商的維護管理，不必再擔憂資料維安的問題，提供了企業管理者不在辦公室也可掌握辦公大小事，完全滿足了行動辦公室的趨勢。

11-4 雲端在社群網路與數位內容的應用

社群網路（Social Networks）是利用電腦網路與連線的概念，將數位化的訊息、資料或資訊，在使用者之間互相交換與傳遞，以達成溝通及分享的目的。社群網路大幅改變了人與人之間互動與資訊傳播的方式，根據 2011 年 IEEE Spectrum 期刊的報告，社群網路獲選為 2001 年至 2010 年十一個重大科技的第二名，顯示社群網路對人們的巨大影響。近年來，隨著雲端技術和社群網路的相互結合，發展出許多應用雲端技術下的產物，例如 Facebook、Twitter、Plurk、YouTube、LinkedIn 與新浪微博等社群網站以及 Dropbox、

Google Drive、Amazon Cloud Drive、iCloud、Sky Drive、MediaFire 與 MEGA 等雲端硬碟儲
存空間，這些都是應用雲端運算技術的公有雲服務，使用者只要透過行動網路裝置，例如
智慧型手機、平板電腦與筆記型電腦即可快速地在社群網站上獲得獲取大量的資訊，如圖
11-5 所示。以下，我們將進一步探討雲端在社群網路與數位內容的應用。

圖 11-5   使用者可透過行動網路裝置來存取雲端及社群網站的資訊。

　　社群網站的發展驗證了六度分隔理論，即是「在人際關係的脈絡上，你必然可以透過
不超出六位中間人來與世界上的任一位先生或女士相識」。從個體的社交圈不斷地擴大和
重疊，在最終必形成巨大的社群網路，而在社群網路上的每一位使用者，皆可透過行動網
路裝置來存取雲端資訊或與其使用者進行互動，包含聊天、寄信、影音照片等多媒體數位
內容資料，如圖 11-6 所示。根據維基百科的資料，Twitter 截至 2012 年 3 月已有 1.4 億位
活躍使用者，使用者每天會分享至少 3 億 4 千萬筆數位資料內容，而 Facebook 每天也至少
有 3 億 5 千萬筆數位內容被上傳至社群網站，在網路上這些大量且非結構化的資料，必須
要透過雲端技術才能夠有效的管理資料。

　　一般而言，使用者分享於網路的數位內容大致可分為三種資料類型，分別為圖片、聲
音與影像資料，以下將依序介紹相關的雲端平台。

1. 圖片資料包含照片、文字或相關的圖像資料，使用者可以利用免費圖片的雲端硬碟空
   間，例如 Picasa、Facebook、Google Drive、Flickr 或 Miu Pix 等網站，將圖片檔案上傳至
   雲端空間，即可透過該圖片的網址來分享照片。

2. 在聲音資料方面，目前網路上已有許多專門的雲端音樂平台，例如 TunesAccess、
   MEar、Grooveshark、SoundCloud、Mixest 與 Google Music 上線，大部分皆支援 PC、
   Android 與 iPhone 平台，使用者可將音樂上傳至雲端平台，編輯音樂內容或是設定音樂
   庫，即可利用任何支援 PC、Android 與 iPhone 平台之網路設備來分享音樂。

圖 11-6　使用者透過社群網路分享各式各樣的多媒體資料。

3. 常見影像資料的雲端平台，例如 Amazon Cloud Drive、YouTube、Facebook 與 Google Drive 網站，使用者可將影片資料以該雲端平台支援的影像格式上傳，上傳後即可取得影片網址，其他使用者可透過影片網址觀看影片並依照網路速度調整最適合的影片解析度。

　　雲端技術在社群網路的發展為一般人的生活帶來了很大的改變，雲端運算的相關技術與應用更是一個整合資源、節省成本的好選擇。但畢竟服務或資料是在我們較無法掌控的雲端空間，資訊安全及個人資料保密仍是雲端運算所面臨到的最大課題，亦為使用者在使用社群網路雲端服務時必須審慎評估的功課。

11-5 雲端在教育的應用

　　教育科技融合雲端技術已被多國政府視為具有高度發展價值的政策，國際知名廠商 Apple、Dell、HP、IBM、Intel、Microsoft 與 Sun 等也相繼投入教育科技產業，並積極與政府單位配合進行教育雲的研究與推動，包含美國在 2010 年發表的「National Educational Technology Plan」計畫、英國從 2009 年開始推動「Next Generation Learning 及 Building Schools for the Future」兩項計畫、中國於 2009 年開始推動的「綠色班班通」計畫、日本於 2009 年發表的「School New Deal 及 Future School」計畫、韓國於 2008 年提出的「電子教科書及教科教室」計畫、阿根廷於 2010 年導入「NEC 雲端運算綜合教育」計畫，而在台灣方面，教育部於 2009 年提出「電子書包」計畫、2012 年提出了「教育雲端應用」計畫。近幾年世界各國在教育雲上則著重於推動「磨課師課程」的概念。我們將以「磨課師課程」為例，介紹雲端在教育的應用概念。

磨課師課程是指大規模免費線上開放式課程（Massive Open Online Courses, MOOCs），源起加拿大籍的數位學習學者 Stephen Downes 與 George Siemens 於 2008 年提出的想法，主要概念在於讓全球各地自學者都能修習到頂尖大學的線上課程，這個概念的前提在於由各領域的專家、教師與教學設計師合作編製出高成本且多元化的數位教材與評量內容，再將其彙整置於功能強大的線上平台中，以開放與免費的形式提供大眾修習優質的線上課程。

磨課師課程屬於新型態的數位學習模式，在課程設計上是以單元的分段影片授課，單元課程段落間配合即時線上討論與回饋、線上同儕合作學習、虛擬線上實驗及線上練習等教學策略的實施，使修課學生可以依自己學習的速度安排學習進度，將學習自主權以及學習的節奏交還給學生。對於教師而言，可藉由磨課師課程觀摩國內外名校教師的教學教法，教學相長提升教師個人教學技巧，就學生而言，透過磨課師課程拓展了全球化學習能力，無國界的學習環境更可提升學生的國際視野。

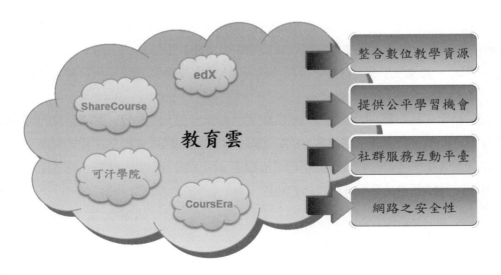

圖 11-7　教育雲之示意圖。

　　台灣在磨課師課程的推動上，也在 2012 年 11 月由科技部、教育部、經濟部、資策會以及資訊科技產業界合作下成立台灣教育雲產學研聯盟（Alliance of Taiwan Educational Clouds, ATEC），爲推動教育雲以提升產學研實力與競爭力，促成台灣數位學習產業國際化，並期望促進全民終身學習，有效建構數位學習發展環境，帶動教育雲產業之永續發展。如圖 11-7 所示，教育雲的發展重點主要可分爲四項：整合數位教學資源、提供公平學習機會、社群服務互動平台與網路之安全性。首先在整合數位教學資源上，爲使教育雲能夠更加的普及化服務更多使用者，其中一重要的工作便是整合現有的教育資源，使其系統雲端化，此外，選擇合適之教學元件與資源進行彙整，強化其服務能力並使內容更加充實，亦是重要的工作之一；第二項爲提供公平學習機會，在教育雲上建置遠距課輔系統，提供有需要之學童得以接受遠距教學與輔導之環境及機會；第三項爲社群服務互動平台，在目前已有許多知名的線上學習平台，例如 CoursEra、edX、ShareCourse 及可汗學院等平台，皆提供相當豐富多元的磨課師課程；最後一項的發展重點在於建立教育雲之安全性，並增強教育人員對雲端平台與服務之認知與運用能力，強化學術網路整體之安全性。

　　雲端技術導入教育科技將大幅改變以往的教育模式，優點在於可降低教育資源的成本、更具彈性化的學習方式、高普及性、高可用性與高共享性，但依然存在一些問題，例如智慧財產權與軟體授權的爭議、個人隱私的安全性問題、系統相容度、穩定性以及雲端服務供應商的問題。總結而言，教育屬於政府基礎義務的一環，透過相關單位的政策配合，可有效地將數位化、雲端化的學習方式導入教育的核心中，但也有部分學者擔心在教育雲興起後，是否有可能會造成進一步的城鄉資訊落差，以及新的雲端化教育方式對使用者在社交能力上所造成的影響。

11-6 習題

1. 請說明雲端在科學研究的應用。
2. 請說明雲端在工程研究的應用。
3. 雲端運算在企業中的應用可能面臨哪些挑戰？
4. 請說明雲端在社群網路與數位內容的應用。
5. 何謂六度分隔理論？
6. 請說明何謂磨課師課程。
7. 教育雲的發展重點主要可分爲哪四項？

參考文獻

1. Y. W. Ahn, A.M.K. Cheng, J. Baek, M. Jo, and H.-H. Chen, "An Auto-Scaling Mechanism for Virtual Resources to Support Mobile, Pervasive, Real-Time Healthcare Applications in Cloud Computing," *IEEE Network*, Vol. 27, No. 5, pp. 62-68, 2013.

2. Y. Amanatullah, C. Lim, H. P. Ipung, and A. Juliandri, "Toward Cloud Computing Reference Architecture: Cloud Service Management Perspective," *IEEE International Conference on ICT for Smart Society (ICISS)*, 2013.

3. S. Bera, S. Misra, and J.J.P.C. Rodrigues, "Cloud Computing Applications for Smart Grid: A Survey," *IEEE Transactions on Parallel and Distributed Systems*, Vol. 26, No. 5, pp. 1477-1494, 2015.

4. S. Chen, H. Xu, D. Liu, B. Hu, and H. Wang, "A Vision of IoT: Applications, Challenges, and Opportunities with China Perspective," *IEEE Internet of Things Journal*, Vol. 1, No. 4, pp. 349-359, 2014.

5. J. He, Y. Zhang, G. Huang, and J. Cao, "A Smart Web Service based on the Context of Things," *ACM Transaction of Internet Technology*, Vol. 11, No. 3, pp. 13-22, 2012.

6. K. Kang, Z. Pang, L. D. Xu, L. Ma, and C. Wang, "An Interactive Trust Model for Application Market of the Internet of Things," *IEEE Transactions on Industrial Informatics*, Vol. 10, No. 2, pp. 1516-1526, 2014.

7. U. A. Kashif, Z. A. Memon, A. R. Balouch, and J. A. Chandio, "Distributed Trust Protocol for IaaS Cloud Computing," *The 12th IEEE International Bhurban Conference on Sciences and Technology (IBCAST)*, 2015.

8. T. S. López, D. C. Ranasinghe, M. Harrison, and D. Mcfarlane, "Adding Sense to the Internet of Things," *Personal Ubiquitous Computing*, Vol. 16, No. 3, pp. 291-308, 2012.

9. M. Nazir, P. Tiwari, S. D. Tiwari, and R. G. Mishra, "Cloud Computing: An Overview," *Cloud Computing: Reviews, Surveys, Tools, Techniques and Applications*, 2015.

10. Y. Pan and N. Hu, "Research on Dependability of Cloud Computing Systems," *IEEE International Conference on Reliability, Maintainability and Safety (ICRMS)*, 2014.

11. N. Sultan, "Making Use of Cloud Computing for Healthcare Provision: Opportunities and Challenges," *International Journal of Information Management*, Vol. 34, No. 2, pp. 177-184, 2014.

12. B. Xu, L. D. Xu, H. Cai, C. Xie, J. Hu, and F. Bu, "Ubiquitous Data Accessing Method in IoT-Based Information System for Emergency Medical Services," *IEEE Transactions on Industrial Informatics*, Vol. 10, No. 2, pp. 1578-1586, 2014.

13.R. V. P. Yerra, K. P. R. S. Kiran, and R. Pachamuthu, "Reliability and Delay Analysis of Slotted Anycast Multi-Hop Wireless Networks Targeting Dense Traffic IoT Applications," *IEEE Communications Letters*, Vol. 19, No. 5, pp. 727-730, 2015.

14.M. Yigit, V. C. Gungor, and S. Baktir, "Cloud Computing for Smart Grid Applications," *Computer Networks*, Vol. 70, pp. 312-329, 2014.

第十二章　雲端安全

12-1 雲端安全的危機

近年來，雲端概念及應用的話題不斷，IDC（國際數據資訊中心）提出未來 5 年雲端服務平均年成長將超過 26%。如果將機房設備維護、網路管理與軟體升級通通交給雲端處理，根據麥肯錫的研究報告，一家規模 200 人的公司，光是軟體的部分，至少可以比現在省下 30% 的成本。市場調查機構將雲端運算列為 IT 產業未來十大趨勢首位。現今雲端服務的相關模式與安全問題仍是許多專家學者熱烈探討的顯學，尚無絕對的解釋與定義。雲端服務尚在萌芽階段，許多的機制及學說也許都未臻成熟，自政府大力推動雲端服務推行迄今，國際上尚無一套完善且具有足夠說服力的審核標準，致企業無法查知與掌控雲端服務的安全風險。

在雲端環境中的資訊安全，包含非常多的面向，它不像一般所討論的資訊安全，有時用一個可以啓用或是停止的機制或技術來說明。與公共網路環境不同的是，組織或企業中充滿了高度敏感的數據資料，對資訊安全的要求很高，因此選定用戶進行訪問和使用的監控是很重要的。雲端的安全風險可分為三類：傳統的安全威脅、系統可用性的威脅和協力廠商資料控制的威脅，如圖 12-1 所示。在系統連到 Internet 時，大家都經歷過傳統的安全威脅，只是現在因為大量的雲端資源和大量的使用者，使得傳統的安全威脅更加嚴重。傳統的威脅開始來自使用者端，使用者在連到雲端時，必須保護基礎建設，與雲端執行的應用程式互動。然而這非常困難，因為基礎建設的一些元件是在防火牆外面保護使用者。下一個威脅是關於認證和認證的程序，對於個人的認證程序無法推展到企業，與組織中的成員去存取雲端是有所區別的。每個人必須基於組織中的角色，而被設定不同的權限，無法將目前企業內部的資安策略直接運用到雲端上，當使用者移轉到雲端時，我們看到傳統型態的攻擊已經影響到雲端服務的供應者。這些攻擊包括分散式阻斷攻擊（Distributed Denial of Service, DDoS），釣魚程式（Phishing），SQL 的置入（Injection）或跨網描述攻擊（Cross-Site Scripting）。

雲端伺服器有許多的虛擬機，執行許多的應用程式。在多使用者的環境下，虛擬機管理器的弱點，可能讓惡意的使用者有新的攻擊管道。在雲端的環境下，要辨識攻擊者的途徑其實更加困難。傳統基於數位鑑識（Digital Forensics）的辨識方法無法直接運用在雲端上，因為雲端中的資源是由許多使用者共用，在各種儲存媒體上有大量的寫入運算，所以要追蹤相關的安全事件是一件困難的事。雲端服務的可用性是另一個值得關注的議題。當系統損壞、電力損壞或其他的災害發生，雲端的服務將會停止一段時間，此時企業將無法使用雲端服務。另一個可用性的議題是使用者將應用程式放在雲端中執行，無法確認是否回傳正確的結果。

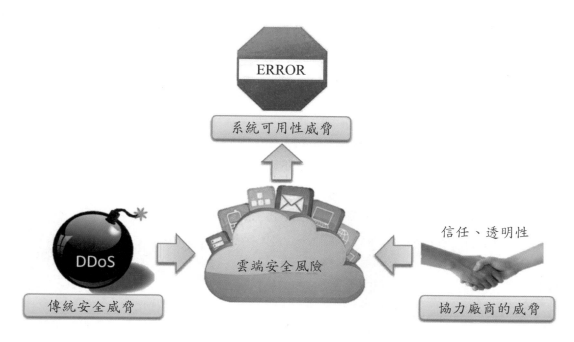

圖 12-1　雲端的安全風險。

　　協力廠商的控制由於缺乏透明性和限制使用者的控制產生許多的問題。例如，雲端供應商的資源是來自於協力廠商，但是協力廠商的可信度是一大問題。或者協力廠商間接與雲端供應商簽約，因而提供不良的儲存設備，以至於遺失了資料。另外一個困難的問題是，如何證明使用者刪掉的資料確實在雲端中被刪除。由於缺乏透明性的緣故，故在雲端中稽核是一件非常困難的事。

12-2 雲端運算的法律問題

　　運用雲端技術，營運成本和效率可能更有競爭力，但安全防護的挑戰也隨之而來，尤其是資訊安全、個人隱私和遠端集中管理的高可用率保證程度（確保營運服務不中斷）。輕易頻繁的上傳和下載並交換各種類型資訊及影像，也造成組織必須正視此類應用的資訊安全風險。因此，當一個公司組織欲採取雲端運算作為公司的 IT 架構時，必須對下面重點加以留心：

1. 安全政策：表達對資訊安全管理系統的支持和承諾。
2. 資訊安全組織：建立一個管理架構，用於公司內部資訊安全的管理和控制，以及執行現有的資訊安全規定。
3. 資產管理：確保對組織各項資產的安全進行有效保護。

4. 人力資源安全：明訂所有人員在安全方面的職責和角色。

5. 實體和環境安全：對組織營運場所及人員提出簡單明確的安全要求。

6. 通訊與作業管理：盡可能完善公司內外的溝通聯繫，以利於資訊安全管理系統的順利運行。

7. 存取控制：管理對資訊的存取行為。

8. 資訊系統取得、開發和維護：確保公司 IT 專案和相關的支援活動已實施安全控制，必要時進行資料管制和加密。

9. 資訊安全事故管理：確保在某種程度上傳達與資訊系統有關的資訊安全事件與弱點，始能採取即時的矯正行動。確保實施一致與有效的方法管理資訊安全事故。

10.營運持續管理：發展和維護企業營運持續計畫，保護關鍵的業務活動免受重大災難或中斷的影響。

11.符合性（遵循性）：符合資訊安全法令或規定的相關要求。

　　雲端運算可依服務的架構分為 IaaS、PaaS 和 SaaS 三種，雖然使用者透過雲端運算技術，可以用較少的花費得到更多更快的運算資源，但使用者必須將其資料透過網路上傳至服務供應商的基礎建設上，待雲端系統處理完畢後，再透過網路將運算結果回傳至使用者端。資料傳輸之間衍生出數個法律上待釐清的問題，例如，使用者除了透過個人電腦使用雲端服務外，也可透過個人數位助理（PDA）、智慧型手機或其他裝置（物聯網的概念）與雲端伺服器相連結，這些外表不同於一般人對電腦雛形認知的裝置，能否也能歸納成電腦或其相關裝置；使用者在網路上的所有行為都被完整地記錄保存在伺服器上，這些資料是否足以作為個人資料的識別；部分雲端運算伺服器採集中管理，有些則在分散一個國家的不同區域或是多個國家，造成牽涉到管轄權的問題，當使用者在 A 國的電腦下了指令，透過 B 國的雲端伺服器處理後卻造成了 C 國的受害，這種情況下責任的界定也是需要面臨的問題之一。

　　在雲端運算環境中，如何鑑定一個行為來自何種東西，就成為一個問題。由於雲端服務強調任何能連上網路的「裝置（Device）」都能使用其服務，例如 Apple 所推出的 iPad 常以平板電腦的名稱流通，其規格即符合五部分：中央處理器、記憶體、輸入輸出設備、儲存設置與電腦程式，功能亦可輸入、儲存、編輯、更正、檢索、刪除、輸出、傳遞或其他處理，因此被稱為電腦並無不當。如果進一步歸納相類似產品，該公司旗下的智慧型手機 iPhone 與 MP3 撥放器 iPod touch 事實上在規格與功能性主要僅差別在螢幕規格與能否觸控，倘使未來發生以 iPad 為侵害客體而以妨害電腦使用罪起訴，將連帶發生許多相關的裝置一體適用為電腦之定義。

　　關於電磁紀錄部分，也是法律的一個重點。電磁紀錄為供電腦處理之紀錄，其編成與還原的過程，均需透過電腦的數位邏輯運算，因此若要對電磁紀錄進行有意義的修改，必須透過電腦的使用。就使用功能對電腦之定義，將著重於對於儲存於其內之資料，使用者得以軟體程式提供之方式，進行資料之建立、編輯或刪除，並且能夠以一定方式進行將資料輸入或輸出之傳遞。依電磁紀錄的記錄方式，可分為電子方式、磁性方式、光學方式、與其他相類之方式。然不論何種方式，儲存於電磁紀錄物的型態為人類知覺無法感知的 0 與 1 資料，必須經還原後才成為人類感官所能辨識、有意義之資料。至於人類感官得直接辨識其意義的資料，縱然可透過電腦處理，仍非電磁紀錄。目前諸多國家都將電磁紀錄視為動產，雲端的環境下將這些動產做使用者所不知道的複製、修改或是刪除等行為在法律上要如何界定，將是雲端運算推行時需要面臨的問題之一。

12-3 雲端運算的資安問題

而近期在資訊安全中最大的隱憂則是社交工程（Social Engineering），社交工程並非資訊科技的工程技術，而是利用人性弱點，應用簡單的溝通和欺騙技倆，以獲取帳號、密碼、身分證號碼或其他機密資料，來突破電腦、伺服器的資通安全防護，遂行其非法的存取、破壞行為。以下列示常見的社交工程攻擊方式：

1. 利用電話佯裝資訊人員，騙取帳號及密碼。
2. 偽裝委外廠商之維護人員或上級單位人員，乘機騙取帳號及密碼。
3. 利用電子郵件誘騙使用者登入偽裝之網站以騙取帳號及密碼。
4. 利用電子郵件、誘騙使用者開啟檔案、圖片，以植入惡意程式、暗中收集機密性資料。
5. 利用提供工具、檔案、圖片為幌子，誘騙使用者下載，如偽裝的修補程式、P2P 下載軟體、工具軟體等，乘機植入惡意程式、暗中收集機密性資料。
6. 利用即時通訊軟體偽裝親友來訊，誘騙點選連結後植入惡意程式。

這些犯罪模式基本上由來已久，大部分並不是在雲端環境下產生的新議題，但由於越來越多使用者需要使用到的服務，由本機端轉換為雲端上執行，這些問題所造成的後果也會越來越頻繁與嚴重。試想若是一家公司在 Salesfore.com 上建立公司的客戶關係管理系統（Customer Relationship Management, CRM），那麼一旦管理帳號被攻擊所擷取而落入有心人士的手中，後果會遠比現在常發生的個人遊戲帳號，或是電子郵件帳號洩漏出去更嚴重。

12-3-1 SaaS 的安全議題

SaaS 在雲端服務的三種類型中，是與使用者接觸最廣泛的一種服務模式，舉凡 Google Docs、Salesforce.com 皆是 SaaS 的服務面向之一，許多行動通訊裝置皆可作為 SaaS 雲端服務的存取媒介，如圖 12-2 所示。由於 SaaS 服務大多是將過去需要安裝在個人電腦上的辦公室軟體、CRM 軟體轉換至雲端，改以線上服務的方式提供，使用者只需要以瀏覽器或客戶端連線程式連上伺服器即可使用。SaaS 的軟體供應商將應用軟體部署在自己的私有雲或是由第三方供應商提供的雲端運算基礎架構服務。雲端服務採用「用多少付多少（Pay-as-you-go）」的方式，幫助應用程式服務的提供者降低基礎建設服務的投資成本，提供給客戶更好的服務。由於 SaaS 服務促使用戶將原本存放在其個人電腦的電磁紀錄移轉至雲端伺服器上，因此所衍生的網路犯罪、侵權問題大多圍繞在個人資料和使用者所建構的資料上。

圖 12-2　透過各種通訊裝置來存取雲端服務。

　　過去幾十年來，企業已經廣泛使用電腦和 IT 服務，現今的企業視資料和企業流程為經營策略重要的元素。然而，在 SaaS 中，企業的資料儲存在與別的企業共用的 SaaS 供應商的資料中心。如果 SaaS 供應商是採用共有雲的模式，企業的資料也許會與其他無關的 SaaS 應用程式放在一起。雲端的供應商為了維護資料的可用性，可能將資料放在不同國家、不同地方。大部分的企業根據以往自建系統的經驗，資料應該放在企業內。因此他們對於喪失資料的控制和資料如何安全地儲存感到不安。在 SaaS 運用上的侵權問題中，另一個不容忽視的是雲端服務中行動裝置的侵權問題，由於各國的 ICT 政策在建構基礎的網路頻寬後，紛紛展開醫療、車用載具等智慧化生活的政策，這也意味著未來周遭的每一項工具，將會不停蒐集使用者操作時的數據，加以彙整後上傳雲端主機再做運算處理。由於這些裝置並不像個人電腦容易操作且使用者幾乎不能取得最高管理權限，因此若不能加以規範，將可能造成大規模的侵權問題。

　　在雲端的環境中，資料整合是一大問題。第三方營運商提供多用戶雲端服務，這些應用程式通常使用 XML 為主的 API 來提供他們的功能。在 SOA 的環境中，許多在自己企業內部的應用程式是藉由 SOAP 和 REST 的網頁服務來提供功能。網頁服務中最大的挑戰之一是交易（Transaction）管理。在協定的層級中，HTTP 並不提供交易或傳輸的保證，所以唯一的選擇就是在 API 的層級中實作。雖然有許多網頁服務中資料整合管理的標準，像是 WS-Transaction 和 WS-Reliability，但是這些標準都還沒成熟，也沒有很多廠商實作。大部分的 SaaS 廠商提供網頁服務的 API 不支援交易。而且每一個 SaaS 的應用程式也許有不同的可用性和服務品質協議（Service level agreement, SLA），這將會導致跨許多 SaaS 應用程式時，交易管理和資料整合將會非常複雜。在資料層中缺乏整合的控制性將會導致許多問題。雲端開發者必需要好好地處理這些危險的問題，確保移到雲端環境中資料的整合性。

12-3-2 PaaS 與 IaaS 的安全議題

在 PaaS 與 IaaS 的部分，由於許多 IaaS 服務商除了提供虛擬主機外，也同時提供各種作業平台供用戶選擇，因此與主要提供應用平台的 PaaS 相較之下差異不多，目前這兩種服務態樣並沒有太大的明顯區隔。只是 PaaS 服務通常會限定程式的執行語言或是資料庫的儲存環境。這樣的限制基本上對於想要利用雲端運算的計算資源來進行非法用途的人並沒有太顯著的效用。

相對於 SaaS 單純以服務為導向，IaaS 與 PaaS 兩者主要是透過分散運算提供單一主機無法同時負荷的應用程式、作業平台，就如同雙面刃一般，當惡意程式得以進駐到 IaaS 與 PaaS 的主機時，其攻擊行為也能取得分散運算所帶來的相對的助益。2011 年 5 月所發生的 Sony PSN（PlayStation Network）遭受攻擊洩漏個資事件，其中有幾波 DDoS 攻擊即是來自於提供 IaaS 與 PaaS 的 Amazon EC2。

常見的雲端伺服器攻擊手法有下述三種：

1. 分散式阻斷服務攻擊（Distributed Denial of Service, DDoS）：駭客利用大量殭屍電腦同時攻擊，達到妨礙正常使用者使用服務的目的。駭客預先入侵大量主機以後，在被害主機上安裝 DDoS 攻擊程式控制被害主機，再對攻擊目標展開攻擊，利用這樣的方式可以迅速產生極大的網路流量以癱瘓攻擊目標或是消耗其流量額度，如圖 12-3 所示。

2. 中間人攻擊（Man-in-the-Middle Attack）：駭客扮演中間人角色，假冒伺服器端接收到傳送的訊息，再假冒使用者端把訊息傳給真正的伺服器主機，藉此方式可以在兩端連線不知情的情況下竊取或變更傳遞的訊息內容。

3. 系統漏洞攻擊（System Vulnerability Attack）：利用已發現或未公開的系統弱點進行攻擊，取得或提升服務主機（Windows、Unix-like、SQL ）管理權限。

另外，PaaS 與 IaaS 的伺服器機房地點設在法規範較鬆散或較開放的地區，相對也會間接影響使用者的意向。維基解密（WikiLeaks）即是一個最實際的案例，該網站原先存放在美國 Amazon，在被告知違反服務條約後轉向存放於瑞典的伺服器，其中一個很大誘因是瑞典對新聞自由的開放程度。

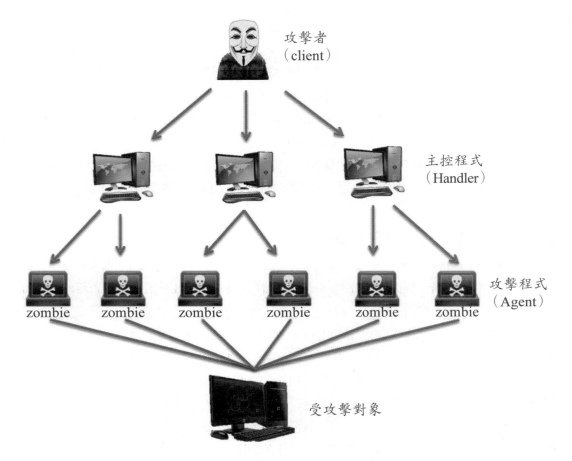

攻擊者
（client）

主控程式
（Handler）

攻擊程式
（Agent）

zombie　zombie　zombie　zombie　zombie　zombie

受攻擊對象

圖 12-3　　分散式阻斷服務攻擊示意圖。

12-3-3 雲端共同之安全議題

除了上述根據雲端服務不同，所面臨的特殊雲端資訊安全議題之外，雲端運算也有很多不管是哪一種服務均會面臨的資訊安全議題，以下將針對這部分作介紹。

1. 身分辨識管理和登入處理

在傳統 IT 部署在企業內的模式，企業的敏感資料因為實體、邏輯、個人安全和存取的政策，放在企業內部。然後在 SaaS 的模式中，企業的資料儲存在企業的外部，也就是 SaaS 的供應商。因此對於應用程式安全的弱點或惡意的員工，SaaS 的提供者必須採用額外的安全機制確保資料安全和避免被盜取，包括在資料的安全上使用較強的加密技術和較好的認證去控制存取資料。

在雲端提供商中，例如 Amazon EC2 的管理者不能去存取顧客的實例，也不能登入各個作業系統。企業中如果需要 EC2 的管理者去使用主機，則需使用較強的加密方法 SSH

去存取。儲存在 S3 的資料，預設是不加密的，使用者將他們的資料上傳前可以先加密，其他未授權的人就無法存取。

身分辨識管理是在系統中辨識個人的身分，根據身分去控制每個人可以存取的資源。身分辨識管理包括下列幾項：

(1) 純粹的身分管理：只處理帳號的建立、管理和刪除而不處理存取的部分。

(2) 使用者的登入管理：使用者可以使用帳號、晶片信用卡、指紋等當作登入的方式。

(3) 服務管理：根據使用者登入的身分，提供相關的服務。

SaaS 供應商提供下列的模式，提供身分辨識管理和登入服務：

(1) 獨立的身分辨識：SaaS 供應商提供完整的身分辨識管理和登入服務。使用者所有相關的帳號和密碼都儲存 SaaS 供應商中。

(2) 憑證同步：每個企業可以根據法令的需求自己建立使用者的帳號，而將帳號中的部分資訊複製在 SaaS 供應商中，用來登入和存取的控制權。SaaS 供應商使用複製的憑證來處理認證。

(3) 聯合的身分辨識管理：企業自己儲存和管理包括憑證的使用者帳號資料，使用者的認證也由企業端來做。當有需求的時候再由企業端將使用者的身分和相關的屬性傳到 SaaS 供應商以便登入和存取的控制。

2. 網路安全

雲端運算中，有時會需要使用一些企業的敏感性資料，經由部署於雲端上的應用程式處理。因此，所有在網路中傳送的資料必須加密以避免敏感資料的洩漏。在網路上有一些加密的技術，像是 SSL 和 TLS。在 AWS 中，網路提供保護的方式去抵抗傳統的網路議題，像是 MITM（Man-In-The-Middle）攻擊，如圖 12-4 所示。

3. 資料的地區

雲端運算中，消費者使用雲端提供的應用程式或資源來處理企業的資料，但是消費者卻不知道企業中的機密資料傳往何處或是處理過的資料究竟存在何處。由於有些國家的資料隱私法律中非常重視資料的存放地區，例如在許多歐盟和南美的國家中，因為資料的敏感性，有些資料是不能儲存在國外。除了法律的議題之外，另外當有需要調查時，誰又有資料的裁判權。

4. 資料隔離

雲端環境中，多使用者是雲端的特色之一。許多使用者可能將資料儲存在同一個地方，所以使用者可能入侵到別的使用者資料。這種入侵可能藉由應用程式中迴圈的漏洞或是系統中植入程式碼。如果在客端寫偽裝的程式碼，並且植入應用程式中，應用程式沒有驗證就執行程式碼，就有很高的機會入侵到別人的資料。

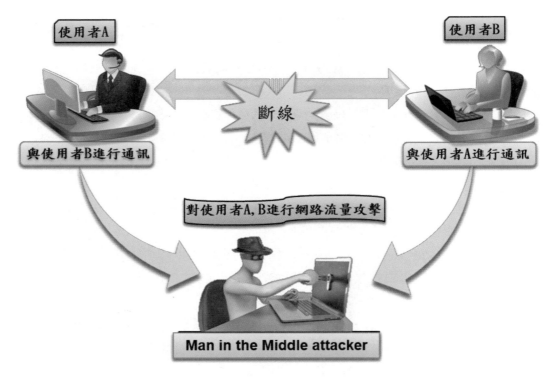

圖 12-4　Man-In-The-Middle 攻擊示意圖。

5. 資料快取

資料存取主要是考慮是，當使用者存取資料時提供相關的安全策略。一般而言，小企業可以使用雲端來處理它的企業相關事項，並且依據每個員工可以存取的資料來制定安全策略。這些安全策略必須與雲端一起運作，以避免授權的使用者入侵資料。大部分的公司使用輕量目錄存取協定（Lightweight Directory Access Protocol, LDAP）的伺服器來儲存員工的資訊，而許多中小企業使用 Microsoft 的主動目錄（Active Directory, AD）。在雲端運算中，軟體是被安裝在公司的防火牆外，使用者的憑證是存在雲端服務提供者的資料庫，而不是存在自己公司的資訊設備中。所以使用者必須記得移除離職員工的帳號，和建立新進員工的帳號，因此有多個雲端服務將會增加管理的負擔。如果雲端服務提供者可以提供認證程序傳給消費者內部 LDAP/AD 伺服器，那麼公司就可以保留管理使用者的控制權。

6. 資料機密

雲端服務用在各種不同的應用，像是資料儲存網站、影像網站、稅務試算網站和個人健康紀錄網站等。使用者的資料內部可能儲存在單一或多個雲端提供者。當個人、企業、政府在雲端中分享資訊時，隱私和機密的問題就變得很重要。以下是關於資料機密的一些議題。

(1) 個人資訊的隱私和企業政府資訊的機密與雲端有重大的關聯性。

(2) 雲端提供者建立的服務項目和隱私策略，對於使用者隱私和機密的風險有重大的影響。

(3) 使用者提供資訊給雲端提供者時，對於一些資訊的型態和一些雲端使用者的類型、隱私和機密的權利、義務和狀態都會改變。

(4) 暴露和遠端的儲存，對於個人或企業資訊保護的合法狀態造成不利的結果。

(5) 雲端中資訊的位置對於資訊隱私和機密的保護有重大的影響。

(6) 由於不同的法律規範，在雲端中的資訊在同一時間有可能儲存在不只一個合法的地方。

(7) 法律可能因為需要犯罪的證據，而迫使雲端提供者可以檢視使用者的紀錄。

(8) 法律的不確定性使得在雲端中存取資訊的狀態和使用者的隱私和機密的保護變得很困難。

7. 資料破壞

在雲端的環境中，雖然雲端服務提供者宣稱他們可以提供比傳統工具更好的資安，但是因為各使用者和企業的資料都是一起儲存在雲端中，所以雲端環境被破壞時，將會影響所有的資料。內部使用者不能直接存取資料庫，只能使用不同的方式去存取資料，但這無法降低內部使用者破壞資料風險，這也是雲端中資安需要考慮的重點。

8. 虛擬化的弱點

虛擬化是雲端中主要的元素，但同時也暴露出資安的危機，如圖 12-5 所示。虛擬化中一個主要的功能是，確保在實體機中執行的每個實例都彼此互相隔離，但是現今仍無法完全達到。另外一個議題是在主端和客端的作業系統中，管理者的控制權限。現在的虛擬機管理器並不是完全的隔離，虛擬機監督器應該是「root security」，也就是在虛擬客端環境中沒有權限去存取主系統的介面。

9. 可用性

雲端服務提供商必須確保提供企業所需的服務。包括在應用層和基礎層的架構改變，使得增加擴充性和高可用性。為了支援應用程式在許多不同的伺服機上的負載平衡，必須採用多層級的架構，可以處理軟硬體的故障和阻斷服務的攻擊。同時為了企業的連續性和災難復原的行動策略中必須考慮任何發生的緊急事件，確保資料的安全和減少資訊系統無法運作的時間。以 Amazon 為例，AWS API 是部署在相同的 Internet 規模的基礎建設支援 Amazon 的網站，使用標準處理分散式阻斷式攻擊的技術，像是同步 Cookie 和限制連線，此外 Amazon 也預留了內部頻寬，提供供應商所需的 Internet 頻寬。許多軟體在連續的錯誤憑證後，自動鎖住使用者的帳號，然而不正確的設定將使得惡意攻擊者可以發動阻斷式攻擊。

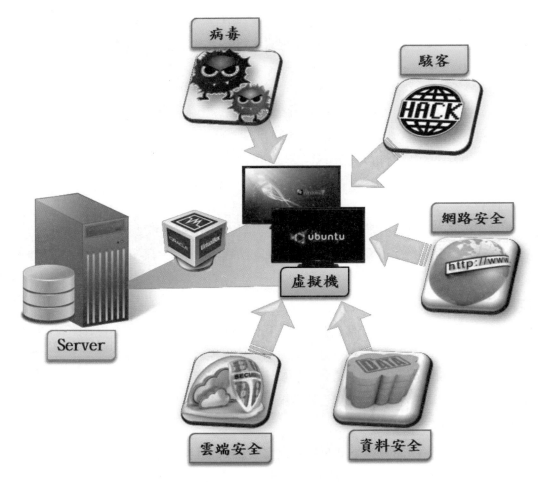

圖 12-5　虛擬化可能存在的資安問題。

10. 備份

　　雲端服務供應商必須定期備份企業的資料，確保有意外發生時可以很快的復原資料。另外備份的資料也建議使用加密的方式儲存以免洩漏敏感的資料。在雲端的供應商 Amazon 中，儲存在 S3 中的資料預設是不加密的，所以使用者必須自己加密然後備份，使得未經授權的人無法存取或竄改資料。

12-4 雲端運算的資安管理

　　「雲端運算」可以大幅降低資訊系統相關的管理費、人事費用，同時可以將業務用的程式維持到最新的版本。但雲端運算也有潛在的風險，例如客戶資料、商業資訊放在網路之雲端服務會有個人資料保護風險，其次雲端業者萬一發生當機或是斷線時，組織之業務可能瞬間癱瘓，雲端業者儲存設備故障也會造成資料的遺失，這些有可能影響雲端化的未來發展。

　　目前全球最具雲端安全權威性的雲端安全聯盟（Cloud Security Alliance, CSA）在 2010年提出雲端運算可能的七大安全威脅，這些威脅分述如下：

1. 濫用或利用雲端運算進行非法的行為（Abuse and Nefarious Use of Cloud Computing）：此一威脅主要是針對雲端運算服務的供應者而言。雲端運算服務供應商（尤其是 IaaS 與 PaaS 供應商）為了降低使用的門檻，通常並不會要求使用者必須經過嚴格的資料審查過程封可以直接使用雲端所提供的資源，有些服務供應商甚至提供免費使用的功能或試用期。這些做法雖然可以有效推廣雲端運算的業務，卻也容易成為有心分子利用的管道。事實上，已經有包含殭屍網路、木馬程式下載在內的惡意程式運行於雲端運算的系統內。.

2. 不安全的介面與 APIs（Insecure Interface and APIs）：使用者透過使用者介面或是 API 與雲端運算服務進行互動，因此這些介面與 API 是否安全直接影響到雲端運算服務本身的安全性。像是使用者介面的驗證與授權功能是否安全，API 的相依性與安全性，都是必須特別注意的地方。此外如果有使用第三方的加值服務，這些服務的介面與 API 的安全性也必須一併加以考量。

3. 惡意的內部人員（Malicious Insiders）：內部人員所造成的問題，這幾年來已經成為許多組織關注的重點，採用雲端運算將會讓內部人員所產生的問題更形嚴重。一個最主要的因素在於使用者無法得知雲端運算服務供應商如何規範與管理內部員工，甚至連招聘的條件與流程也屬於非公開的資訊。以雲端運算的業務性質而言，絕對是有心分子眼中的肥羊，所以內部惡意員工的比例應當會比一般組織來的更高。

4. 共享環境所造成的議題（Shared Technology Issues）：雖然使用雲端運算的服務（尤其是 IaaS）時使用者好像擁有獨立的環境，但是這些環境都是從共享的實體環境中透過虛擬化的技術所產生出來的。虛擬化的平台能否將不同的使用者進行有效地隔離，以避免彼此之間相互干擾其服務的正常運算，甚至是避免彼此之間可以存取對方的資源，對雲端運算的安全是一個嚴格的挑戰。

5. 資料遺失或外洩（Data Loss or Leakage）：資料遺失與外洩對於一個組織的影響不只在於實際上的金錢損失，更在於如企業形象之類的無形損失。雲端運算因為其特定的緣故，使得資料遺失或外洩的議題面臨更加嚴峻的考驗。包含是否擁有足夠的 AAA（驗證、授權、稽核）、是否採用適當且足夠的加密技術、資料持續性的需求、如何安全地刪除資料、災難復原、甚至是司法管轄的問題，都是必須認真加以考量的問題。

6. 帳號或服務被竊取（Account or Service Hijacking）：儘管帳號或服務被竊取的問題由來已

久，但是這類問題對於雲端運算更具有威脅性。首先因為雲端運算不像傳統的 IT 架構般擁有實體的東西，因此一旦帳號或服務被竊取後，除非有其他的方式加以證明，否則惡意分子可以完全取代原先使用者的身分。在傳統的 IT 環境中，因為使用者至少還擁有硬體的控制權，所以即使發生帳號或服務的竊取行為，使用者還是可以進行一些事後的補救措施，但是這些補救措施在雲端運算的架構下可能無法執行。此外，對於那些公開的雲端運算服務而言，直接暴露於網際網路上也讓這些竊取行為更加容易發生。

7. **未知的風險模型**（Unknown Risk Profile）：以安全的角度來說，「未知」絕對不是一種幸福，而是一種芒刺在背的威脅。以雲端運算來說，不管是 IaaS、PaaS、SaaS 都是將服務包裝成一個使用者不需了解也無法了解的系統，讓使用者專注於如何「使用」該系統。但是這樣的方便性，也讓使用者無法了解這些服務所使用的網路架構、安全架構、軟體版本等各式各樣的重要資訊。這些資訊對於評估安全狀態是很有幫助的，欠缺這些資訊將使得這樣的評估行為無法被有效地進行。

　　傳統的資訊安全架構與雲端服務的安全架構是目前經常被拿來相比較的議題，大多數的資料中心發展成雲端服務中心時，傳統安全防護架構需要面臨擴充性以及適用性的挑戰，從資訊基礎設施、運作應用程式的系統平台以及各種不同類型的軟體服務，增加了管理上的複雜度，雲端服務的營運管理，為確保雲端服務內容與營運品質的重要因素，因此雲端服務的管理，除了技術面的問題，許多必須著重在政策面的管理。雲端安全生態系統（Cloud Security Eco-System）將相同的理論應用在雲端運算所提供的資訊服務上，將整個雲端架構分成了偵測、分析、防禦、應變等幾個元件。

1. **偵測**：透過資訊安全相關的設備，例如：應用層防火牆、通訊協定分析設備、入侵偵測系統、誘捕系統等，以建立雲端環境之偵測點，運用特徵比對與行為分析的方式，進行異常狀態的偵測、資訊的收集，以提供後續的進行資料探勘與分析使用。

2. **分析**：大尺度的雲端環境，產生大量的系統日誌與網路流量等資料，因為雲端服務維運的需求，又必須即時進行資料的探勘，以掌握雲端服務的狀態，若有異常的行為出現，必須進行處置以避免影響雲端服務的安全，因此透過建置日誌系統以提供未來稽核所需要的佐證文件，為規劃與建置雲端資料分析町台不可或缺的考量。

3. **防禦**：雲端環境須具備防禦的機制，當有異常的行為出現時，必須能夠進行自我的防禦，以避免影響其他的雲端服務。

4. **應變**：針對異常的行為或是威脅進行應變處置，必須具備自動化應變的能力，透過自主的應變措施，以提供雲端環境掌控風險，並且結合風險評鑑與改善規劃，進行環境的調整，以達雲端服務的持續提供。

　　透過偵測、分析、防禦與應變程序進行雲端服務的管理，面對所遭遇的問題，透過不斷的持續改善，依據所發掘的異常行為進行雲端服務的改善，包括了基礎設施、系統平台以及應用程式等，增加雲端服務的完整性與可靠度。

　　雲端生態系統可應用於公有雲端服務、私有雲端服務或是混合性的雲端服務架構中，透過整體的自我防禦機制，能夠對於異常的行為特徵進行因應與處置，如圖 12-6 所示。雲端生態系統必須擁有自動化的處理能力，面對外來與內在的威脅，進行自我的防禦與應變，以縮小影響的範圍與處理的時效，面對大量的資源，必須有效掌握現有資源的狀態，以做為資源的調配上的參考指標。

圖 12-6　雲端生態系統示意圖。

　　雲端服務的管理，除了技術層面的問題外，最多需要關注的在於政策面的管理，尤其與使用者息息相關的服務水準協議，大多數的使用者選擇使用雲端服務時，都會依據所提供的服務水準協議，來評選適合的雲端服務供應商，因此如何在有限的資源下，提供符合使用者預期的服務內容，是所有服務供應商需要面對的問題，目前許多的服務供應商，例如：Amazon EC2、IBM Blue Cloud、Microsoft Azure、Google 等，透過定型化的服務內容，讓使用者選擇適合的方案，或是依使用者提出的需求，進行客製化的服務內容規劃，不論使用定型化的服務方案或是量身訂做的服務內容，都必須依循雙方所議定的服務水準協議，以確定雙方在已建共識的基準下進行服務的提供與使用。

12-5 雲端運算的各面向

　　從分散獨立的資訊服務系統轉移到雲端的架構確實可以獲得許多好處，例如降低成本、更有彈性、有效率的使用 IT 資源等等，但是，雲端的隱私及安全也不容忽視，不確定性會讓使用者對風險及隱私有所質疑還需要有標準化的制定來免除。雲端運算造成了很多新的問題以及讓舊有的問題產生質變，在最後我們針對不同的面向來面對雲端運算，並且提出一些議題。

12-5-1 由組織政策面看雲端運算

針對組織內部以策略面的觀點看雲端運算所帶來的變化，評估它會造成怎麼樣的問題產生。

1. 喪失管理權限：使用雲端基礎設施，客戶端必須將某些關鍵資料的控制權移轉到雲端供應商，從而影響安全性。同時，供應商可能無法提供滿足客戶需求的服務水平協議（SLA）承諾，這將形成安全性落差。同時，當之前伺服器端還是組織自行掌控的時候，萬一發生了什麼問題，或是遭受攻擊而失去機器或是環境的控制權，IT 人員還可以選擇將實體機器強制關閉、重新開機甚至是重灌電腦來解決問題。但是雲端伺服器中由於實際實體機器並不是組織自行掌管而是控制在雲端服務提供商的手中，因此很難做到上述的管理手段。

2. 服務與資料被鎖定：由於目前雲端服務的提供商百家爭鳴，每一家服務廠商提供的資料儲存方式以及服務都不盡相同，普遍存在一個問題，就是放上雲端的服務或是資料要將其從雲端上面分離出來非常的困難。關於這一點，目前仍缺乏工具、程序、標準資料格式或服務介面，以確保資料、應用系統及服務的可攜性。使用者將無法轉換雲端服務供應商，甚至無法回到原來企業內部使用的系統環境，這將導致過於依賴特定廠商的服務。

3. 難以審查與稽核：轉移到雲端後，稽核認證會產生問題。即使組織在撰寫服務或是資料庫結構時有做到符合國際認證的稽核標準，但是當將這些元件放上雲端時，因為雲端的特性有時甚至不知道放上去的服務到底在哪一個國家的資料中心中，因此要針對這方面的稽核會變得相當困難。雲端服務商要如何確保其環境符合其使用客戶的稽核要求是一件非常困難的事情。同時，一般的使用者甚至連要求雲端服務提供商配合其資訊安全相關稽核都有所困難（試想今天亞馬遜 EC2 也不見得會允許你委派的稽查人員到他們的資料中心等地方進行稽查。

4. 惡意的內部人員：由惡意的內部人員造成的損害可能會比以往更大。雲端架構某些必要角色將有極高風險。如系統管理員和託管安全服務提供商。

12-5-2 由技術面看雲端運算

以技術面而言，雲端運算也面臨著許多之前不會面臨到的新挑戰。這邊提出兩個方面在雲端運算的環境中面臨的資訊安全新議題。

1. 喪失管理權限：多租戶和共享資源是雲端的特點，但也相對隱含一些風險，包括無效的獨立儲存、記憶體、路由機制，甚至共用資源的租戶聲譽（例如，跳板攻擊）。當然，攻擊資源隔離機制仍比攻擊傳統系統少很多，但一旦發生問題，影響將更大。

2. 不安全或不完整的資料刪除：雲端的儲存架構由於是分散在資料中心，很可能有異地備援機制導致同樣一筆檔案資料不只儲存在一個地方，而有可能存在世界各地的資料中心中並且不只只有一份。因此，這將使資料更難以刪除，也許副本資料仍存在其他磁碟或是資料中心中，多用戶共享這些儲存設備資源的結果，很可能導致即使是服務的供應商也沒人能知道是否資料真的完整被刪除。

12-5-3 由法律面看雲端運算

　　分散式的偕同運算讓雲端運算同時對使用者及供應商帶來資料保護的風險，使用者可能難以確認供應商對資料處理方式是否合法。特別是在不同雲端之間傳送資料，供應商是否提供相關資訊及證明，將是選擇供應商的重要參考。另外，由於雲端屬於分散式並且多地備援的架構，往往沒有人知道資料或是服務被放在什麼地方的資料中心內。因此，各個地方不同的資訊法規也成為討論議題。

　　為了釐清這些問題，服務層級協議（Service level agreement, SLA）是從資訊服務委外（Outsourcing）給應用軟體服務供應商（Application Service Provider, ASP）業者產生的一種新的契約型態，由於雲端服務的三種服務模式 IaaS、PaaS、SaaS 主要還是建構在委外的資訊服務上，因此許多雲端服務業者延續著使用 SLA 作為契約的主體。從使用者的角度來看服務水準協定至少需包含可用性（Availability）、安全性（Security）、效能性（Performance）與客戶服務四大部分。SLA 所牽涉的範圍相當廣泛，其可能包括的項目有服務的範疇與責任、系統效能、軟體昇級、網路安全、支援服務、瑕疵擔保、違約罰則等，企業於訂定契約時一定要注意報酬的支付問題，務必使報酬分項和服務內容能夠相對應，而產生的交易資料是屬於客戶或委外廠商所有也要有明確的定義。以下大致列舉 SLA 中時常列舉的要素：

1. 業務等級目標：如果組織尚未定義其業務等級目標，爭論 SLA 條款便毫無意義。消費者必須依據組織的目標選取供應者與服務。除非組織已先定義其將使用該服務的原因，否則確切定義將使用的服務類型便毫無價值可言。消費者在決定使用雲端運算的方式前，應先了解其使用雲端運算的原因。

2. 供應者與消費者的責任：雖然普遍認為 SLA 為定義供應者的責任，但實際上 SLA 條款同樣也應載明消費者的責任。消費者責任可能包括關於系統使用的限制、對可以儲存之資料類型的限制，或是持有在供應者的系統所使用之任何軟體的有效執照。供應者與消費者之間的責任平衡將根據服務的類型而異。例如，針對「服務軟體」而言，雲端供應者承擔了大部分的責任；就另一方面而言，包含經授權使用的軟體，與處理敏感資料的虛擬機器則會將較多的責任歸於建立並管理它的消費者。

3. 業務持續性與災難復原：許多消費者會使用雲端以求業務持續性。部分消費者會將許多珍貴的資料存放供備份使用的多重雲端。當內部的資料中心無法處理負荷量時，其他消費者則會使用多重雲端負載平衡技術（Cloudbursting）。當組織內部的系統故障時，雲端可以成為使組織正常營運的無價資源，但若雲端供應者本身沒有充分的持續性與災難復原程序，雲端便毫無用處。

4. 備援系統：許多雲端供應者會透過大量備援的系統遞送其服務。這些系統的設計旨在協助消費者，面臨硬碟機或網路連線或伺服器故障時，避免遭遇作業中斷的窘境。

5. 維護：由供應者負責基礎設施維護，可免除消費者必須親自維護的負擔。由於維護作業可能影響任何類型的雲端服務，而且軟硬體皆會受到影響，因此消費者必須了解其供應者進行維護任務的方式與時間，維護期間是否無法使用服務；或者服務雖可使用，但處理量卻大幅降低。如果維護作業有可能影響消費者的應用程式，消費者是否有機會針對已更新的服務來測試其應用程式。

6. 資料位置：許多國家禁止其公民的個人資訊存放在任何境外機器上，如果雲端供應者無法保證消費者的資料僅存放在特定位置，消費者則不會使用該供應者的服務。如果雲端服務供應者承諾實施資料位置的相關規定，則消費者必須能夠審查供應者，以證明供應者確實遵循該規定條例。

7. 資料扣押：曾經出現執法單位扣押託管公司資產的著名案例，即便執法單位僅鎖定特定消費者的相關資料與應用程式，然而雲端運算的多重用戶共用特性可能會使其他消費者受到影響。雖然 SLA 可涵蓋的範圍有限，消費者應該考量供應者的相關適用法規，並考慮利用第三方供應者來備份其資料與應用程式。

8. 供應者無法履行義務：任何雲端供應者皆有可能終止營運或由另一家公司收購。消費者應該考慮其供應者的財務健全與否，並擬定當供應者終止營運時的緊急應變計畫。另外，若消費者的帳戶違法或備受爭議時，供應者應載明此時存取消費者資料與應用程式的政策。

9. 司法管轄權：消費者必須針對所考慮使用的雲端供應者，深入了解其適用法律。例如，雲端供應者的所在國家可能會保留使用該雲端供應者的服務，以監視任何資料或應用程式的權利。

10.雲端代理商與經銷商：若雲端供應者其實是另一家雲端供應者的代理商或經銷商，倘若該代理商、經銷商或供應者設備出錯時，SLA 的條款應釐清任何相關的責任或義務問題。

12-6 習題

1. 雲端的安全風險可分為三類：傳統的安全威脅、系統可用性的威脅和協力廠商資料控制的威脅，請說明這三類安全風險的差別。
2. 請敘述常見的社交工程攻擊方式。
3. 請說明 SaaS 的安全議題主要包含哪些。
4. 請說明常見的雲端伺服器攻擊手法有哪些。
5. 請說明身分辨識管理包括哪些項目。
6. 請說明雲端運算可能的七大安全威脅。
7. 由組織政策面看雲端運算，會有什麼問題發生？
8. 由技術面看雲端運算，會有什麼問題發生？
9. 由法律面看雲端運算，會有什麼問題發生？

參考文獻

1. A. Abbas, and S. U. Khan, "A Review on the State-of-the-Art Privacy-Preserving Approaches in the e-Health Clouds," *IEEE Journal of Biomedical and Health Informatics*, Vol. 18, No. 4, pp. 1431-1441, 2014.

2. M. Ali, S. U. Khan, and A. V. Vasilakos, "Security in Cloud Computing: Opportunities and Challenges," *Information Sciences*, Vol. 305, pp. 357-383, 2015.

3. E. Bertino, F. Paci, R. Ferrini, and N. Shang, "Privacy-Preserving Digital Identity Management for Cloud Computing," *Data Engineering Bulletin*, Vol. 32, No. 1, pp. 21-27, 2009.

4. Cloud Security Alliance, "Top Threats to Cloud Computing," http://www.cloudsecurityalliance.org/topthreats/csathreats.v1.0.pdf

5. D. A. B. Fernandes, L. F. B. Soares, J. V. Gomes, M. M. Freire, and P. R. M. Inácio, "Security Issues in Cloud Environments: A Survey," *International Journal of Information Security*, Vol. 13, No. 2, pp. 113-170, 2014.

6. S. Kalra and S. K. Sood, "Secure Authentication Scheme for IoT and Cloud Servers," *Pervasive and Mobile Computing*, In Press.

7. F. Lombardi and R. D. Pietro, "Security for Cloud Computing," *Artech House*, 2015.

8. C. Modi, D. Patel, B. Borisaniya, A. Patel, and M. Rajarajan, "A Survey on Security Issues and Solutions at Different Layers of Cloud Computing," *The Journal of Supercomputing*, Vol. 63, No. 2,

pp. 561-592, 2013.

9. L. Rodero-Merino, L. M. Vaqueroc, E. Caron, A. Muresan, and F. Desprez, "Building Safe PaaS Clouds: A Survey on Security in Multitenant Software Platforms," *Computers & Security*, Vol. 31, No. 1, pp. 96-108, 2012.

10. M. D. Ryan, "Cloud Computing Security: The Scientific Challenge, and A Survey of Solutions," *Journal of Systems and Software*, Vol. 86, No. 9, pp. 263-226, 2013.

11. F. Shahzad, "State-of-the-art Survey on Cloud Computing Security Challenges, Approaches and Solutions," *Procedia Computer Science*, Vol.37, pp. 357-362, 2014.

12. S. Subashini and V. Kavitha, "A Survey on Security Issues in Service Delivery Models of Cloud Computing," *Journal of Network and Computer Applications*, Vol. 34, No. 1, , pp. 1-11, 2011.

13. C. Wang, Q. Wang, K. Ren, and W. Lou, "Ensuring Data Storage Security in Cloud Computing," *17th International Workshop on Quality of Service (IWQoS)*, 2009.

14. Z. Xiao and Y. Xiao, "Security and Privacy in Cloud Computing," *IEEE Communications Surveys & Tutorials*, Vol. 15, No. 2, pp. 843-859, 2013.

15. D. Zissis and D. Lekkas, "Addressing Cloud Computing Security Issues," *Future Generation Computer Systems*, Vol. 28, No. 3, pp. 583-592, 2012.

第十三章　雲端資料中心

13-1 資料中心簡介

　　雲端運算模式的出現和迅速普及，帶給了研究者和雲端服務提供商許多挑戰。資料中心（Data Center）構成了雲端運算平台的結構和運作基礎，傳統資料中心的架構無法應付雲端快速採用的速率和不斷增加的資源需求。可擴展性、跨區（Cross-Section）的高速頻寬、服務品質（Quality of Service, QoS）、能源效率和服務品質協議（Service Level Agreement, SLA）是現今的雲端資料中心架構所面臨的重大挑戰。需要不同資源和服務品質要求的各租用戶，經常共同分享單一雲端提供者所提供相同的實體基礎設施。伺服器、網路和儲存資源的虛擬化更進一步增加了控制和管理資料中心基礎設施的挑戰。於是雲端提供者在工作負載的變動、硬體故障和惡意攻擊的情況下，必須保證可靠性和穩定性，最後還需提供預期的服務和服務品質。

　　雲端運算模式透過建立在虛擬化技術的新一代資料中心，承諾可靠的傳送服務。以下將提出在雲端資料中心所面臨的重大挑戰和可行的解決方案。具體來說，我們將專注於架構的改變、可靠性和穩定性、能源效率、雲端資料中心的電力、虛擬化及以軟體定義的資料中心。

　　資料中心架構對雲端運算平台的效率和可擴展性扮演了重要的角色。雲端運算藉由資料中心傳輸預期的服務。雲端模式的廣泛採用，對資料中心的運算、網路和儲存資源有著指數成長的需求。現今增加資料中心的運算能力不再是一個問題，而藉由運算資源的連結達到較高的網路頻寬傳送和保證特定的服務品質是主要的挑戰。所以現在資料中心不是被運算能力所限制，而是由資料中心網路間的互聯所限制。

　　傳統以多樹根（Multirooted）樹爲基礎的網路架構，像是 ThreeTier 架構，不能適應雲端運算的成長需求。傳統資料中心架構面臨著幾個重大的挑戰：可擴展性、超額率（Oversubscription Ratio）和低跨區頻寬、能源效率和容錯能力。

　　爲了克服這些挑戰，提出各種新的資料中心架構，例如 Fat-Tree、DCell、FiConn、Scafida 和 JellyFish。然而，這些資料中心架構只克服了傳統資料中心的某一些挑戰。例如，Fat-Tree 架構提供高跨區的頻寬和 1：1 的超用配額率，缺乏可擴展性，如圖 13-1 所示。另一方面，DCell、FiConn、Scafida 和 JellyFish 架構，提供高可擴展性，但是在網路高負載的情況下，卻需要付出低效率和高封包延遲的代價。

　　因爲資料中心相互連接的伺服器數量龐大，可擴展性是一個重大問題。樹架構的資料中心架構，如 ThreeTier、VL2 和 Fat-Tree，提供較低的可擴展性。這類的資料中心架構配製了眾多的網路交換 port 的數量。以伺服器爲中心的架構，例如 DCell 和 FiConn；以隨機方式連接的架構，例如 JellyFish 和 Scafida 則提供了較高的可擴展性。

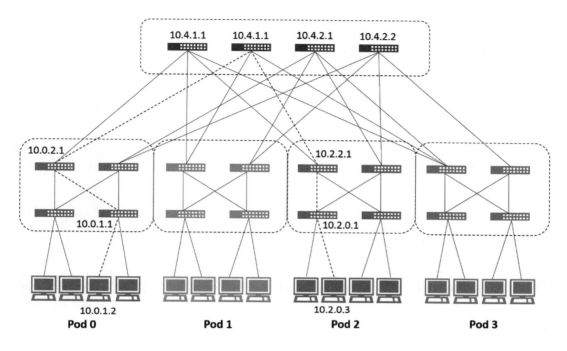

圖 13-1　Fat-Tree 架構示意圖。

　　DCell 是一個以伺服器為中心的資料中心架構，該伺服器除了執行運算外也作為封包轉送的設備。DCell 是以遞迴的方法來建構資料中心的架構，裡面包含階層式的細胞，稱作 DCell。DCell0 是 DCell 拓樸的基本元素，藉由網路交換機連接 n 個伺服器。許多低階的 DCell 構成高階的 DCell，例如，DCell1 是由 $n+1$ 個 DCell0 所組成。一個 4 階 DCell 中如果 DCell0 是由 6 台伺服器組成，那此 DCell 資料中心將可以連接大概 326 萬台伺服器。然而，這樣的資料中心架構中不能達到傳送所需的效率和跨區的頻寬。

　　同樣，JellyFish 和 Scafida 是非對稱資料中心架構，為了高可擴展性，隨機連接伺服器至交換器。在 JellyFish 架構中，伺服器隨機連接到交換器，使得一個網路交換器可以連接到 n 個伺服器。每個網路交換器都連接到其他 k 個其他交換器。Scafida 資料中心架構是無規模網路的結構。該伺服器是使用 Barabasi 和 Albert Network-Generation 演算法連接到交換器。因為在網路中的大量節點，資料中心架構不能使用傳統的路由演算法，它們使用的是客製的路由演算法，如 DCell 路由，在網路負載高和多對多的交通流量模式中，執行效率很差。

　　在先前的研究中，分析了各種不同設定和流量模式的最新資料中心架構的網路性能。分析顯示，以伺服器為中心的結構，如 DCell，與樹形結構的交換器為中心的資料中心架構，如 Fat-Tree 和 ThreeTier 做比較，結果得到高網路延遲和低網路吞吐量。當資料中心架構裡的節點數量增加，DCell 有較高的網路延遲和低吞吐量。這是因爲，對於較大的拓撲結構，所有的 inter-DCell 網路流量必須通過連接的網路連結，連接到同一階的 DCells，導致提高網路擁塞。然而，對於較小的網路拓撲結構來說，在 inter-DCell 的流量負載較低和連接較少的節點，可以得到較高吞吐量。此外，在 DCell 中路由不是執行最短的路由路徑，在發送端和接收端間增加了中間的步數。

對於現今的資料中心，高跨區頻寬是必需的。一份產業白皮書估計，在 2015 年雲端將處理大約 51.6 Ebytes 的資料。在網路流量模式可能是一對多、一對所有和所有對所有。舉例來說，在搜索查詢或社交網路的請求中，比如群組聊天和檔案共享，需要數千台伺服器平行執行。在一些資料中心架構中的高超額認購率，如 ThreeTier 和 DCell 嚴重限制了節點間溝通頻寬並影響性能。例如，在傳統資料中心架構的典型超額認購率爲 4：1 和 8：1 之間。4：1 的超額認購意味著終端主機可以在只有 25% 的可用網路頻寬溝通。Fat-Tree 架構藉由用 Clos-based 的互連拓樸，提供了一個 1：1 的超額認購率。然而，Fat-Tree 架構沒有可擴展性，並使用大量的網路交換器和網路電纜互連。例如，一個 128 個節點（8 pod）的 Fat-Tree 拓撲結構需要 80 個網路交換器互連。

在產業界中也在考慮使用混合的資料中心架構（光／電和無線／電子），以增加資料中心網路。光學的互連提供高頻寬（每條光纖可以達到每秒數 TBytes）、低延遲和高 port 密度。因此，光學網路對於不斷增加的頻寬需求是一個可能的解決辦法。各種混合需求（光／電）資料中心架構，如 Helios、c-Through 和 HyPac，最近已經提出了增加現有電的資料中心網路。但是，光學網路也面臨著諸多挑戰：

1. 高成本。
2. 高插入損失。
3. 較長的轉換和連接建立時間（通常爲 10 至 25 毫秒）。
4. 沒效率的封包表頭處理。
5. 不實際、嚴格的假設，例如，網路流量沒有優先權、獨立流量，以及以雜湊爲基礎的流量分布，雖然有效，但並不適用於現實世界的資料中心場景。
6. 在電子的設備中使用光連線時，在每個繞徑的節點中，由於在 bit 層中缺少有效地處理技術，導致光 — 電 — 光（Optical-Electrical-Optical, OEO）信號轉換延遲。

與光互連類似，新興的無線技術，如 60-GHz 通訊也正在考慮克服各種目前資料中心所面臨的挑戰，例如電纜成本和複雜性。然而，資料中心在 60 GHz 的技術仍處於起步階段，如傳播損耗、較短的通訊範圍和信號衰減。混合、完全光纖和無線網路也許是資料中心可行的解決方案，但上述公開挑戰仍是目前難以大量採用的阻礙。

13-2 傳統資料中心架構

13-2-1 傳統資料中心設計

典型的資料中心設計架構包括交換器和路由器，由兩層或三階層式結構所組成，如圖13-2。在這三階層式結構中包括第三層（Layer-3）的邊界路由器（Border Router）和第二層的聚集交換器（Aggregation Switch）和第一層具有 Top of Rack（ToR）的存取交換器（Access Switch）。一台 ToR 交換器通常用 1Gbps 的連線來連接放在一個機架上 20～40 台的伺服器，爲了備援，每個 ToR 交換器連接到兩台聚集交換器，這聚集交換器使用數條 10Gbps 的連線輪流連接到核心層。聚集層提供和管理許多功能和服務，像是展開樹（Spanning Tree）的處理、預設閘道的備援、伺服器間的資料流量、負載平衡、防火牆等。在最高層的核心路由器／交換器使用 10Gbps 高速連線，連接與資料中心的資料進出。核心路由器／交換器也使用一些著名的路由演算法，像是 OSPF（Open Shortest Path First）或 EIGRP（Enhanced Interior Gateway Routing Protocol），也可以在核心層和聚集層間使用基於雜湊演算法的 Cisco Express Forwarding 技術達到資料流量的負載平衡。然而此三層階層式的結構會有許多的問題產生。

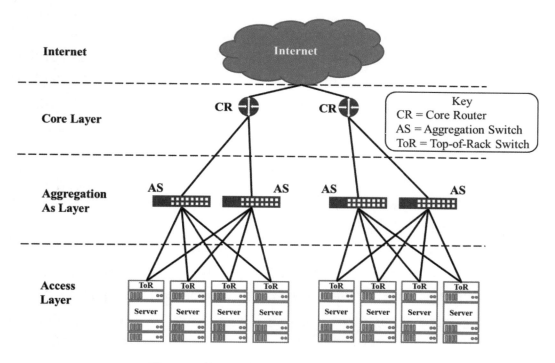

圖 13-2　傳統三層階層式結構的資料中心。

13-2-2 傳統資料中心的挑戰

　　傳統的資料中心有許多挑戰的議題，所以許多研究學者提出新的設計和方法提供可擴展、容錯和效率佳的資料中心。在低效率中導致壅塞最重要的問題之一是超額。超額率是在存取層中伺服器的頻寬對所有上傳頻寬的比例。因此當移動到聚集層和核心層，分享上傳的伺服器數量增加，導致超額率也增加，所以造成了瓶頸。超額率限制了伺服器的容量，比例應該是 1：1，如此主機才能使用它們全部的網路頻寬。另一方面，由於超額率壅塞也會導致交換器的緩衝儲存器超載，而開始丟棄封包。因此，如何在壅塞的交換器中避免封包的遺失，需要設計一些方法來解決。客戶端所需要的檔案可能會分布在眾多的伺服器上，當客戶端發出請求要求檔案時，眾多伺服器的資料會在同一時間進入交換器，若交換器的緩衝儲存器已滿，造成某些伺服器傳送的資料會被丟棄掉，基於 TCP 保證資料送達的機制，未能成功傳送資料的伺服器，會重新做資料傳送的動作，此時系統的吞吐量會急速降低，造成效能崩潰的現象，此種問題稱之為 TCP Incast。另外一般資料中心網路的問題是缺乏容錯性，特別是在樹的上層，較少實體的連接。在核心層或聚集層的硬體損壞也會導致網路整體的效能下降。此外，在第二層 STP（Spanning Tree Protocol）協定的處理方法，即使有許多的路徑存在也只有使用一條路徑，導致資源利用率非常低。另外在核心層和聚集層由於流量不能平均分配到路徑上，所以也會產生負載平衡的問題。由於資料中心快速發展，耗能的設備和冷卻系統數量大增，導致能源消耗的問題。根據統計顯示，一般資料中心的使用率非常低，只有30%。因此，在資料中心執行的伺服器，動態分配資源是最佳的解決方式，強化將大部分的工作分配在 30% 的伺服器上執行，而其他未使用的伺服器可以關機節省能源。分配任何伺服器給任何的服務而不考慮網路拓樸的能力稱為靈活性（Agility），這也是傳統資料中心的另一個挑戰。

13-3 雲端資料中心架構

13-3-1 交換器為主的資料中心架構

　　交換器為主的資料中心架構主要是使用交換器來互相連接和資料的繞徑。著名的方法包括 Fat-Tree、portland、VL2 等。這些交換器為主的資料中心的方法選擇不同的設計主要是為了解決許多在傳統資料中心所產生的問題。以下我們詳細說明 Fat-Tree 的方法。

　　Fat-Tree 的拓樸結構包括了 k 群（pod），每群包含 $k/2$ 個邊際交換器（Edge Switch）和 $k/2$ 個聚集交換器。邊際交換器和聚集交換器連接成 clos 拓樸，在每群中形成完整二分圖（Completed Bipartite）。每一個群連接到所有的核心交換器，形成另一個二分圖。Fat-Tree 是每層由 k-port 相同的交換器所建構而成，每個交換器可以支援（$k^2/4$）主機。Fat-Tree 的 IP 定址為 10:pod:subnet:hosted。Fat-Tree 架構主要是解決超量訂閱（oversubscribe）、高成本的聚集和核心交換器、容錯、可規模化的問題。

13-3-2 伺服器為主的資料中心架構

伺服器為主的資料中心架構不同於交換器為主的架構方法，它主要是使用伺服器來當作彼此的代傳節點，參與資料的傳送。這類的方法有 BCube、DCell、Ficonn 等，相對於交換器為主的資料中心架構，它有較小的網路直徑、較高的容量和各種類型的資料傳輸，特別對於計算敏感的應用程式有非常低的延遲。以下將詳細介紹 DCell。

DCell 主要是來解決可規模化、容錯和網路的容量。圖 13-3 中顯示，DCell 是在伺服器和交換器中具有高度實體連接的結構，使用低成本的迷你交換器取代高成本的核心和聚集交換器，而增加的成本是通訊連線的數量和長度。較大的 DCell 是由較小的 DCell 遞迴形成，初始是由 DCell0 開始建構。DCell0 是由 n 個伺服器連接到一個低成本較少 port 的迷你交換器所組成。而 DCell1 包含（$n + 1$）個 DCell0，每一個 DCell0 使用完全網線（Full mesh）的方式連接到其他每一個 DCell0。在一般 DCell 拓樸中的每個伺服器有兩個介面，一個連接至迷你交換器，另外一個連接到鄰居 DCell0 的伺服器。任意兩個伺服器具有 $[i, j - 1]$ 和 $[j, i]$ 變數值，而且滿足每個 i 和 $j > i$，都有一條連線連接，例如圖 13-3 中，伺服器 $[4, 1]$ 和伺服器 $[1, 3]$ 互相連接。DCell 是一個可擴展的網路架構，網路擴展時不需要重寫或更改位址。當 DCell 架構中的 $k = 3$ 時，已經可以擴展到數百萬台伺服器了。DCell 使用分散式容錯繞徑演算法的設計，所以在各種型態的錯誤下（例如：連線、伺服器、積架），它有結構或拓樸的高容錯特性。

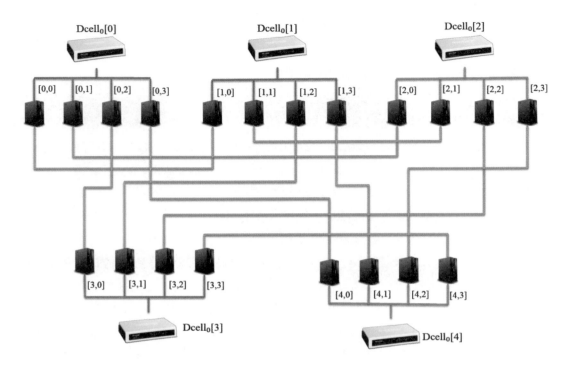

圖 13-3　DCell 的網路拓墣。

13-4 節能的資料中心

美國的環境保護局在 2007 年報告中指出，在美國的資料中心的耗電量在 2006 年到 2007 年間倍增，幾乎達到 610 億千瓦小時，也就是相當於全美國用電量的 1.5%。電力消耗的增加將會造成大量的碳足跡和更多溫室氣體的散發，造成全球的暖化。在資料中心的資訊設備是最大部分的耗電元素，如伺服器、交換器、路由器和電力分配基礎建設。電力使用效率（Power Usage Efficiency, PUE）是用來評估資料中心電力效率的參數，它是全部設備消耗的電力除以資訊設備消耗的電力。PUE 的值大概介於 1.2 到 2.0，如果 PUE 的值為 1.2 代表是一個高效電力的資料中心。以下將會說明許多工業上在資料中心採用的節能技術，像是虛擬化、動態頻率和伏特規模、動態網路管理、有效率的綠能繞徑、綠能排程、網路排程策略、速率調整、智慧冷卻和再生能源。

現在開始思考雲端資料中心對環境的影響、能源需求和電力成本。如大量能源消耗的資料中心、過多的溫室氣體（GHG）排放，以及閒置的資料中心資源。節能是雲端資料中心最關心的問題，資料中心是全世界主要耗能的實體之一。雲端基礎設施在 2007 年消耗大約 623 TWh 的能源。雲端基礎設施在 2020 年估計能量消耗大約 1,964TWh。資料中心每年成長率大約為 9%，所以它的能源需求在過去五年中增加了一倍。

　　由於能源成本上升（在過去五年大約 18%，在未來幾年大約為 10% 到 25%），資料中心運作費用正在增加。典型的資料中心能源開銷是所有的營運開支。例如，一座 IBM 資料中心的營運開支約 45% 是電力支出。IBM 的報告指出，在 20 年的時間中，一座資料中心的營運費用為資本費用的三到五倍。在某些情況下，電力成本可能占到高達 75% 的營運費用。

　　資料中心和雲端基礎設施產生巨大的溫室氣體排放量已經引起大家對環境的注意。資通訊技術的碳足跡在 2010 年有 227.5 公噸，高於全球航空業。雲端基礎設施的碳排放量在 2020 年可能接近 1,034 百萬噸。此外，資料中心大部分的電力是由「髒」的資源生產，如煤。燃煤站是溫室氣體排放的最大來源。

　　典型的資料中心大約有 30% 左右的平均資源利用率，這個意思是資料中心資源過度配置，以處理峰值負載和工作量的激增。因此，資料中心的可用資源大部分時間都保持空閒。實際上，分散系統的計算能力有 85% 閒置，節約能源是可能採用的資源優化技術。我們可以透過利用工作量的整合、能源已知工作量的配置、比例的運算來達到能源的有效性。

　　整合技術探討過度配置和多餘的資源，在最少的設備中整合工作負載。閒置設備可以轉換到睡眠模式或透過在網路卡（NIC）中使用 Wake on LAN（WoL）的特性關閉電源來節省能源。Xen 的平台還提供主機 Power-on 的特性去睡眠或喚醒設備。最近的研究提出不同的工作負載整合策略，在資料中心中節省電力，例如 ElasticTree 和資料中心 EERS。這種策略使用最佳化的技術，像是計算最小設備的子集合來提供服務所需的工作量。然而，上述的整合策略並沒有考慮兩個關鍵問題：

1. 如何將該策略處理激增的工作量和資源不足？
2. 何時將資源轉換到睡眠／喚醒模式？

　　設備的關機或休眠需要較長的延遲（通常以秒或分）。這種額外的延遲在考量 SLA 的資料中心環境是無法容忍的，所以當採用節能技術時，就必須考慮到系統的穩固性。同樣地，能源已知的工作負荷布置和即時任務遷移可以幫助最大化資源利用率、最小化能源消耗和控制網路的負載。

　　按比例計算涉及到資源利用率是以消費能源的比例。資料中心資源在閒置或利用不足的狀態下消耗的能量大約是尖峰時使用率的 80% 至 90%。按比例計算技術，例如動態電壓和頻率縮放（Dynamic Voltage and Frequency Scaling, DVFS）和可調式的連線速率（Adaptive Link Rate, ALR），主要目的在執行當資源（處理器和網路連線）減少的狀態下消耗較少的電力。這樣的技術是根據有效地縮放資源的電源狀態和確定何時改變電源狀態的策略。

　　DVFS 的技術應用在處理器，以縮小處理器的電壓或頻率。但是，縮小狀態的時間，導致花更多的執行時間。同樣，ALR 技術應用在網路連線，縮小連線的傳輸速率以降低能源消耗。在 IEEE 802.3az 標準中使用 ALR 去降低 Ethernet 網路連線的速率。然而 IEEE

802.3az 只有提供一個機制去改變連接的狀態，而效率和能源的節省主要是依據比例計算的政策，決定何時改變資源的狀態。因此，有效和穩固性的政策對於比例計算的技術是非常重要的。

13-4-1 雲端資料中心的穩固性

隨著雲端運算的營運和架構的建立，資料中心在雲端營運和經濟的成功扮演著重要的角色。考慮 SLA 的雲端環境，對於激增和變動的工作量以及軟體和硬體故障，滿足特定的 QoS 和 SLA 的要求必須是穩固的。然而，動態和虛擬化雲端環境容易發生故障和工作負載的擾動。在雲端環境中，一個小小的效能減少或輕微的故障可能導致嚴重的營運和經濟影響。在一次事件中，O2 的網路故障（英國領先的蜂巢式網路提供商）在三天內影響大約 700 萬的客戶。同樣地，因為在 BlackBerry 網路中的核心交換器發生故障，三天內導致數以百萬計的客戶無法連接 Internet 網路。還有在其他事件中，Bank of America 網站停運，影響大約 2,900 萬的客戶。另外 Virgin Blue 航空公司由於系統中硬體故障，導致損失約 $2,000 萬元。2013 年各大公司也面臨服務中斷，包括 Google、Facebook，Microsoft、Amazon、Yahoo、Bank of America 和 Motorola。

雲端市場正在迅速增長，而歐洲網絡與資訊安全局（European Network and Information Security Agency, ENISA）預估，大約 80% 的公家和私人組織在 2014 年將使用雲端。許多雲端服務提供商提供了每年 99.9% 的可用率。然而，99.9% 的可用率依然存在每年有 8.76 小時無法使用。對於任何使用雲端的組織，連續使用的可用性是極為重要的。此外，即使是很短的停機時間仍可能導致巨額收入損失。例如，USA Today 報導，在 200 位資料中心經理調查顯示，資料中心停機成本每小時超過 $50,000。在商業中預計將虧損近每一個小時 $108,000 美元。InformationWeek 報導，IT 故障導致每年損失約 $265 億元。

除了巨額的收入損失，服務停止也造成名譽損害和客戶流失。因此，雲端運算模式中的穩固性和故障恢復能力是最重要的。資料中心結構的穩固性和連接性主要是根據各種類型的故障，如隨機、目標性和網路的故障。在傳統資料中心架構中缺乏必要的穩固性來應付隨機和目標性的故障。單一的存取層交換器故障，會導致網路中無法連接至所有的伺服器。DCell 架構具有良好的連接和穩固性，可以應付多種類型的故障。然而，DCell 架構不能提供所需的 QoS 和在大型網路中網路負載大的環境下良好的執行效率。

通過整合、動態電力管理（睡眠／喚醒）、按比例計算技術，以節約電能，可能影響雲端的效能。Google 的報告指出，因為多了 500 毫秒的回應延遲，會導致收入損失大約 20%。同樣地，Amazon 的報告指出，因為額外 100 毫秒延遲，導致銷售減少 1%。在高頻率交易（High Frequency Trading, HFT）系統中，即使非常小的延遲，仍可能帶來巨額的財務損失。因此，有效節能技術絕不能損害系統的穩固性和可用性。啟動休眠和關閉電源時需要額外的時間。同樣地，增加處理器或網路連接也會導致額外的延遲和電力的影響。因此，必須要適當的量測以避免額外的延遲。動態電源管理、比例計算策略和整合策略必須有能力去處理工作量的激增。同樣地，以預測未來的工作負載和故障為基礎的技術也將有利於提高系統的穩固性。

13-4-2 雲端資料中心的電力

正如我們前面所說，電力成本是總體資料中心營運部分的主要費用。進一步細分能源消耗的部分，以穩定資料中心的熱動力學，如機房空調裝置、冷水機組和風扇。在一個典型的資料中心，每年冷卻的電力成本為 $400 萬元到 $800 萬元，包括採購成本和安裝機房空調。高運作溫度將會降低潛在計算裝置的可靠性。另外，在資料中心內不適當的空氣流動管理將會造成熱點，可能導致伺服器變慢，增加故障的可能。資料中心產業使用幾個策略來穩定熱的細微差別。我們可以大致將策略分為四個方面，如圖 13-4 所示：

1. 軟體驅動的熱能管理和溫度已知策略。
2. 資料中心設計策略。
3. 空氣流動管理策略。
4. 經濟效益。

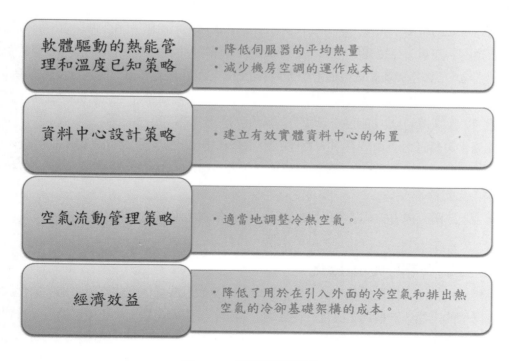

圖 13-4　熱能管理策略。

軟體驅動熱能管理策略主要集中在維持資料中心的熱平衡。此目標是降低伺服器的平均熱量，以減少機房空調的運作成本。這種策略採用各種方法來分配工作。例如，以基因演算法為基礎的工作分配，嘗試選擇一組可行的伺服器，來盡量減少分配工作時熱能的影響。整數線性規劃的方法主要目的是藉由工作排程來最小化熱點及和空間的溫度差異並滿足即時的期限，利用熱動力學的公式或熱資料為基礎的策略最佳化資料中心熱能的狀態。然而，不同的軟體驅動熱量策略產生不同的熱足跡，它取決於工作負荷處理的行為。

資料中心設計策略的目標是建立有效實體資料中心的布置，例如高架地板及冷熱通道。在一個典型的冷風資料中心，冷熱通道以機架的行列分離。該機房空調機組的送風機加壓，使得地板下充滿位於機架前面冷通道排氣孔的冷空氣。由伺服器排出的熱空氣就被排到熱通道。為了提高效率，資料中心管理者加入圍護系統，隔離冷熱通道以避免空氣混合。一開始，實體障礙，如乙烯塑料薄膜或有機玻璃蓋用於圍護。然而，今天的供應商提供了其他商業的選項，如通風系統結合多種的風扇設備避免空氣混合。

其他的資料中心設計策略包括如何放置冷卻設備。例如，以機櫃為基礎的策略是在機櫃裡包含封閉循環冷卻設備；以列為基礎的策略是將機房空調機組放到特定的機櫃列；以周長為基礎的策略，透過通風系統、管道或增濕器，使用一個或多個機房空調機組去支援冷空氣；而以屋頂為基礎的策略，則是使用中央空調處理來冷卻資料中心。一般情況下，設備放置的策略是根據實體房間的格局和建築物的基礎設施。

資料中心的冷卻系統是由下列的情況所影響，包括空氣流動、冷卻輸送到伺服器和移除伺服器的熱空氣。在這種情況下，空氣流動的管理策略將會被運用在資料中心適當地調整冷熱空氣。三種空氣流動策略通常如下：「開放」，也就是沒有布置任何空氣流動的管理；「部分圍護」，採用空氣流動管理的技術，但是沒有完全隔離冷熱空氣之間的流動（使用冷熱過道）；「圍護」，其中的熱空氣和冷空氣流動是完全隔離的。

經濟化策略降低了用於在引入外面的冷空氣和排出熱空氣的冷卻基礎架構的成本。Intel IT 部門進行了一項實驗，聲稱空氣節能對於一個 10-MW 的資料中心可能降低每年 $287 萬美元的營運成本。

結合上述所有提出的策略可以用來實現一個有效地熱感知資料中心的架構。

13-4-3 雲端資料中心虛擬化

利用一些技術，像是硬體平台、作業系統、儲存裝置或其他網路資源，來抽象化原來的實體結構的過程，被稱為虛擬化。在雲端資料中心，虛擬化是用來達成可擴展性和彈性的關鍵因素之一，並且有助於在雲端模式下發展應用程式，如圖 13-5 所示。

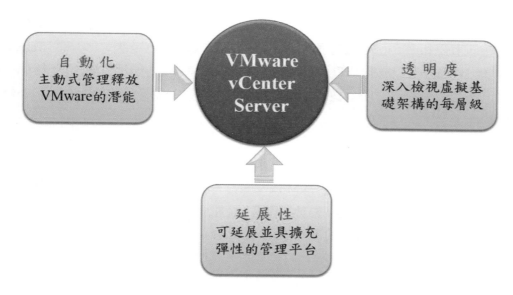

圖 13-5　雲端資料中心虛擬化的優點。

　　虛擬機監視器（Virtual Machine Manager, VMM），作為一個抽象層來控制所有的虛擬機的運作。在雲端環境中，每一個實體機器上可以執行多個虛擬機，從用戶的角度來看，每個虛擬機相當於是一個完整的主機。虛擬化技術可確保較高的資源使用率，而且可以在硬體、電力消耗和冷卻中大大的節省。目前有許多虛擬機的雲端管理平台可用，例如 Eucalyptus、OpenStack 和 Open Nebula。

　　現今，虛擬化的主要焦點是在伺服器上。然而，其他部分的虛擬化，像是儲存和網路，也漸漸受到重視。此外，虛擬化還用於其他領域：像是「應用程式虛擬化」，每一個用戶都有一個獨立的虛擬應用程式環境；「硬體層的虛擬化」，VMM 直接在硬體上執行，並控制和同步使用硬體資源；「作業系統層的虛擬化」，在相同的作業系統有多個實例平行執行；「完全虛擬化」，在 VMM 中的 I/O 設備分配給訪客機器透過模仿實體設備。

　　虛擬化每年的成長大約 42%。根據 Gartner 調查顯示，工作負荷虛擬化將從 2012 年的 60%，成長到 2014 年的 90% 左右，主要原因為：
1. 可擴展性和可用性。
2. 硬體整合。
3. 傳統應用程式在較新的硬體和作業系統中可以繼續運行。
4. 模擬硬體和硬體配置。
5. 負載平衡。
6. 容易管理任務，例如系統移植、備份和回復。
　　儘管虛擬化有許多的好處，但是對於資料中心中有效和適當管理，將會造成幾個嚴重的威脅和更多的挑戰。此外，網路服務在虛擬化環境中必須從實體機層延伸到較低的虛擬層。虛擬交換器和虛擬拓撲，對於資料中心網路拓撲帶來更多的複雜性。傳統的 ThreeTier 拓撲結構，例如，可以成長到四或五層，在各種雲端環境中這可能是次優也是不切實際。MAC 位址管理和虛擬機的擴展性是一個主要關注的議題，目的是避免在網路設備中 MAC 表超載。

具體而言，虛擬化技術面臨的一些關鍵挑戰，包括虛擬機跳躍（VM Hopping），攻擊者在一個虛擬機可以存取另一台虛擬機；虛擬機移動性（VM Mobility），或脆弱設定迅速蔓延，將危及安全；虛擬機多樣性（VM Diversity），當確保和維護虛擬機器的安全時，作業系統的範圍將會造成一些困難；繁瑣的管理，管理設定、網路和特定安全設定，是一項艱鉅的任務。雲端開始是以分散式運算（Grid 和 Cluster）和虛擬化技術為基礎。

雲端應用程式的重要性和複雜性日益增加，例如路由和虛擬機管理，需要提供的 QoS，導致正規化技術成熟。這種技術主要是提高軟體品質，顯示不完整、去除歧義，並藉由數學證明程式的正確性，而不是使用測試的例子。正規化方法已經非常普遍，因為 Intel 著名的 Pentium Bug，召回故障的晶片，導致了 $4.75 億元的損失。大多數知名的公司連接到資料中心，如 Microsoft、Google、IBM、AT & T 和 Intel 已經了解正規化方法的重要性，使用技術和工具以驗證各自的功能性和軟體和硬體的可靠性。

正如我們先前指出，錯誤和失算發生在大規模運算和緊要的系統，例如雲端和即時系統，將導致危險和昂貴的代價。New York Times 報導，2012 年 8 月，當 Knight Capital 集團在安裝新的交易軟體失控時，在 45 分鐘損失了 $4.4 億元。採用正規化方法可以確保系統的正確性、可靠性和穩固性，藉由嚴格的證明確保系統的安全性。

13-4-4 軟體定義的資料中心

軟體定義網路（Software-Defined Networking, SDN）是一種新興的以軟體為基礎的網路架構與技術，如圖 13-6 所示。最大的特色在於具有鬆散耦合的資料平面與控制平面、支援集中化的網路狀態控制，實現底層網路設施對上層應用的透明。資料平面是裝置中硬體的部分，用來傳送和接收網路封包，而控制平面是網路設備軟體的部分，決定資料封包如何被轉發。每個設備獨立執行控制平面管理和轉送規則；例如，使用通訊協定，同時路由表被分配給資料平面。SDN 提供了高度的靈活性、敏捷性和使用網路可程式化和自動化控制網路。SDN 市場預估在 2018 年將成長至 $350 億。各式的 SDN 框架如 Cisco ONE（Open Network Environment）和 OpenDaylight 提供 API、工具和協定，用於設定和建立中央控制可程式的網路。

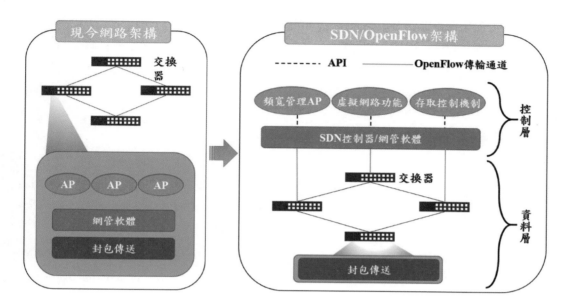

圖 13-6　傳統網路架構與 SDN 網路架構之差異。

　　以 SDN 為基礎的自動化資料中心網路可能解決資料中心的網路所面臨的各種挑戰，但這種技術仍然處於起步階段。此外，SDN 部署需要 OpenFlow（或其他 SDN 的通訊協議）協助網路設備運作，但傳統的網路設備並不支援這樣的通訊協定。此外，中央的 SDN 控制器會產生單點故障的問題和預防 SDN 平台惡意的濫用是主要的安全焦點。

　　在雲端資料中心，能源有效性、穩固性和可擴展性是其中所面臨最重要的議題。研究人員和產業界都在努力尋找所面臨挑戰的可行方案。現今混合型資料中心架構採用光和無線技術是最強的一個可行的解決方案。在以 SDN 為基礎的資料中心架構也正在考慮處理網路相關的各種問題，並提供高性能。但是混合型資料中心架構和以 SDN 為基礎的資料中心仍處於起步階段。因此，必須認真研究去克服新興技術的侷限性和缺點，提供所需的 QoS 和效率。

13-5 習題

1. 現今的雲端資料中心架構面臨哪些重大挑戰？
2. 光學網路面臨著哪些挑戰？
3. 請說明傳統三階層式結構的資料中心。
4. 請說明傳統資料中心的挑戰。
5. 請說明交換器為主和伺服器為主的資料中心架構。

6. 資料中心產業使用哪四個策略來穩定熱的細微差別？

7. 請說明雲端資料中心虛擬化的優點。

8. 虛擬化每年大幅的成長，主要的原因為何？

參考文獻

1. R. W. Ahmad, A. Gani, S. H. Ab. Hamid, M. Shiraz, A. Yousafzai, and F. Xia, "A Survey on Virtual Machine Migration and Server Consolidation Frameworks for Cloud Data Centers," *Journal of Network and Computer Applications*, Vol. 52, pp. 11-25, 2015.

2. M. F. Bari, R. Boutaba, R. Esteves, L. Z. Granville, M. Podlesny, M. G. Rabbani, Z. Qi, and M. F. Zhani, "Data Center Network Virtualization: A Survey," *IEEE Communications Surveys & Tutorials*, Vol. 15, No. 2, pp. 909-928, 2013.

3. A. Beloglazov, J. Abawajy, R. Buyya, "Energy-Aware Resource Allocation Heuristics for Efficient Management of Data Centers for Cloud Computing," *Future Generation Computer Systems*, Vol. 28, No. 5, pp. 755-768, 2012.

4. A. Beloglazov, R. Buyya, Y. C. Lee, and A. Zomaya, "A Taxonomy and Survey of Energy-Efficient Data Centers and Cloud Computing Systems," *Advances in Computers*, Vol. 82, pp. 47-111, 2011.

5. K. Bilal, S. U. Khan, L. Zhang, H. Li, K. Hayat, S. A. Madani, N. Min-Allah, L. Wang, D. Chen, M. Iqbal, C.-Z. Xu, and A. Y. Zomaya, "Quantitative Comparisons of the State-of-the-Art Data Center Architectures," *Concurrency and Computation: Practice and Experience*, Vol. 25, No. 12, pp. 1771-1783, 2013.

6. K. Bilal, S. U. Khan, and A. Y. Zomaya, "Green Data Center Networks: Challenges and Opportunities," *11th International Conference on Frontiers of Information Technology (FIT)*, 2013.

7. K. Bilal, S. U. R. Malik, O. Khalid, A. Hameed, E. Alvarez, V. Wijaysekara, R. Irfan, S. Shrestha, D. Dwivedy, M. Ali, U. S. Khan, A. Abbas, N. Jalil, and S. U. Khan, "A Taxonomy and Survey on Green Data Center Networks," *Future Generation Computer Systems*, Vol. 36, pp. 189-208, 2014.

8. K. Bilal, S. U. R. Malik, S. U. Khan, A. Y. Zomaya, "Trends and Challenges in Cloud Datacenters," *IEEE Cloud Computing*, Vol. 1, No. 1, pp. 10-20, 2014.

9. K. Bilal, M. Manzano, S. U. Khan, E. Calle, L. Keqin, and A. Y. Zomaya, "On the Characterization of the Structural Robustness of Data Center Networks," *IEEE Transactions on Cloud Computing*, Vol. 1, No. 1, pp. 64-77, 2013.

10. A. Hammadi and L. Mhamdi, "A Survey on Architectures and Energy Efficiency in Data Center

Networks," *Computer Communications*, Vol. 40, No. 1, pp. 1-21, 2014.

11. P. Goransson and C. Black, "Software Defined Networks: A Comprehensive Approach," *Morgan Kaufmann*, 2014.

12. G.-H. Liu, C. H.-P. Wen, L.-C. Wang, "D2ENDIST: Dynamic and Disjoint ENDIST-based Layer-2 Routing Algorithm for Cloud Datacenters," *IEEE Global Communications Conference (GLOBECOM)*, 2012.

13. H. Qi , M. Shiraz, J.-Y. Liu, A. Gani, Z. A. Rahman, and T. A. Altameem, "Data Center Network Architecture in Cloud Computing: Review, Taxonomy, and Open Research Issues," *Journal of Zhejiang University SCIENCE C*, Vol. 15, No. 9, pp. 776-793, 2014.

14. B. Wang, Z. Qi, R. Ma, H. Guan, and A. V. Vasilakos, "A Survey on Data Center Networking for Cloud Computing," *Computer Networks*, Vol. 91, pp. 528-547, 2015.

15. C. Wu and R. Buyya, "Cloud Data Centers and Cost Modeling," *Morgan Kaufmann*, 2015.

16. N. Xiong, W. Han, and A. Vandenberg, A. "Green Cloud Computing Schemes Based on Networks: a Survey," *IET Communications*, Vol. 6, No. 18, pp. 3294-3300, 2012.

第十四章　軟體定義網路

14-1 軟體定義網路的發展

隨著雲端與虛擬服務的問世，為了滿足多元且複雜的網路服務，現有網路交換器與路由器必須同時具備相當繁多的功能，傳統的網路交換器與路由器面臨這許多的挑戰。其一，就成本及效能面而言，致使網路設備運算需求及硬體成本提高，而繁複的運算亦導致網路傳輸效能低落。其二，在更新作業方面，將網路作業系統、網路管理、繞徑決策與處理集於單一交換器，亦無法即時根據需求彈性調整，每當企業欲更新傳輸設定或新增傳輸協定時，操作人員就必須將整個網路眾多的設備，逐一作更新與設定，這樣的更新程式，將耗費相當多的時間，造成維運時間與人力成本大幅提高。其三，針對網路管理者所需的彈性而言，由於受到網路硬體設備的作業系統侷限，管理者難以依照需求自由管理網路封包傳遞路徑，這樣的網路架構難以滿足雲端運算對硬體及網路進行虛擬化的基本需求。

為了提升網路效率，不論是企業、網路營運商、研究機構抑或是學術界，皆不斷的在探討、研究並提出新的網路技術與服務，以便因應多元化的需求。然而，新提出的網路技術無法快速的運行於現有的網路設備中，必須歷經標準化過程，且標準化後亦需等待設備製造商的韌體更新，從網路新技術的提出，至網路設備韌體的更新需等待數年時間，這樣的侷限，使得網路環境無法快速的更新與調整。因此，在面臨日趨複雜的網路環境、網路傳輸架構的改變、網路架構的客製化需求、雲端多元化服務的普及與巨量資料的處理需求、複雜的通訊協定、網路規模的侷限、設備商的依賴性等問題與挑戰下，現有網路架構已漸漸無法滿足企業、網路營運商、一般消費者的需求，為解決此迫切的問題，軟體定義網路（Software-Defined Networking, SDN）的觀念與技術應運而生。

因此，在 2006 年美國 Stanford 大學以 Nick McKeown 教授為首的研究團隊，提出了 OpenFlow 的概念，期望能夠以開放式的網路架構來提高網路效能並滿足彈性的使用需求，並提供更為精確的網路管理能力，在 2008 年，Nick McKeown 教授和其研究團隊進一步以 OpenFlow 的開放式網路架構為核心，提出「軟體定義網路（Software-Defined Networking, SDN）」的概念。

相較於傳統的網路架構，SDN 將網路設備中的控制層分離出來，移至獨立的控制器（Controller）中，如圖 14-1 所示，控制器負責所有的運算層面，運算完成後經由 OpenFlow 協定下達給網路設備，網路設備收到後便開始執行各封包的傳遞動作；以人體作比喻，大腦（控制器）負責所有的思考運算，運算完成後透過神經系統（OpenFlow）傳達給四肢（網路設備）執行動作。

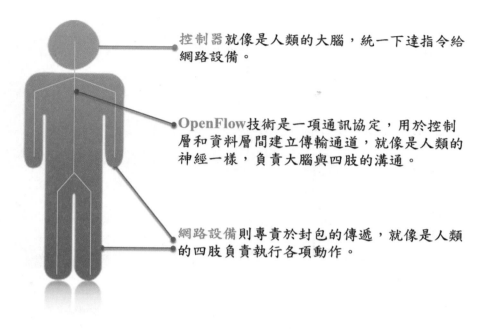

控制器就像是人類的大腦，統一下達指令給
網路設備。

OpenFlow技術是一項通訊協定，用於控制
層和資料層間建立傳輸通道，就像是人類的
神經一樣，負責大腦與四肢的溝通。

網路設備則專責於封包的傳遞，就像是人類
的四肢負責執行各項動作。

圖 14-1　SDN 網路概念。

因此，網路設備不再需要處理複雜的決策問題，只需負責資料的轉送，藉此改善硬體
處理的壓力，降低網路設備的複雜度與成本。此外，使用者透過控制器將可更具彈性地直
接對網路中所有的網路設備進行定義、控制、更新與設定，如此一來，控制功能不再侷限
於網路設備中，網路設備亦不再受限於只有設備商才能夠進行功能更新和定義，除減少對
網路設備商的依賴性外，亦能大幅降低管理複雜度並減少人為操作上的疏失。

14-1-1 SDN 架構

SDN 的分層架構中，如圖 14-2 所示，SDN 將網路架構簡化成控制層（Control Layer）
和基礎建設層（Infrastructure Layer）以及應用層（Application Layer），其中基礎建設層為
交換器（Switch）等硬體設施，控制層中的控制器（Controller）負責所有網路的管理權
限，應用層即為各應用程式的溝通介面。而不同設備間的溝通，目前已有許多協定正在制
定，如控制器與交換器之間的南向（Southbound）API 上，目前已有 OpenFlow、ForCES、
NetConf、IRS 等不同網路協定；而在控制器與應用層的北向（Northbound）API 上，目前
已有 RESTful、FMI、Procera、Frenetic 等協定，供資通訊人員開發更多 SDN 應用。除此
之外，控制器與控制器間的東／西向（Eastbound/Westbound）API 上，亦有 NOX、POX、
FloodLight 等協定當作溝通橋樑。

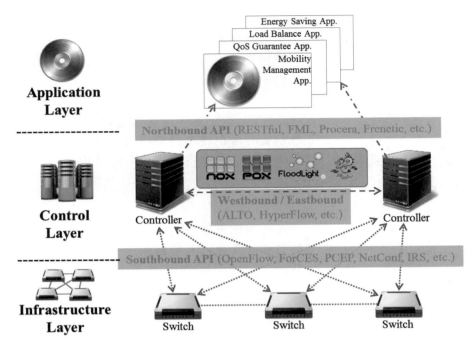

圖 14-2 SDN 網路架構。

為了使 SDN 相關協定能夠快速發展且被採納，目前已有許多國際組織持續進行推廣以及協定制定等工作，以下我們將針對 SDN 相關國際組織進行介紹。

14-1-2 SDN 相關國際組織

1. Open Networking Foundation（ONF）：ONF 為非營利組織，自 2011 年 3 月 21 日創立以來，致力推展以 OpenFlow 為 controller 的架構標準，截至目前為止已有 150 多個會員，其中包括了許多許多網路設備廠商、半導體廠商、計算機公司、軟體公司、電信服務提供商及大規模的數據中心營運商和企業用戶，因此採用 ONF 的 SDN 架構已有許多的供應商支援。

2. OpenDaylight：2013 年 4 月 8 日 Linux 基金會宣布成立 OpenDaylight Project，將目前各公司所開發的技術整合，以發展開放原始碼 SDN 框架，使不同廠商的產品能互相相容。成員包括 Cisco、VMware、Juniper Networks 與 Brocade 等 SDN 開發商，以及 IBM、HP、微軟、Dell、Intel、NEC、Airsta Networks 及 Alcatel-Lucent 等硬體設備供應商。此專案除了將發展 SDN Controller，提供 SDN 網路設備的集中控制組件外，也將發展應用程式及虛擬覆蓋網路軟體（Virtual Overlay Network Software）。雖然此專案由 Linux 基金會發起，但發展不會限制於 Linux 的軟體。

3. Network Functions Virtualization（NFV）：2012 年 10 月，AT&T、英國電信（BT）、德國電信、Orange、義大利電信、西班牙電信公司和 Verizon 聯合發起成立了網路功能虛擬化產業聯盟（Network Functions Virtualization, NFV），採用 SDN 的概念，將部分功能虛擬化，以減少電信網路對硬體的需求（降低成本），增加電信網路的敏捷性與新產品投入市場的速度。

14-1-3 SDN 正在快速發展

SDN 在 2008 年被提出之後，目前正在快速發展中，如圖 14-3 所示，依據研究機構 IDC 及 MarketsandMarkets 預測，SDN 的市場規模到了 2016 年則將成長至 20 至 37 億美元；研究機構 Plexxi 預測，SDN 的市場規模將於 2018 年則將成長至 350 億美元，由此可見，SDN 之技術將成為未來之趨勢，並且已受到相當廣泛之關注。

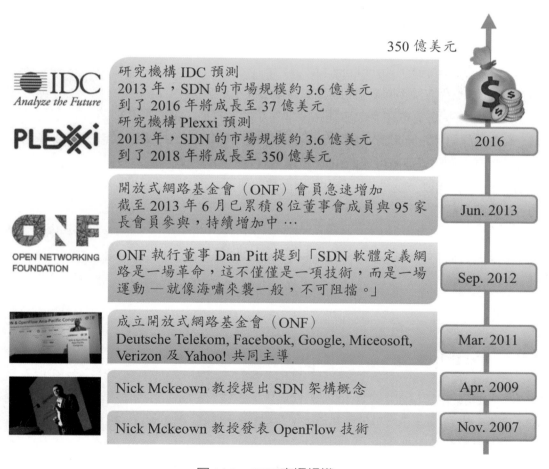

圖 14-3　SDN 市場規模。

以下我們將簡述 SDN 的發展歷程：

1. 2006 年美國 Stanford 大學由美國 GENI 專案資助的 Clean Slate 議題中，以 Nick McKeown 教授為首的研究團隊提出了 OpenFlow 的概念。

2. 2008 年，Nick McKeown 教授和其研究團隊進一步以 OpenFlow 的開放式網路架構為核心，提出「軟體定義網路（Software-Defined Networking, SDN）」的概念。

3. 2009 年，OpenFlow 發布了具有里程碑意義的 1.0 版本。

4. 2011 年 4 月，開放網路基金會 ONF 成立。

5. 2011 年 12 月，第一屆 Open Networking Summit 於北京召開。

6. 2012 年 4 月，ONF 發布了 SDN 白皮書（Software-Defined Networking：The New Norm for Networks）。

7. 2012 年 4 月，Google 宣布其主幹網路已全面使用 OpenFlow。

8. 2012 年 7 月，SDN 先驅公司 Nicira 以 12.6 億被 VMware 收購，SDN 從此走上市場。

9. 2012 年 10 月，網路功能虛擬化產業聯盟（Network Functions Virtualization, NFV）成立，目的是將 SDN 的理念引入電信業。

10. 2013 年 4 月，OpenDaylight Project 成立，整合目前各公司開發的技術，以發展開放原始碼的 SDN 框架，使不同廠商的產品能互相相容。

　　SDN 可直接透過軟體來改變網路架構與功能，打破了傳統網際網路以 IP 通訊的藩籬，為應用層與網路層開創了全新的溝通管道，讓網路能夠更加便利、自由且快速的控制管理。企業與網路營運商可透過 SDN 技術更有效率的運用網路基礎設備，進而降低在設備更新上的成本和維運的成本，全球網路服務龍頭 Google 亦於 2012 年初將內部資料中心的骨幹網路全面轉換成新一代的 SDN 網路架構，新的網路架構讓 Google 原本僅有 30%～40% 的網路頻寬使用率，大幅提升至 95%，意即 Google 在使用相同網路設備和線路的情況下，能夠負荷的網路流量提升了 3 倍。除此之外，Cisco、HP、Brocade、IBM、NEC、Microsoft、VMware、NTT、AT&T、eBay、HBO、CERN 等企業與研究機構亦大力投入 SDN 網路的相關研發。

14-2 OpenFlow

　　OpenFlow 協定目前是實現 SDN 架構最主流的技術，OpenFlow 技術將封包的傳輸路徑當作是一條 Flow，企業可依據其需求，在控制器軟體上（如 NOX、POX、FloodLight、Ryu 等）設定各項網路功能，並預先建立邏輯網路，藉此決定封包的傳輸方式（如分配多少網路頻寬、需經過哪些交換器等），再將傳輸方式設定成 OpenFlow 路由表（Flow Table）。接著在控制器和交換器之間利用 SSL 加密技術建立起安全的傳輸通道，控制器會將設定好的Flow Table透過此安全傳輸通道傳送給資料轉發層的網路設備來進行封包轉送。因為傳輸路徑已預先設定完成，交換器不需要再透過不斷學習來尋找封包傳送路徑，因此可大幅提升傳輸效率並且降低延遲時間。此外，由於企業僅需透過設備商提供的 OpenFlow 韌體進行更新，即可使現有網路設備支援 OpenFlow 技術，並進一步透過控制器軟體來進行網路設備的管控，因此，即使企業使用不同廠商的 OpenFlow 網路設備，皆可透過控制器直接對網路中所有的網路設備進行控制與設定，可藉此避免被單一網通廠商綁定的問題。

　　SDN 近年來已開始受到熱烈討論，為了使網路架構具有靈活性和擴展性以應付多元化的需求，將網路設備中的控制層分離出，由專有控制器負責控制層的決策，而網路設備則在控制器指示下進行資料轉發，以增進網路新技術和新協議的實現和實際部署的靈活性與操作性，此種管控模式也正是 SDN 的研究基礎。

　　為了實現控制層與資料轉送層分離架構，美國 Stanford 大學 Nick McKeown 教授為首的研究團隊於 2008 年發表了 OpenFlow 技術，OpenFlow 協定一開始以 Nicira 與 Big Switch 等公司推動發展，隨後更是吸引許多世界知名廠商加入開發與推廣，制定 OpenFlow 標準的 Open Networking Foundation（ONF）成員目前已涵蓋大部分的網路設備、運營商和互聯網等網路相關領域企業。

14-2-1 OpenFlow 架構

　　OpenFlow 基於開放原始碼制定相關的標準規範，其主要目的是將原本統一由交換器及路由器控制的網路路徑與封包傳輸功能區分開，轉而由 OpenFlow 交換器和控制器來分別完成。如圖 14-4 所示，OpenFlow 網路架構包含了三大要素：

1. 定義封包傳輸路徑的 OpenFlow 路由表（Flow Table）。
2. 決定網路封包流向的控制器（Controller）。
3. 控制器與 OpenFlow 交換器溝通用的 OpenFlow 協定（OpenFlow Protocol）。

　　OpenFlow 協定分離了資料路徑（Data Path）與控制路徑（Control Path）。資料轉送功能仍駐留在交換器中，但決策功能則轉移到 OpenFlow Controller。控制器與 OpenFlow 交換器之間需先建立秘密頻道（Secure Channel），並利用 SSL 加密技術，確保資訊傳送的安全，其協定定義了資料接收、資料轉送、更新 Flow Table、以及獲取狀態統計等功能。控制器建立的封包的處理邏輯，會建立成 Flow Table 並更新至 OpenFlow 交換器中，交換器依據資深的 Flow Table 即可快速將各類封包依據 Flow Table 決定其該採取的動作（如發送到特定通訊埠（Port）、丟棄、修改部分內容等），而當遇到未知封包時，交換器亦可將其壓縮後轉送至控制器進一步處理，因此，控制器能夠快速得知新類型封包，並建立新的封包處理邏輯，以快速因應未來此類未知封包的處理。OpenFlow 相較於現有的網路架構而言，能夠依照使用者的需求快速且彈性的定義網路服務，除了可解決現今網路架構的盲點，在控制器軟體上也提供 API 讓協力廠商使用者可依據企業政策及需求開發相關應用程式，如負載平衡、頻寬管理、QoS 保證、網路安全管理等。

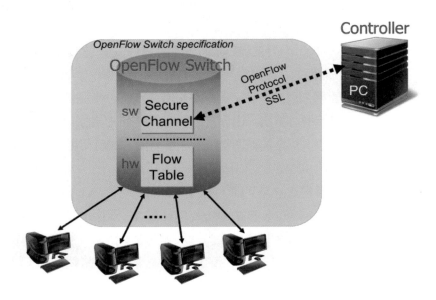

圖 14-4　OpenFlow 網路架構。

14-2-2 OpenFlow 協定運作

OpenFlow 定義了封包的配對過程。稱作 OpenFlow Pipeline，每個 Pipeline 都包含 1 個或多個 Flow Table，配對工作從 Pipeline 中的第一個 Flow Table 開始，然後按照 Pipeline 中 Flow Table 的序列依次進行，如圖 14-5 所示。如果一個封包在目前的 Flow Table 中找到配對的項目，那麼這個項目對應的指令集將會被執行。指令集會修改配對封包的 Action 集合，或者將封包的配對過程跳躍到 Pipeline 中後續某個指定的 Flow Table 中。當配對項目的指令不再進行跳躍時，表示封包的配對過程結束，這時候封包的 Action 集合裡面的所有 Action 將會執行。而 Action 操作通常會將封包傳送到某個指定的連結埠、改寫封包的封裝內容、或是直接丟棄封包等動作。如果封包在目前的 Flow Table 中沒有找到配對的項目，稱之為 Table Miss，對於 Table Miss 的處理取決於 Flow Table 的配置。預設情況下會將封包傳送至控制器進行後續處理或是直接丟棄封包，但也可指定將封包發送到 Pipeline 中下一個 Flow Table 繼續處理。

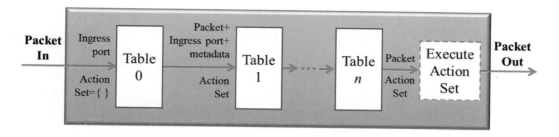

圖 14-5　OpenFlow 的封包匹配過程。

14-2-3 Flow Table

在 OpenFlow 協定中，無論是交換器或是路由器，其核心資訊都保存在 Flow Table 中，這些 Flow Table 可用來實現諸如轉送、防火牆、QoS、統計分析等各種功能。因此，Flow Table 是 OpenFlow 協定中相當重要的元件，以下我們將說明 Flow Table 中每個欄位所記錄的資料及其用途，以 OpenFlow 1.0 為例，在 OpenFlow 1.0 版中規範 Flow Table 內含多筆 Flow Entry，每筆 Flow Entry 包含 Header Fields、Counters 及 Actions 等三部分，結構如圖 14-6 所示。

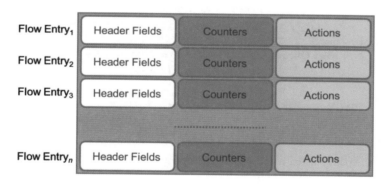

圖 14-6　OpenFlow 的 Flow Table 內容。

其中 Header Fields 主要是為了配對傳入之封包 Header Fields 之資訊，如圖 14-7 所示，主要包含 In Port、VLAN、Ethernet、IP、TCP 等資訊。

Ingress port	Ether source	Ether dst	Ether type	VLAN id	VLAN priority	IP src	IP dst	IP proto	IP ToS bits	TCP/ UDP src port	TCP/ UDP dst port

圖 14-7　Flow Table 中的 Header Fields。

而 Counters 則是主要在進行特定流量的數據統計，如接收封包數、封包大小、流程持續時間等資訊，如圖 14-8 所示，Counters 內包含了 Per Table、Per Flow、Per Port、Per Queue 等欄位。

	Counter	bits
Per Table	Active Entries	32
	Packet Lookups	64
	Packet Matches	64
Per Flow	Received Packets	64
	Received Bytes	64
	Duration (seconds)	32
	Duration (nanoseconds)	32
Per Port	Received Packets	64
	Transmitted Packets	64
	Received Bytes	64
	Transmitted Bytes	64
	Receive Drops	64
	Transmit Drops	64
	Receive Errors	64
	Transmit Errors	64
	Receive Frame Alignment Errors	64
	Receive Overrun Errors	64
	Receive CRC Errors	64
	Collisions	64
Per Queue	Transmit Packets	64
	Transmit Bytes	64
	Transmit Overrun Errors	64

圖 14-8　Flow Table 中的 Counters。

Actions 則是當配對滿足此項目時需要對該封包採取之動作，一個 Flow Entry 可以設定一個或多個 Actions，可以採取的動作包含 Forward、Enqueue、Drop、Modify-Field 等，各動作之說明如下：

1. Forward：將封包由交換器實體埠或 OpenFlow 定義的虛擬埠送出，如 All（將封包傳送到除 Incoming Port 之外的所有實體埠）、Controller（將封包以 OpenFlow 協定傳給控制器）等。

2. Enqueue：將封包放到某個實體埠的某個 Queue，再依 Queue 的排程來傳送封包。

3. Drop：將封包丟掉，此為預設的 Action。

4. Modify-Field：將封包內容經過修改後再傳送出去。

OpenFlow 規格在版本 1.1 之後新增 Group Table 並允許多個 Flow Table，而 Table 間採用 Pipeline 方式使其運作更具效率與彈性。在版本 1.2 之後開始支援第六代網際網路通訊協定（IPv6），也允許一個交換器可同時與多個控制器連線。以下我們針對不同版本之 OpenFlow 差異化進行整理。

OpenFlow 版本差異化：

1. 2009/12/31: OpenFlow 1.0 specification：與現有的商業化交換器晶片相容，是目前最廣泛使用的協議版本。

2. 2011/02/28: OpenFlow 1.1.0 specification：支援多級流程表，將流程表配對過程分爲多個步驟，以管線方式處理，如此可有效利用硬體內的多個流程表。增加了對於 VLAN 和 MPLS 標籤的處理，並且新增了 GROUP 表。

3. 2011/12/05: OpenFlow 1.2 specification：配對字串改採 TLV（Tag Length Value）結構定義，稱爲 OXM（OpenFlow Extensible Match），可靈活的增加自己的配對字串，同時也節省了流程表空間。可以使用多台控制器和一台交換器連接，以增加可靠性，且多個控制器可通過發訊息來交換自己的角色。並且支援 IPv6。

4. 2012/06/25: OpenFlow 1.3.0 specification：增加了 Meter 表，用以控制相關流程表的數據包傳輸速率。允許交換器和控制器根據自己的能力協商支援的 OpenFlow 版本。增加了輔助連接提高交換器的處理效率和實現應用的並行性。擴展 IPv6 Header 支援處理。

5. 2012/09/06: OpenFlow 1.3.1 specification：於 header 新增了 Hello Elements，一個新的 TLV 物件，標註發送者的最高支援 OpenFlow 版本。

6. 2013/08/05: OpenFlow 1.4.0 specification：增加了流程表同步機制，多個流程表可以共用相同的配對字串，且可以定義不同的相應動作。增加了 Bundle 消息，確保控制器發一組完整消息或同時向多個交換器發消息的狀態一致性。支援多個控制器相關的流程表監控。

14-3 軟體定義網路在資料中心的應用

SDN 可直接透過軟體來改變網路架構與功能，打破了傳統網際網路以 IP 通訊的藩籬，爲應用層與網路層開創了全新的溝通管道，讓網路能夠更加便利、自由且快速的控制管理，因此，企業與網路營運商就可以透過 SDN 技術更有效率的運用網路基礎設備，進而降低在設備更新上的成本和維運的成本，全球網路服務龍頭 Google 亦於 2012 年初，將內部資料中心的骨幹網路全面轉換成新一代的 SDN 網路架構，新的網路架構讓 Google 原本僅有 30%～40% 的網路頻寬使用率，大幅提升至 95%，意即 Google 在使用相同網路設備和線路的情況下，能夠負荷的網路流量提升了 3 倍。除此之外，Cisco、HP、Brocade、IBM、NEC、Microsoft、VMware、NTT、AT&T、eBay、HBO、CERN 等企業與研究機構亦大力投入 SDN 網路的相關研發。以下我們將針對軟體定義網路在資料中心的應用進一步介紹。

14-3-1 Google 骨幹網路

在 2007 年時，Google 產生的網路流量在全球網路流量的佔比僅約 1%，而在 2010 年時 Google 的網路流量佔比已將近 7%。面對網際網路的普及以及本身快速成長的頻寬需求，Google 首當其衝的需尋找能應付現今網路流量成長與訊務工程管理的解決方案。在了解中央訊務工程管理（Centralized Traffic Engineering），以及 SDN 網路的優勢後，Google 於 2010 年開始逐步更換現有網路硬體至 OpenFlow 架構。

Google 的廣域網路（WAN）系統由兩個主要骨幹（Backbone）網路組成，分別為面對一般使用者主要承載用戶流量的骨幹網路稱為 I-Scale，以及 Google 串聯各個資料中心（Data Center）用於內部傳輸的網路系統稱為 G-Scale。兩個主幹網路的需求與訊務的特性有極大的不同，Google 決定在 G-Scale 網路部署以 OpenFlow 為核心的 SDN 網路。

針對 G-scale 網路，Google 採用三階段實行 OpenFlow 網路架構，第一階段於 2010 年春季展開，將網路架構分兩批次轉換，逐次測試並升級至 OpenFlow 架構；至 2011 年中的第二階段，Google 啟動較為基礎的軟體定義網路（Software-Defined Networking），並引入更多網路流量測試新建的 OpenFlow 網路架構；至 2012 年上半年，Google 已將所有數據資料中心的骨幹網路依 OpenFlow 網路架設，同時將網路傳輸移轉為中央訊務工程管理來控制。外部的複製排程器（Copy Scheduler）也已能與 OpenFlow 控制器相互作用，並完成大型資料複製（Large Data Copies）的排程。

Google 採用 SDN 網路架構後，不曾再有封包遺失及效能衰減的問題，同時也保有簡單及高保真度的測試環境，可在軟體中模擬整個骨幹網路的運作，更能享有無中斷的軟體升級（Hitless Software Upgrade），大部分的軟體升級也無需涉及交換器硬體的更新。雖然現有運行時間仍太短無法量化轉換至 OpenFlow 系統的好處，但 Google 已感受到 OpenFlow 提升了整體網路環境的穩定性，同時也可預見 OpenFlow 更大幅優化網路傳輸的可能性，尤其在點對點的傳輸，能進行更有彈性的管理。Google 的升級已證實無論是 OpenFlow 或是 SDN 皆已能在現行企業網路環境下實行。OpenFlow 不僅能簡化網路管理，也將大量的功能部署變為可能。目前 Google 數據中心的 WAN 皆已成功的轉換至 OpenFlow 系統，不僅提升了網路的管理化程度，也進一步的降低現有成本。

14-3-2 Cisco: Open Network Environment (ONE)

自從 Google 於稍早提出該公司已開始透過軟體控管歐美等地的資料中心，讓 SDN 網路等議題再度受到市場重視。對此，Cisco 積極與產官學界合作推出對應的開放式網路環境（Open Network Environment, ONE）。透過 Cisco ONE，企業客戶除可完善整合應用編譯介面（Programmatic Device APIs）、代理控制器（Agents and Controllers）和網路虛擬化（Network Overlay Virtualization），亦可實現提高服務速度、資源優化以及加快新服務獲利等業務目標。Cisco 大中華區數據中心高級技術顧問馮志良指出，Cisco ONE 除補強了市場對軟體定義網路的認知，亦涵蓋了資料傳輸、管理和協調等解決方案。透過思科的開放式網路環境，企業客戶將可通過跨多層的智能網路機制，部署各種應用模型。更重要的是，Cisco ONE 適用於多種資訊系統部署方式。除學術單位可透過概念驗證控制器與 OpenFlow Agent 規劃學術網路的使用方式，擁有資料中心的業者，亦可透過應用程式 API，進行細緻的網路流量管理，雲端服務營運商，則可藉由 Cisco ONE 為不同種類的雲端租戶調配對應的資源，至於電信營運商則可透過該平台串接、優化商業服務模式。

14-3-3 HP: FlexNetwork

隨著許多企業紛紛轉移至雲端環境，即時應用程式存取與服務才能滿足客戶優質的消費經驗，因此，傳統網路架構開始面臨無法負荷的壓力。同時，企業資料中心也面臨傳統網路架構需要手動調整「device-by-device」組態設計與限制頻寬密集（Bandwidth-intensive）應用程式效能等複雜性所帶來的挑戰。HP 透過 SDN 資料中心交換器系列產品解決上述難題，推出使用 OpenFlow 技術的核心交換器 HP FlexFabric 12900，HP 推出的資料中心網路架構建立於 HP FlexNetwork Architecture 基礎架構上，協助企業提供客戶系統靈敏度與兩倍擴展性、減少75%的現存網路架構複雜度，更將需耗費數月的網路供應速度節省至數分鐘。

14-3-4 Huawei: LTEHaul

Huawei LTEHaul 解決方案從網路架構上跨越了各個層級，跨越了傳統 GSM/UMTS 的架構和帶寬的瓶頸，提出滿足 LTE/LTE-A 新技術（如 eMBMS、COMP、eICIC 等技術）對大頻寬、高品質的網路需求，大幅簡化網路管理和建置難度，節省 60% 的企業營運支出。

14-3-5 NEC: ProgrammableFlow

NEC ProgrammableFlow 網路套件是第一個商用 SDN 解決方案，在 2011 年推出，ProgrammableFlow SDN 自動化並簡化網路管理，並提供了可程式化的連接埠，ProgrammableFlow 網路套件提供了複雜網路的一個簡單的解決方案。可簡單、集中化和自動化網路控制，消除複雜的協議和操作過程，因此降低傳統網路容易因人工設定而出錯的可能性。此外，ProgrammableFlow 同時支援 OpenFlow 1.0 和 1.3 標準，並通過 ONF 認證。

14-4 軟體定義網路軟硬體平台

SDN 顛覆了傳統網路的運行模式，因此需標準化軟硬體平台，並通過層層的效能、擴充性與互通性的測試與考驗，才能加速推動 SDN 運轉，並確保其可靠度和穩定性。就產業鏈現況而言，已有許多廠商緊鑼密鼓進行軟硬體平台的發展，如圖 14-9 所示，可將其概略區分為 Service/ISP、Solution/Device Provider 與 Chip Provider 三大類，目前亦有許多企業以 SDN 為基礎發展其特有技術，使其產品能有更高的效能，以下我們將針對企業發展之 SDN 架構稍作介紹。

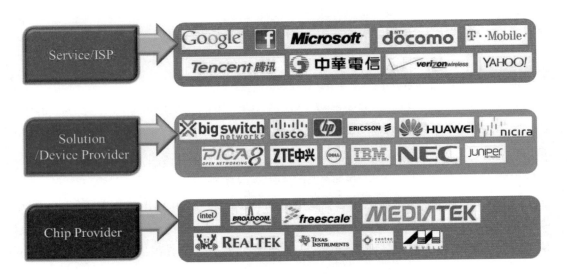

圖 14-9　SDN 產業鏈現況。

Cisco 在 SDN 的架構下提出與 OpenFlow 相抗衡的 Open Network Environment（ONE），以自製專屬架構維持其競爭優勢。HP 則以 SDN 概念為基礎，提出 Virtual Application Network（VAN）的技術，是一種端到端的企業 SDN 的解決方案，透過 HP FlexNetwork 架構，能以單一控制介面操作從基礎架構、控制軟體至應用層，協助企業及雲端業者將資料中心、園區、以及分公司網路的簡單性與靈活性極大化。NEC 利用 SDN 技術有效將 Carrier Network 虛擬化，以大幅度提升網路使用效率，並提出 ProgrammableFLOW SDN Controller 技術，有效動態管理管路資源，達到 End-to-End QoE。

14-4-1 產品發展

SDN 已經不再是紙上談兵的階段了，如圖 14-10 所示，目前已經有許多廠商紛紛推出具 SDN 功能的 SDN Switch 與 SDN Controller，以下我們將針對指標型大企業推出的 SDN 產品稍作介紹。

		產品	網路虛擬化作法	SDN應用程式開發
	HP	已推出Switch與Controller	VAN架構搭配IRF技術，可將多個實體網路設備虛擬成一台邏輯裝置	雲端管理、網路安全服務、負載平衡等功能
	IBM	已推出Switch與Controller	DOVE技術，可在Hypervisor上模擬出實體網路，方便網管人員直接透過軟體進行網路的設定以及服務的部署	
	VMware	NVP平台支援OpenFlow技術的Controller	NVP平台可以管理主機與實體網路之間的網路抽象層，可利用VXLAN協定進行虛擬機器之搬移	
	Cisco	已推出Switch與Controller	支援VXLAN及NVGRE技術	開放網管功能之API，並提供開發套件工具one Platform Kit
	Juniper	已推出Switch與Controller	使用JunosV App Engine將Mobile Control Gateway虛擬化	
	Xinguard	已推出Switch與Controller	集成其實體OpenFlow Switch的OVS，能與Open Stack Hypervisor的OVS虛擬交換機協同作業	

圖 14-10　SDN 產品發展現況。

1. HP：推出 HP FlexFabric 12900 與 HP FlexFabric 11908 交換器系列產品，提供效能卓越的自動化功能，以及頻寬密集應用程式的可擴充性，此 SDN 交換器可應付強化對極複雜、高度資料消耗的應用程式，此系列產品內建多連結透通互連（Transparent Interconnection of Lots of Links, TRILL）協定，以管理頻寬雜訊（Bandwidth Spikes），並藉此提升連結埠能處理的資料量。而為了簡化網路部署，並提高網路彈性，HP 亦推出 HP HSR 6800 路由器系列產品，HP HSR 6800 系列產品整合路由系統、防火牆、網路，與同型解決方案相較，將超過五倍效能整合於 HP HSR 6800 Router Series 中，可提供上千人網路服務。

2. IBM：目前已著手設計支援 OpenFlow 技術的產品及網路虛擬化技術這兩個部分，推出 RackSwitch G8264 交換器，RackSwitch G8264 交換器搭配 NEC 的控制器，目前亦有兩個廠商實際採用 IBM 與 NEC 的 SDN 解決方案，分別是提供光纖網路服務的 Tervela 及提供資料分析的 Selerity。IBM 也推出 SDN 控制器產品 PNC（Programmable Network Controller），PNC 除了下達指令給網路設備之外，還可建立和網路設備間安全的傳輸通道。IBM 的網路虛擬化協定名為 DOVE（Distributed Overlay Virtual Ethernet），目前正向網際網路工程任務組（Internet Engineering Task Force, IETF）提出標準化的申請。這項技術可在 Hypervisor 上模擬實體網路，網管人員可直接透過軟體來進行網路設定及服務的部署。

3. VMware：推出的 NVP（Network Virtualization Platform）原為網路虛擬化公司 Nicira 自行開發之 OpenFlow 控制器及 SDN 產品解決方案，VMware 於 2012 年 7 月以 12.6 億美元高價收購 Nicira，Niciria 原本在 SDN 市場就聲名遠播，Rackspace、AT&T、eBay、NTT 皆為 Nicira 之客戶。NVP 透過管理自行改良設計之開放原始碼虛擬交換器（Open vSwitch, OVS），將虛擬網路架構於實體網路之上，網路管理人員從 NVP 提供的網頁式管理介面，就可直接對 NVP 控制器下達指令，並自行建構虛擬網路。NVP 可管理上萬個虛擬網路及網路節點，並相容於支援 OpenFlow 技術的網路設備。VMware 亦預計將 NVP 整合於 VMware NSX 產品線中，NSX 並整合了 vCloud 網路、安全性等產品線，未來可透過 NSX 在資料中心的實體網路上架構網路虛擬層，提升網路組態的自動化，並加速新應用系統的部署速度。此網路虛擬層也能新增程式介面，以便第三方應用和服務的加入。

4. Cisco：於 2012 年 6 月宣布推出思科開放式網路環境（Cisco Open Network Environment, Cisco ONE），Cisco 開放式網路環境提供平台應用程式介面、代理程式和控制器，針對應用程式介面部分，Cisco 為程式開發人員推出一平台工具套裝（One Platform Kit-onePK），讓開發人員可使用自己所熟悉的程式語言來開發符合企業需求的 SDN 應用，onePK 並支援 Cisco 不同的操作系統包括：Cisco IOS、IOS-XR 和 NX-OS，預計階段性支援之硬體平台包括 ASR、ISR G2、CRS、Catalyst 及 Nexus 交換器，而在 2013 上半年，onePK 已為 Nexus 3000、ISR G2 和 ASR 1000 平台提供支援。Cisco SDN 控制器也已於 2013 上半年推出，Cisco ONE 軟體控制器提供了一個高度可用且具擴充的架構，包含 onePK 和 OpenFlow 的多協定介面：一致的管理、故障排除和安全特性，以及內建的應用程式等。這些應用套裝程式含網路劃分功能，可支援對網路資源進行邏輯分區。除此之外，Cisco ONE 控制器還將與 Custom Forwarding 和 Network Tapping 等 Cisco 網路應用程式進行交流。

5. Juniper：發表了兩款電信商專用的 SDN 新產品，Services Activation Director 軟體以及 Mobile Control Gateway 軟體版本，也就是 Virtual MCG。Juniper 亦提出實現 SDN 架構的 4 個步驟與 SDN 軟體授權方案 Juniper Software Advantage，Juniper 也將依循這 4 步驟發表 SDN 產品，持續擴展 Juniper 的 SDN 產品。這 4 個步驟首先是建立集中管理的平台，整合網路管理、分析與配置的功能，讓網管人員透過這個平台可直接對所有網路設備下指令；其次是將網路設備上的功能抽取出來，安裝在 x86 伺服器上，透過虛擬機器靈活的提供更多的服務。接著，透過集中化的控制器，利用控制器向網路設備下達指令，將不同的網路或是服務串接，形成 SDN 服務鏈，能快速根據企業需求調整網路架構；最後則是優化解決方案所使用到的網路設備，以提供更好的服務。

14-4-2 SDN Controller

　　SDN 修改了傳統網路架構的控制模式，將網路分爲控制層與資料層，將網路的管理權限交由控制層的 SDN 控制器（SDN Controller）軟體負責，採用集中控管的方式。控制器軟體就像是人類的大腦，統一下達指令給網路設備，這能讓網管人員更靈活也更彈性地配置網路資源，日後網管人員只需在控制器上下達指令就可以進行自動化的設定，無需逐一登入網路設備進行各別的設定，節省人力成本也降低了人爲部署發生疏失的可能性。由此可見 SDN 控制器軟體是 SDN 中相當重要的環節，如圖 14-11 所示，目前已有許多 SDN 控制器軟體正在發展中，以下我們將針對目前較成熟的 SDN 控制器軟體稍作介紹。

		開發語言	系統平台	開發團隊	主要特點
	NOX	Python/C++	Linux	Nicira	最早實現的 SDN Controller
	Maestro	Java	Win/Mac/Linux	Rice	跨平台、易於開發及建置，支援多執行緒運作，功能豐富，且可新增應用程式進行擴充
	Beacon	Java	Win/Mac/Linux	Stanford	跨平台、易於開發及建置，採用模組化設計，支援多執行緒運作
	Floodlight	Java	Win/Mac/Linux	Big Switch	跨平台、以 Beacon 爲基礎進行開發，由 Open Source 社群進行維護與更新，遵循 Apache 開放原始碼之規範，適合推廣
	SNAC	Python/C++	Linux	Nicira	以 NOX 爲基礎進行開發，具備可擴展性，且操作介面簡易
	Trema	Ruby/C++	Linux	NEC	提供開發者豐富的 API，讓開發者能夠輕鬆建構屬於自己的 Controller 平台，並且可以自行開發的功能模組，測試工具豐富
	RouteFlow	C++	Linux	CPqD (Brazil)	以 NOX 爲基礎進行開發，採用 Quagga 設備進行虛擬化，實現了虛擬網路環境
	Onix	Python/C++/Java	Linux	Nicira	利用分散式系統實現 Control Plane，適合大規模的網路模擬與建置

圖 14-11　常見的 SDN Controller。

1. NOX：是第一款出現的 OpenFlow Controller，利用 C++ 開發，目前僅支援到 OpenFlow Protocol 1.0 的 API，目前暫時沒有再繼續開發，名稱改爲 NOX-Classic，開發者似乎把精力都投往 POX 上做開發，它提供快速異步 IO 且針對 Linux 來開發。

2. Beacon：是一種快速，跨平台（支援 Linux 和 Android 平台）且模組化，基於 Java 的 OpenFlow，同時支援基於事件和線程操作控制器。由 Stanford 大學來開發。

3. FloodLight：FloodLight 是一個 Apache 相容且基於 Java 的 OpenFlow 控制器，FloodLight 的架構以及 API 可與大型交換網路的網路控制器共享。

4. SNAC：SNAC 是 Nicira Networks 基於 NOX 開發的一款企業級控制器，它提供了靈活的策略定義語言、策略管理器管理網路，有著較為友善的使用者操作界面。

5. Trema：Trema 是一個開放原始碼的的 OpenFlow 控制器，主要推動者為 NEC，並使用它作為其商業 ProgrammableFlow 控制器的基礎，使用戶能夠自行開發並在個人電腦上進行測試。

14-4-3 SDN Simulator

如果想要開發 SDN Controller 或是 SDN 應用程式，驗證程式的效能、穩定性、正確性是相當重要的，為了在實際建置前能夠驗證程式的效能，就需要用到 SDN Simulator，如圖 14-12 所示，目前已存在許多 SDN Simulator，以下我們將針對目前較著名的 SDN Simulator 稍作介紹。

		Openflow version	Programming language	Routing mechanism
./ STS	STS		Python	
FlowScale	FlowScale	1.0	Java	
nice-of	NICE-OF		Python	
OFTest	OFTest	1.0 / 1.1 / 1.2	Python	
MIRAGE OS	Mirage		C / Javascript / Ocaml	
Wakame	Wakame		Ruby	
NS-3	NS3	0.8 / 0.9	C++ / Python	AODV/DSDV/ DSR/OLSR
Mininet	MiniNet	1.0	Python	ARP and DHCP
NuvolaNet	NuvolaNet			
EstiNet	EstiNet	1.0 / 1.1		AODV/DSR/ DSDV

圖 14-12　常見的 SDN Simulator。

1. NS-3：NS-3 是一個新的模擬器，可以使用 C++ 或 Python 語言編寫。NS-3 並不包含目前所有 NS-2 的功能，但它具有正確的多網卡處理、IP 尋址策略的使用、更詳細的 802.11 模塊等多項新特性。

2. Mininet：Mininet 是一個可以透過一些虛擬終端機、路由器、交換器等連接創建虛擬網路拓樸的平台，因此可以輕易的在自己的個人電腦中創作支援 SDN 的區域網路，在裡面創造出虛擬的 Host 並以眞實電腦般發送封包，且可以使用 SSH（Secure Shell）登錄虛擬 Host 中操作，也提供 Python API，方便多人協作開發。

3. FlowScale：FlowScale 是一個項目來劃分和分配流量在多個物理交換機端口。FlowScale 複製在負載均衡設備的功能，但使用的是架頂式（TOR）交換機將流量分配。

14-5 實務範例——Mininet

在這一節中，我們將以 Mininet 軟體爲例，來舉例說明 SDN 的許多操作模擬實作的結果。Mininet 是一套利用 Linux 系統開發之 OpenFlow 模擬器，它能夠創建極具眞實之 SDN 虛擬網路，除了能夠使用現有設備去模擬 SDN 網路環境外，亦具有相當完整的命令列介面（Commend-Line Interface）及應用介面（Application Programming Interface），另外亦可加入自行設計之應用程式。Mininet 使用虛擬化概念，建造了一個相近於完整網路的單一系統，執行相同的核心、系統以及使用者編碼，在 Mininet 中模擬的主機就像一台眞實機器，使用者可以執行任何程式，執行的程式會像眞正利用 Ethernet 送出封包一樣，且可以自行定義其連線速度以及延遲時間，封包的處理與眞實的 Ethernet 的路由器、交換器極爲相似，如圖 14-13。除此之外，Mininet 亦具備以下優點：

1. 運行速度快，只需花費幾秒鐘即能開始執行簡易的 SDN 網路。
2. 高度彈性的調整，可依使用者需求建立客製化的網路拓撲。

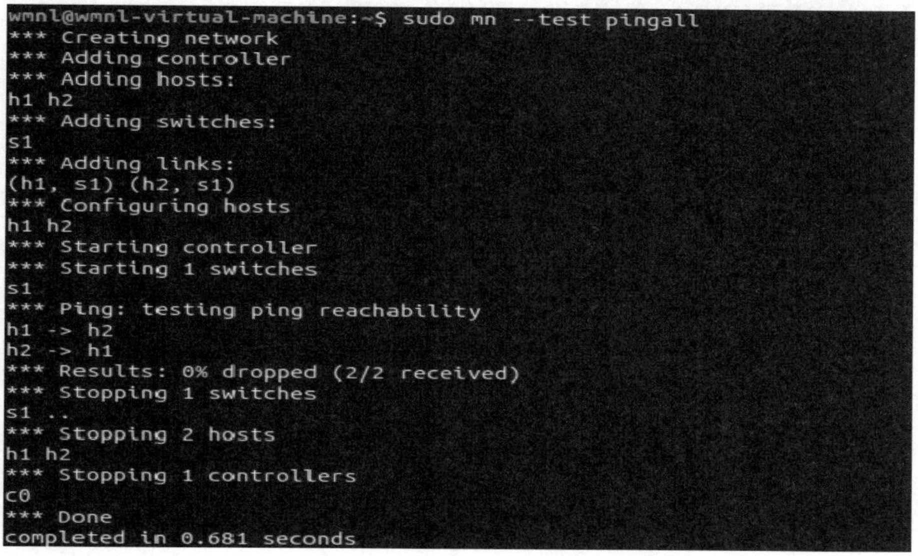

```
wmnl@wmnl-virtual-machine:~$ sudo mn --test pingall
*** Creating network
*** Adding controller
*** Adding hosts:
h1 h2
*** Adding switches:
s1
*** Adding links:
(h1, s1) (h2, s1)
*** Configuring hosts
h1 h2
*** Starting controller
*** Starting 1 switches
s1
*** Ping: testing ping reachability
h1 -> h2
h2 -> h1
*** Results: 0% dropped (2/2 received)
*** Stopping 1 switches
s1 ..
*** Stopping 2 hosts
h1 h2
*** Stopping 1 controllers
c0
*** Done
completed in 0.681 seconds
```

圖 14-13 Mininet 模擬平台執行畫面。

3. 可執行真正的程式，任何可以在 Linux 系統中運作的程式皆能直接執行，如 Wireshark。

4. 可自行定義封包的轉發，Mininet 模擬的交換器可以使用 OpenFlow 的協定，在 Mininet 上執行的客製化 SDN 設計可輕鬆移植到使用 OpenFlow 協定的交換器上。

5. 開放原始碼，使用者可以透過官方網站取得其原始碼，並且依據自行需求進行改寫、更新或擴充。

綜合上述，Mininet 除了可根據使用者需求設定節點數量、網路拓樸結構、連線品質等參數外，亦可單一控制 OpenFlow 節點，並監控其狀態。以下我們將先說明如何安裝 Mininet，接著再針對 Mininet 常用的 API 稍作介紹。

14-5-1 Mininet 安裝

由於 Mininet 只能在 Linux 作業系統上運行，故 Windows 使用者可安裝 Virtual Machine 去模擬 Linux 作業系統來執行。以下為 Mininet 安裝流程：

1. 下載並安裝 git 軟體：透過「sudo apt-get install git」指令即可完成。

2. 輸入後所取得的回應。

3. 透過 git 下載 Mininet：透過「git clone git://github.com/mininet/mininet」指令。

4. 輸入後所取得的回應。

5. 開始安裝 Mininet：透過「mininet/util/install.sh-a」指令，此過程約需 5～10 分鐘。

6. 輸入後所取得的回應。

7. 測試安裝的 Mininet：透過「sudo mn --test pingall」指令，可看出此基本網路中包含兩個
虛擬 Host（h1 及 h2），另外亦有一個 Switch（s1）及一個 Controller（c0）。

當測試完畢時，亦表示 Mininet 已經安裝成功了！以下我們將針對 Mininet 的簡易操作指令做一介紹：

1. 使用 nodes 指令可查看現有的節點，使用 net 指令可以看到各個連結資訊。

```
*** Starting CLI:
mininet> nodes
available nodes are:
c0 h1 h2 s1
mininet> net
h1 h1-eth0:s1-eth1
h2 h2-eth0:s1-eth2
s1 lo:  s1-eth1:h1-eth0 s1-eth2:h2-eth0
c0
mininet>
```

2. 使用 dump 指令則可查看各個節點的資訊。

```
c0
mininet> dump
<Host h1: h1-eth0:10.0.0.1 pid=4657>
<Host h2: h2-eth0:10.0.0.2 pid=4661>
<OVSSwitch s1: lo:127.0.0.1,s1-eth1:None,s1-eth2:None pid=4666>
<Controller c0: 127.0.0.1:6633 pid=4649>
mininet>
```

3. 透過「h1 ping -c 1 h2」可以產生 1 筆 host h1 ping host h2 的封包。

```
<Controller c0: 127.0.0.1:6633 pid=4649>
mininet> h1 ping -c 1 h2
PING 10.0.0.2 (10.0.0.2) 56(84) bytes of data.
64 bytes from 10.0.0.2: icmp_seq=1 ttl=64 time=4.86 ms

--- 10.0.0.2 ping statistics ---
1 packets transmitted, 1 received, 0% packet loss, time 0ms
rtt min/avg/max/mdev = 4.862/4.862/4.862/0.000 ms
mininet>
```

4. 亦可透過「h2 ping -c 10 h1」產生 10 筆 host h2 ping host h1 的封包。

```
rtt min/avg/max/mdev = 4.862/4.862/4.862/0.000 ms
mininet> h2 ping -c 10 h1
PING 10.0.0.1 (10.0.0.1) 56(84) bytes of data.
64 bytes from 10.0.0.1: icmp_seq=1 ttl=64 time=2.77 ms
64 bytes from 10.0.0.1: icmp_seq=2 ttl=64 time=0.630 ms
64 bytes from 10.0.0.1: icmp_seq=3 ttl=64 time=0.124 ms
64 bytes from 10.0.0.1: icmp_seq=4 ttl=64 time=0.100 ms
64 bytes from 10.0.0.1: icmp_seq=5 ttl=64 time=0.106 ms
64 bytes from 10.0.0.1: icmp_seq=6 ttl=64 time=0.108 ms
64 bytes from 10.0.0.1: icmp_seq=7 ttl=64 time=0.426 ms
64 bytes from 10.0.0.1: icmp_seq=8 ttl=64 time=0.102 ms
64 bytes from 10.0.0.1: icmp_seq=9 ttl=64 time=0.077 ms
64 bytes from 10.0.0.1: icmp_seq=10 ttl=64 time=0.093 ms

--- 10.0.0.1 ping statistics ---
10 packets transmitted, 10 received, 0% packet loss, time 9000ms
rtt min/avg/max/mdev = 0.077/0.454/2.775/0.793 ms
mininet>
```

5. 透過「xterm h1 h2」指令可以開啓 host h1 及 host h2 的命令視窗。

host h1 命令視窗   host h2 命令視窗

6. 可直接在 h2 的命令視窗透過「ping」指令，讓 host h2 ping host h1。

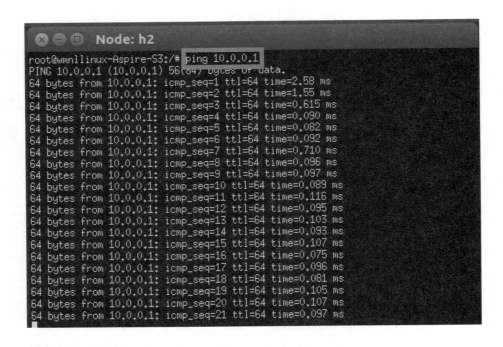

7. 可透過「Wireshark」觀察封包的轉發。

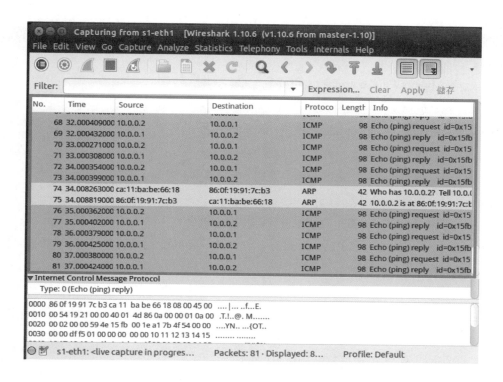

14-5-2 Mininet 常用 API

以下，我們列出許多在 Mininet 中常用的 API 函數。

1. mininet.cli.CLI：網路連線的基本指令，例如可以使所有主機之間作連線動作（do_pingall）或者是將最一開始的兩個主機做相互連線（do_pingpair）等等，是一些和節點（Node）溝通簡單的 CLI（Command-line interface）。

2. mininet.node.Controller：此 API 包含對 Controller 的指令動作，例如啟動或停止 Controller 的運作，此 API 也提供了回傳 Controller IP 的功能。

3. mininet.node.CPULimitedHost：模擬 CPU 運算能力有限的主機，其提供許多功能可以設定參數，以使得主機可以達到特殊的需求。

4. mininet.node.Host：模擬 SDN 網路中的一般主機，其主機亦可稱為節點（Node）。

5. mininet.node.Node：提供許多基本節點（Node）會使用到的功能，例如啟動、停止、寫入檔案，對其下指令等等，更進階的指令還有設定其 MAC Address、IP。

6. mininet.link.Intf：可以自己配置 Interface 的連線對象。

7. mininet.topo.LinearTopo：可設置一線性拓樸之網路。

8. mininet.link.Link：可定義節點之間的連線參數。

9. mininet.net.Mininet：可針對 MiniNet 所模擬的虛擬主機進行設定。

10. mininet.log.MininetLogger：可以開啓一個事件紀錄器，紀錄異常訊息，也可以自行設定異常訊息級別。

11. mininet.net.MininetWithControlNet：可建立一個控制網路。

12. mininet.topo.MultiGraph：追蹤網路之拓樸狀況，即節點及其連結邊。

13. mininet.node.NOX：於 Controller 運行 NOX 的應用程式。

14. mininet.node.OVSController：開啓 vSwitch 的控制器。

15. mininet.node.OVSLegacyKernelSwitch：使用 ovs-opflowd 的 kernel 開啓 vSwitch。

16. mininet.node.OVSSwitch：開啓 vSwitch 的 switch。

17. mininet.node.RemoteController：從遠端控制網路的開關。

18. mininet.topo.SingleSwitchReversedTopo：設定 switch 能夠連接之主機上限並可設定 reversed ports。

19. mininet.topo.SingleSwitchTopo：設定 switch 與主機連線之網路拓樸。

20. mininet.link.TCIntf：爲一網路流量控制工具，可控制單一線路之流量並能夠依據需求設定其頻寬限制，如封包延遲、遺失及最大化佇列長度等參數。

21. mininet.link.TCLink：設定具有對稱流量控制的連結。

22. mininet.topo.Topo：可設置與結合不同的網路拓樸。

23. mininet.topolib.TreeTopo：可設定樹狀拓樸的深度及最末端節點數量。

24. mininet.node.UserSwitch：可建立與設定單一 User switch 節點之相關功能與參數。

14-6 習題

1. 傳統的網路交換器和路由器面臨哪些挑戰？

2. SDN 的分層架構中，SDN 將網路架構簡化成哪三層？各層主要的負責工作爲何？

3. 請說明 SDN 相關的國際組織和主要的工作內容。

4. 請簡述 SDN 的發展歷程。

5. 請問 OpenFlow 網路架構包含了哪三大要素？

6. 請說明 OpenFlow 的 Flow Table 欄位和運作的方式。

7. 請說明 SDN 在資料中心的應用。

8. 請說明現今 SDN 產品的發展現況。

9. 請介紹一些常見的 SDN Controller。

10. 請介紹一些常見的 SDN Simulator。

11.請說明 Mininet 的優點。

📖 參考文獻

1. M. Abolhasan, J. Lipman, W. Ni, and B. Hagelstein, "Software-Defined Wireless Networking: Centralized, Distributed, or Hybrid?," *IEEE Network*, Vol. 29, No. 4, pp. 32-38, 2015.

2. I. F. Akyildiz, A. Lee, P. Wang, M. Luo, and W. Chou, "A Roadmap for Traffic Engineering in SDN-OpenFlow Networks," *Computer Networks*, Vol. 71, pp. 1-30, 2014.

3. I. Alsmadi and D. Xu, "Security of Software Defined Networks: A Survey," *Computers & Security*, Vol. 53, pp. 79-108, 2015.

4. M. Arslan, K. Sundaresan, and S. Rangarajan, "Software-Defined Networking in Cellular Radio Access Networks: Potential and Challenges," *IEEE Communications Magazine*, Vol. 53, No. 1, pp. 150-156, 2015.

5. B. N. Astuto, M. Mendonca, X. N. Nguyen, K. Obraczka, and T. Turletti, "A Survey of Software-Defined Networking: Past, Present, and Future of Programmable Networks," *IEEE Communications Surveys and Tutorials*, Vol. 16, No. 3, pp.1617-1634, 2014.

6. C. J. Bernardos, A. De La Oliva, P. Serrano, A. Banchs, L. M. Contreras, H. Jin, and J. C. Zúniga, "An Architecture for Software Defined Wireless Networking," *IEEE Wireless Communications*, Vol. 21, No. 3, pp. 52-61, 2014.

7. A. Bradai, K. Singh, T. Ahmed, and T. Rasheed, "Cellular Software Defined Networking: A Framework," *IEEE Communications Magazine*, Vol. 53, No. 6, pp. 36-43, 2015.

8. B. Cao, F. He, Y. Li, C. Wang, and W. Lang, "Software Defined Virtual Wireless Network: Framework and Challenges," *IEEE Network*, Vol. 29, No. 4, pp. 6-12, 2015.

9. T. Chen, M. Matinmikko, X. Chen, X. Zhou, and P. Ahokangas, "Software Defined Mobile Networks: Concept, Survey, and Research Directions," *IEEE Communications Magazine*, Vol. 53, No. 11, pp. 126-133, 2015.

10.M. Dabbagh, B. Hamdaoui, M. Guizani, and A. Rayes, "Software-Defined Networking Security: Pros and Cons," *IEEE Communications Magazine*, Vol. 53, No. 6, pp. 73-79, 2015.

11.H. Farhady, H. Y. Lee, and A. Nakao, "Software-Defined Networking: A Survey," *Computer Networks*, Vol. 81, pp. 79-95, 2015.

12.P. Goransson, "Software Defined Networks: A Comprehensive Approach," *Morgan Kaufmann*, 2014.

13. F. Granelli, A.A. Gebremariam, M. Usman, F. Cugini, V. Stamati, V., M. Alitska, and P. Chatzimisios, "Software Defined and Virtualized Wireless Cccess in Future Wireless Networks: Scenarios and Standards," *IEEE Communications Magazine*, Vol. 53, No. 6, pp. 26-34, 2015.

14. A. Hakiri, P. Berthou, A. Gokhale, and S. Abdellatif, "Publish/Subscribe-Enabled Software Defined Networking for Efficient and Scalable IoT Communications," *IEEE Communications Magazine*, Vol. 53, No. 9, pp. 48-54, 2015.

15. A. Hakiri, A. Gokhale, P. Berthou, D. C. Schmidt, and T. Gayraud, "Software-Defined Networking: Challenges and Research Opportunities for Future Internet," *Computer Networks*, Vol. 75, Part A, pp. 453-471, 2014.

16. F. Hu, Q. Hao, and K. Bao, "A Survey on Software-Defined Network and OpenFlow: From Concept to Implementation," *IEEE Communications Surveys & Tutorials*, Vol. 16, No. 4, pp. 2181-2206, 2014.

17. S. Jain, A. Kumar, S. Mandal, J. Ong, L. Poutievski, A. Singh, S. Venkata, J. Wanderer, J. Zhou, M. Zhu, J. Zolla, U. Hölzle, S. Stuart, and A. Vahdat, "B4: Experience with A Globally-Deployed Software Defined WAN," *ACM SIGCOMM Computer Communication Review*, Vol. 43, No. 4, pp. 3-14, 2013.

18. R. Jain and S. Paul, "Network Virtualization and Software Defined Networking for Cloud Computing: A Survey," *IEEE Communications Magazine*, Vol. 51, No. 11, pp. 24-31, 2013.

19. Y. Jararweh, M. Al-Ayyoub, A. Darabseh, E. Benkhelifa, M. Vouk, and A. Rindos, "Software Defined Cloud: Survey, System and Evaluation," *Future Generation Computer Systems*, In Press.

20. Y. Jarraya, T. Madi, and M. Debbabi, "A Survey and A Layered Taxonomy of Software-Defined Networking," *IEEE Communications Surveys & Tutorials*, Vol. 16, No. 4, pp. 1955-1980, 2014.

21. M. Jammal, T. Singh, A. Shami, R. Asal, and Y. Li, "Software Defined Networking: State of the Art and Research Challenges," *Computer Networks*, Vol. 72, pp. 74-98, 2014.

22. M. Kobayashi, S. Seetharaman, G. Parulkar, G. Appenzeller, J. Little, J. van Reijendam, P. Weissmann, and N. McKeown, "Maturing of OpenFlow and Software-defined Networking Through Deployments," *Computer Networks*, Vol. 61, pp. 151-175, 2014.

23. D. Kreutz, F.M.V. Ramos, P. Esteves Verissimo, C. Esteve Rothenberg, S. Azodolmolky, and S. Uhlig, "Software-Defined Networking: A Comprehensive Survey," *Proceedings of the IEEE*, Vol. 103, No. 1, pp. 14-76, 2015.

24. S.-C. Lin, P. Wang, and M. Luo, "Control Traffic Balancing in Software Defined Networks," *Computer Networks*, In Press.

25. Y.-D. Lin, D. Pitt, D. Hausheer, E. Johnson, and Y.-B. Lin, "Software-Defined Networking:

Standardization for Cloud Computing's Second Wave," *IEEE Computer*, Vol. 47, No. 11, pp. 19-21, 2014.

26. T. Luo, H.-P. Tan, T.Q.S. Quek, "Sensor OpenFlow: Enabling Software-Defined Wireless Sensor Networks," *IEEE Communications Letters*, Vol. 16, No. 11, pp. 1896-1899, 2012.

27. D. F Macedo, D. Guedes, L. F. M. Vieira, M. A. M. Vieira, M. Nogueira, "Programmable Networks—From Software-Defined Radio to Software-Defined Networking," *IEEE Communications Surveys & Tutorials*, Vol. 17, No. 2, pp. 1102-1125, 2015.

28. D. Mcdysan, "Software Defined Networking Opportunities for Transport," *IEEE Communications Magazine*, Vol. 51, No. 3, pp. 28-31, 2013.

29. N. McKeown, T. Anderson, H. Balakrishnan, G. Parulkar, L. Peterson, J. Rexford, S. Shenker, and J. Turner, "OpenFlow: Enabling Innovation in Campus Networks," *ACM SIGCOMM Computer Communication Review*, Vol. 38, No. 2, pp. 69-74, 2008.

30. D. Meyer, "The Software-Defined-Networking Research Group," *IEEE Internet Computing*, Vol. 17, No. 6, pp. 84-87, 2013.

31. T. D. Nadeau and K. Gray, "SDN: Software Defined Networks," *O'Reilly Media*, 2013.

32. B. A. A. Nunes, M. A. S. Santos, B. T. de Oliveira, C. B. Margi, K. Obraczka, and T. Turletti, "Software-Defined-Networking-Enabled Capacity Sharing in User-Centric Networks," *IEEE Communications Magazine*, Vol. 52, No. 9, pp. 28-36, 2014.

33. Open Networking Foundation, "Software-Defined Networking: The New Norm for Networks," *ONF White paper*, 2012.

34. Open Networking Foundation. http://www.opennetworking.org/

35. A. Sallahi and M St-Hilaire, "Optimal Model for the Controller Placement Problem in Software Defined Networks," *IEEE Communications Letters*, Vol. 19, No. 1, pp. 30-33, 2015.

36. S. Sezer, S. Scott-Hayward, P. K. Chouhan, B. Fraser, D. Lake, J. Finnegan, N. Viljoen, M. Miller, and N. Rao, "Are We Ready for SDN? Implementation Challenges for Software-Defined Networks," *IEEE Communications Magazine*, Vol. 51, No. 7, pp. 36-43, 2013.

37. A. S. da Silvaa, P. Smith, A. Mauthe, and A. Schaeffer-Filho, "Resilience Support in Software-Defined Networking: A Survey," *Computer Networks*, Vol. 92, pp. 189-207, 2015.

38. Z. Su, Q. Xu, H. Zhu, and Y. Wang, "A Novel Design for Content Delivery Over Software Defined Mobile Social Networks," *IEEE Network*, Vol. 29, No. 4, pp. 62-67, 2015.

39. B. Wang, Z. Qi, R. Ma, H. Guan, and A. V. Vasilakos, "A Survey on Data Center Networking for Cloud Computing," *Computer Networks*, Vol. 91, pp. 528-547, 2015.

40. J. Wickboldt, W. De Jesus, P. Isolani, C. Both, J. Rochol, and L. Granville, "Software-Defined

Networking: Management Requirements and Challenges," *IEEE Communications Magazine*, Vol. 53, No. 1, pp. 278-285, 2015.

41. T. Wood, K. K. Ramakrishnan, J. Hwang; G. Liu, and W. Zhang, "Toward A Software-Based Network: Integrating Software Defined Networking and Network Function Virtualization," *IEEE Network*, Vol. 29, No. 3, pp. 36-41, 2015.

42. W. Xia, Y. Wen, C. H. Foh, D. Niyato, and H. Xie, "A Survey on Software-Defined Networking," *IEEE Communications Surveys & Tutorials*, Vol. 17, No. 1, pp. 27-51, 2015.

43. J. Xie, D. Guo, Z. Hu, T. Qu, and P. Lv, "Control Plane of Software Defined Networks: A Survey," *Computer Communications*, Vol. 67, pp. 1-10, 2015.

第十五章　雲端運算與物聯網

15-1 雲端運算與物聯網

15-1-1 物聯網的定義

隨著科技的日益發展，在食、衣、住、行、育、樂各方面充滿了許多已植入嵌入式晶片的 3C 電子產品，提升了人們生活中的便利性與即時性，也因此，物聯網的概念因應出現。物聯網的概念起源於比爾蓋茲 1995 年《未來之路》一書，只是當時受限於無線網路、硬體及感測器的發展，因此並未引起重視。但隨著技術不斷進步，國際電信聯盟於 2005 年正式提出物聯網概念，而在 2009 年奧巴馬就職演講中對 IBM 提出的「智慧地球」響應後，物聯網再次引起各界廣泛的關注。究竟什麼是物聯網呢？維基百科對於物聯網的定義如下：

物聯網（Internet of Things）指的是將無處不在（Ubiquitous）的末端設備和設施，透過介面與無線網路相連，從而給物體賦予「智能」，實現人與物體間的溝通與對話，它亦可實現物體與物體互相間的溝通和對話，而這種將各個物體連接起來的網路我們將它稱為「物聯網」。

物體的智能化將透過嵌入各式微型感測晶片、通訊晶片，譬如：無線射頻辨識（RFID）、感測器（Sensor）、WiFi 晶片或藍牙（Bluetooth）等，使得物體能夠感測與搜集環境資料或知道緊急事件的發生，並藉助無線通訊晶片連結上網或連結手機，使物體或物體能彼此溝通，並透過網際網路對人們回報狀態或接受遠端的指令而進行運作。如圖 15-1 所示，現今的人們每日花了許多的時間在數位世界中，例如在 Facebook 發表文章、上 Google 搜尋、到購物網站消費等，但我們究竟是生活在實體的世界中，每日仍需面對面的接觸或使用許多設備，這些設備或物體，可以是無生命的設備，也可以是有生命的寵物，若它們能上網，那麼其狀態更容易讓人們透過網路來掌控，甚至可在緊急事件發生時，透過遠端的操作來改變其狀態。物聯網實現人和物體對話、人和人對話以及物體和物體之間交流，使人們生活中所接觸的物體可以變得更有智慧，能夠自動回報狀態、自動與物溝通、自動與人溝通、更易與人互動以及更聰明地被人類使用。

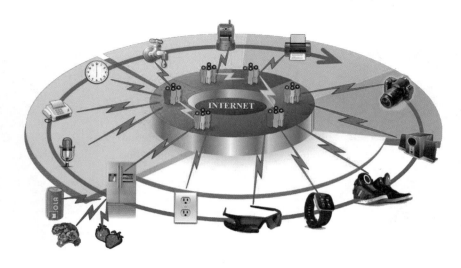

圖 15-1　物聯網的重要性。

15-1-2 雲端運算與物聯網的關係

　　若要使物聯網物體所搜集的資料，得到充分的利用與價值，則需透過「雲端運算」對資訊進行有效的儲存、管理、計算、分析、傳輸及運用。IBM 負責物聯網技術研發領導工作的王雲則指出，要讓物聯網發揮真正價值，其實是對上傳網路後的資料進行分析，並將分析所得結果加以運用，這些資料情報的運算和分析必須仰賴後端強大系統，也就是雲端運算，否則，必將出現資料氾濫進而難以運用的問題。

　　一般常見的感測器多半只用來記錄資訊，但是若進一步形成物聯網時，各種感測器搜集到的資料，大多需要送到後端系統分析處理，感測器越多，長時間累積下來，搜集到的資料非常龐大，分析難度也很高，甚至有些感測器所搜集到的資料，是非結構性的資料，如視訊設備所收集的圖片、影像等，資料的處理難度更高。因此，最大的挑戰是在處理這些龐大又複雜的大數據，而這些大數據涵蓋範圍：電子商務、物流活動、交通活動、購物生活、穿戴裝置、社群網路等。如圖 15-2 所示，透過物聯網所搜集到的巨量資料將彙集成一大數據，這些資料包含：汽車行車記錄器的影像與 GPS 座標、家庭高精度功率計（智慧插座）的電量與時間數據、電腦上傳與下載的各式資料以及穿戴式設備所收集的個人運動與健康資訊等等，而這些巨量資料將再透過雲端運算，進行資料分析、資料探勘、資料萃取與資料整合等，才能夠從最原始的數據資料挖掘出最大的價值，進而提供個人、群體、企業及政府決策之參考與自動化服務之運行規劃。

圖 15-2　雲端運算與物聯網的關係。

　　大數據的預測是未來物聯網應用的最重要技術之一，物聯網的成熟會帶動巨量資料的分析挑戰。以美國太空總署 NASA 的經驗為例，NASA 大量運用衛星監測地面上的事件，單是過去所搜集到的資料，就需要 10 年的時間建立分析模型，再加上另外 10 年的時間才能分析出結果。挑戰不只如此，未來資料量不僅會增加，資料性質也會是流動性較高的，反應要非常即時，所要求的資料分析能力，甚至比現在的金融業與電信業純交易為主的應用更高。為了處理這些巨量的原始資料，「雲端運算」將成為物聯網大規模應用的關鍵技術。

15-1-3 從物聯網架構看雲端

　　根據歐洲電信標準協會（European Telecommunications Standards Institute, ETSI）之定義，如圖 15-3 所示，物聯網可依照不同的工作內容劃分為感知層、網路層及應用層。以下我們將分別透過感知層、網路層及應用層來看雲端。

1. 感知層

　　雲端主要是由雲和端所構成，雲的部分將各式的儲存設備、計算設備及記憶設備虛擬化，讓使用者感覺不出資源的設置及可能與眾人共享，對使用者而言，雲所提供的就是使用者期望獲得的服務。而使用者在享受雲服務的同時，通常所使用的設備就是屬於端的部分了。這些為數眾多的物體及設備，每日與使用者接觸並被使用，其若連結上網路而成為物聯網中的智慧物件，便可將其狀態、使用者的使用行為（時間、地點及動作），透過網路上傳，因此，這些大量的資料便可透過雲端的 IaaS 層所提供的服務，來進行儲存與管理，同時，也可透過雲中的 PaaS 這一層所提供的平台功能，對資料進行分析及計算，最後，再透過雲中的 SaaS 所提供的應用服務，透過使用者所使用的載具，回饋給使用者。

　　上述談及的物聯網物體及設備，對物聯網的架構而言，是屬於感知層。物聯網的「感知層」為物聯網三層架構中的第一層，將實體物件嵌入各式感測元件，使其實體物件智慧化，進而能夠對環境進行監控與感知。而這些被嵌入在實體物件中的感測元件，包含：溫度、濕度、壓力、接觸、亮度、三軸加速度、紅外線等感測器，透過這些感測元件，實體物件便具有感知環境變化或進行區域監控任務之能力。此外，除了感測器外，針對實體物件嵌入具辨識能力的技術而言，最常見的是 RFID 技術，將 RFID 的標籤嵌入至實體物件中，周遭設備便能夠得知該實體物件的身分、位置與相關狀態，並將這些重要的資訊傳送至雲端作進一步的資料管理與分析。

2. 網路層

　　「網路層」為物聯網的第二層，可看作為感知層與應用層之間的溝通橋梁，用以將智慧物件所收集到的數據資料，透過雲端進行儲存及有效管理與運算，由於物聯網感測器所收集的資料不僅量大，且通常需要即時分析，因此，在這一層中，大數據的分析技術扮演很重要的角色。更進一步的資料分析、資料探勘、與資料整合，最後才將整合過的有效資訊，傳遞至各種應用中。

　　在網路層中，通常雲端系統應該在 PaaS 這一層的服務支援良好的開發平台，例如提供工程式良好的程式開發環境、雲端 API 或 SDK 等函數供程式師可以快速的開發應用程式，並透過良好的分散式管理，提供應用層使用者存取資料時具有快速且方便的服務。為使智慧物件具備聯網功能，智慧物件將會被嵌入具無線通訊能力之元件，使其能透過無線通訊元件將即時環境資訊傳遞至使用者，進而實現人與物的對話、物與物的交流。常見的無線通訊技術，包含：ZigBee、藍牙、Wi-Fi、3G、4G 等，使用者可透過這些無線通訊技術，亦或是有線通訊技術與智慧物件隨時掌握該物體的狀態或對該物體進行遠端操控。而這些由智慧物件所搜集而得的巨量資料，透過雲端運算進行資料分析、資料探勘與資料整合，轉化為人們所需要的加值服務。

3. 應用層

　　「應用層」為物聯網的第三層，可以看作是結合「感知」與「聯網」技術的體現，使得人們可以在任何時間、地點和狀態，透過任一種聯網技術，即時進行對週遭或遠端之智慧物件的資料存取與互動，進而延伸出與該智慧物件相關的應用服務。不同智慧物件與實際場景的相互配合，可造就出變化多端的應用方式，譬如：實體世界的血壓計及血糖機可自動感應人體的生理機能，並自動將讀數傳送至雲端；實體世界的家電產品可將每小時的電量消耗、冰箱內的食物庫存、冷氣的開關狀態等傳送至雲端，並可由人們透過遠端加以操控其行為；實體世界的車子可將行車記錄器的影像、空氣品質與道路坑洞等資訊傳送至雲端以分享他人等，這些透過感知與物件聯網、雲端科技及語言與語意交換與分析的技術，可將實體世界中眾多的物體聯結成一巨大的物聯網，提供諸如智慧生活、綠色建築、智慧車載、智慧物流、智慧學習、智慧醫療與健康照護、智慧節能等多個領域的應用服務。

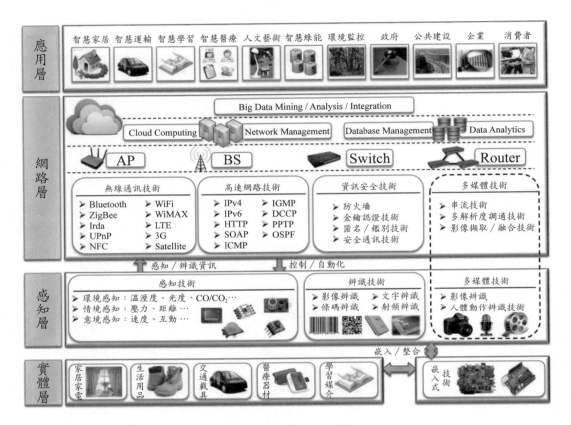

圖 15-3 物聯網的架構。

15-1-4 物聯雲提供的服務模式

物聯網的應用本身，就是以「雲」的方式存在，提供巨量的資料以供個人、企業或國家加以分析與運用，最後形成具有價值之服務，而從這個意義上來說，物聯網也是雲端運算、雲端服務的一個重要範疇。雲端運算明確定義了三種服務模式，分別是基礎設施即服務（IaaS）、平台即服務（PaaS）及軟體即服務（SaaS），而依照此分類方式，以下我們將詳細介紹物聯雲提供的的服務。

物聯雲所能夠提供的基礎設施即服務，如儲存設備、記憶設備及運算設備，將以虛擬化的方式，透過網際網路提供不同使用者最彈性的租用。就提供者的角度而言，提供者須先購置大量且多面相之硬體設備，包含：各式感測器、硬碟儲存設備、記憶體設備及 CPU 計算設備等，其中各式感測器或嵌入感測器之各式物件很有可能已事先被佈建在特定的區域或裝置中，提供者接著進一步將這些智慧物件整合並建置成一大型物聯雲電腦，然後依照使用者之需求，將物聯雲電腦之智慧物件資源分割一部分，最後以虛擬物聯雲電腦的概念，透過網路提供使用者使用。

　　就使用者的角度而言，使用者可將基礎設施即服務視為向業者租賃物聯雲的感測、儲存、記憶或計算設備，但與實體物聯雲不一樣的是，這個虛擬物聯雲可以依照自身的需求訂做，譬如：使用者需求某一佈建在監控區域中溫度感測器 300 顆，其中溫度感測器的精準度需要至小數點兩位，再加上，用以分析該監控區域溫度的電腦配備，需具有在 2 天內能夠分析完數百萬筆溫度數據的能力。如日後發現不合用，使用者也可以依照實際需求變更相關虛擬配備，相較於實體智慧物件與設備的購買，更能顯示物聯雲之基礎設施即服務的及時性與彈性。

　　物聯雲所能夠提供的平台即服務，即是提供者在物聯雲提供一個應用程式開發平台，程式開發者可以在該平台上進行程式開發或運作各種應用程式，而開發後的應用程式可移植在各式智慧物件中，使智慧物件與智慧物件之間，亦或是與人之間能夠彼此溝通與協調，進而形成各式不同應用功能之智慧系統，諸如：智慧生活、綠色建築、智慧車載、智慧物流、智慧學習、智慧醫療與健康照護、智慧節能等多個領域的應用系統。程式開發者可在該開發平台進行程式開發與設計，至於平台的更新與維護則完全由程式開發平台提供者處理。

　　程式開發者在物聯雲所提供的開發平台進行智慧系統應用程式開發，而所開發出的智慧系統應用程式，透過物聯雲所提供的軟體即服務，使用者可由網路直接使用這些智慧系統應用程式，此外，透過這些智慧系統應用程式，使用者可以直覺且視覺化地操作週遭或是遠端之智慧物件，實現即時人機互動之目的。

　　物聯網中的智慧物件所搜集到的資料，將送到雲端系統加以分析與處理，而隨著智慧物件越多，長時間累積下來，搜集到的資料非常龐大，分析難度也很高，再加上，如蒐集到的資料為非結構性資料時，譬如：圖片或影像等，則資料的處理難度將更高。為了處理這些非結構且大量的資料，亦即大數據，雲端運算勢必為物聯網大規模應用的關鍵技術，甚至有些物聯網的學者將雲端運算視為物聯網架構的必要一環，介於應用層和網路層中間的獨立一層。這是因為，未來，物聯網涵蓋的領域將不斷擴大至整個產業鏈，甚至橫跨不同產業，屆時物聯網要擴大規模，就非得藉助雲端運算技術不可，包括資料分析、資料探勘、資料萃取與資料整合等，才能延伸出更深入且多面相的應用，進而將這些應用轉變為隨取隨用的服務。

15-2 智慧生活雲

15-2-1 智慧生活雲簡介

「智慧生活」顧名思義就是希望透過物聯網及雲端運算技術的應用，使我們的生活方式能夠更加便捷與智慧。隨著網路及科技發展的精進，在物聯網與雲端運算的應用已和人類生活密不可分，為此各國積極發展智慧生活產業，在產業發展趨勢下，將運用資通訊技術及生活的體驗，創造產業成長之新動能，達成以民眾需求為核心之舒適、便利、安心、永續的智慧生活環境，同時促成資通訊產業邁向「硬體＋服務＋內容」的發展體系，以使用者為中心來提升服務涵量。

欲達到智慧生活的境界，家庭網路的順暢及異質網路的相容為其重要的一環，它能夠使多樣化的設備和機器相互構成一異質但彼此容易相互溝通的網路。例如：手機、個人電腦、筆記型電腦、電視機、音箱、燈具、智慧插頭等。在家電之間的溝通方面，有三個必須特別注意地方：首先，由於家電之間傳輸的資料量並不大，所以用較低的傳輸速率能夠有較好的接收品質。再者，考量無線傳輸技術時，亦需將家電設備移動性較小的特性納入考量。最後，一般而言，住家的家電數量不少，所以在建構智慧生活的環境時，也應該將電力的消耗也考量進去，避免能源的浪費。

15-2-2 智慧生活雲架構

智慧生活雲的架構可依照不同工作內容劃分為感知層、網路層及應用層。以下我們將詳細介紹感知層、網路層及應用層的內容。

就智慧生活雲之感知層而言，在我們的生活周遭，其實已經有許多的實體物件被嵌入各式感測元件，使其更具智慧化，進而能夠對生活環境進行監控與感知。例如，冰箱內有溫度感測器、冷氣機與除濕機均有濕度感測器、電燈有紅外線感測器等。有些感測器已融入了設備，並使用在現今的生活中，諸如：在家中廁所電燈嵌入紅外線感測器，其可自動化辨別廁所是否有人使用，藉以調控電燈開關及風扇運轉，節省電量；在社區電梯樓層操作板嵌入 RFID 讀寫器，住戶可直接以 RFID Tag 進行感應，以自動化辨別並指定住戶居住樓層，提升社區管理之安全性；在校園花圃灑水器嵌入溫溼度感應器，感知土壤溫度與濕度，以調節灑水器之水量與運行時間等，這些均是智慧生活中的智慧物件在感知層所常見的技術。

就智慧生活雲之網路層而言，人們在生活周遭所可能使用的智慧物件，必須具備聯網能力，才能將環境感知資訊或監控情況即時反映給使用者，亦或是反映給其他智慧物件，以實現人與物的對話及物與物的交流。此外，透過各式有線或無線聯網技術，使用者亦能遠端即時操控不在身旁的智慧物件，不受限於時間、地點及擬操控的事物，以享受智慧生活雲所帶來的即時性與便利性。

在智慧生活雲的應用中，網路層最常見的便是智慧家庭的應用，例如：於家中廚房旁安裝紅外線感測器，以及瓦斯爐上嵌入溫度感測器，當溫度感測器感知到瓦斯爐未關閉，且紅外線感測器感知到廚房沒有人時，將透過 ZigBee 無線通訊技術傳遞至負責收集感測器訊號的智慧生活閘道器，若閘道器持續一段預設時間接收到紅外線感測器所發送的無人訊號，則判斷有火災發生的可能，因此，除了自動關閉斯爐外，亦將進一步透過各式無線網路技術 Wi-Fi、3G、藍牙或 4G，亦或是有線網路，發送緊急訊息告知使用者。除此之外，隨著應用在智慧生活的智慧物件數量與種類增加，大量且雜亂的感知訊息將更難即時處理，因此在網路層中，亦包含了對這些原始資料進行分析與整理的工作，透過雲端運算進一步的資料分析、資料探勘、與資料整合，最後才將整合過的有效資訊，傳遞給使用者。

在體現上述感知層與網路層的工作後，生活智慧物件將具備感知與聯網能力，能將環境資訊與監控情況，透過無線或有線聯網技術，傳遞至使用者，實現智慧物件自動回報狀態、遠端接受命令、更易與人互動與更聰明被人類使用之目的。隨著生活智慧物件多元性的提升，不同的實際場景搭配不同的生活智慧物件將造就出變化多端的生活應用，例如：嵌入壓力感測器的床墊可用來評估使用者翻身的次數與睡眠狀況，嵌入聲音感測器的床頭櫃可用來評估使用者的打呼聲響程度與呼吸頻率，這兩個感測器讀出的數據資料，再經過雲端運算的資料分析、探勘、萃取與整合，將能夠判斷使用者的睡眠品質。物聯網體現在生活方面的應用種類繁多，常見的包含智慧客廳、智慧廚房及智慧臥室等多個領域的智慧生活雲應用。

15-2-3 智慧生活雲提供的服務模式

智慧生活雲提供了許多的生活應用服務，依據不同的服務面向，智慧生活雲所提供的應用服務可劃分為三種服務模式，分別是基礎設施即服務（IaaS）、平台即服務（PaaS）及軟體即服務（SaaS），以下我們將詳細介紹此三種模式之服務。

就智慧生活雲所提供之基礎設施即服務而言，即是將雲端的設備，以虛擬化的方式來進行管理，透過網際網路提供給使用者租用，使用者亦可依據自身需求，決定這些虛擬化的設備種類、數量、效能等。生活中，在基礎設施即服務的應用案例有很多，諸如：向雲端 IaaS 層租用硬碟以儲存照片及資料、租用網路以形成頻寬滿足個人需要的虛擬網路，我們以最普及之「電腦」為例：使用者可向提供基礎設施即服務之廠商提出租賃電腦之需求，並告知相關電腦配備之需求，諸如記憶體大小、CPU 計算速度、硬碟大小與數量、顯示卡能力等相關電腦配備，而廠商將會依照使用者之需求，切割自身所維持之實體電腦的相對應電腦資源，形成虛擬電腦，使用者將可透過網際網路使用該虛擬電腦，亦可透過網路在該虛擬電腦上運行各式應用程式，諸如 FB、Line、Dropbox、Google Map 等，其執行結果將透過網際網路傳遞給使用者,而執行過程使用者可完全不需參與,使用者只需思考配置出的虛擬電腦是否符合自身欲執行之應用程式最低需求即可。

就智慧生活雲所提供之平台即服務而言,使用者可依據自身欲開發之智慧生活軟體功能需求,亦或是欲執行之智慧生活應用程式需求,向平台即服務廠商租賃平台,使用者可在該平台進行智慧生活軟體開發或運行各種智慧生活應用程式。智慧生活雲所提供之平台有許多模式,諸如 Android 平台、MAC 平台、Windows 平台等,我們以 Android 平台為例:使用者若需要在 Android 手機上開發智慧生活相關軟體,則會向提供平台即服務廠商租賃 Android 程式撰寫平台,使用者可在該平台上進行 Android 系統之智慧生活軟體開發。

智慧生活雲所提供之軟體即服務而言,使用者可依照自身對日常生活之需求,向提供軟體即服務廠商租賃相關智慧生活應用程式,諸如:Line 應用程式、FB 應用程式、智慧客廳應用程式、智慧廚房應用程式及智慧臥室應用程式等,使用者可由網際網路直接使用這些智慧系統應用程式,不需掌控作業系統、硬體或運作的網路基礎架構,此外,透過這些智慧系統應用程式,使用者可以直覺且視覺化地操作週遭或是遠端之智慧生活物件,實現即時人機互動之目的。

15-2-4 智慧生活雲的應用實例

1. 智慧家庭

智慧生活雲應用在家庭中,亦即「智慧家庭」,如圖 15-4 所示,智慧家庭所提供的自動化系統,諸如:自動照明系統、門禁系統、車庫系統、家庭劇院系統、通訊系統、自動窗簾系統等,將能夠有效提升人們居家的舒適性與便利性,譬如:自動照明系統判斷室內沒人時,自動關閉所有的燈光顯示裝置、自動窗簾系統判斷室內氣溫與陽光強度,自動開關窗簾等。為實現智慧家庭,智慧生活雲將包含兩個層次:分別是雲端運算中之「雲」的層次,以及「端」的層次。就「端」的層次而言,指的是布置在家庭中的智慧物件,諸如:手機、電腦與監視器,以及嵌有各式感測器之電燈、窗簾、冷氣、冰箱等生活家電用品,這些智慧物件能夠感知與監控家庭環境狀況,並將該狀況轉化為數據,提供使用者參考並進一步給予決策。就「雲」的層次而言,隨著家庭智慧物件的多樣性與數量增加,環境感知的數據也就越趨複雜,這些原始且複雜的數據還需經過雲端運算的資料分析、探勘與整合等步驟,方能成為一有價值之資訊,譬如:家庭監視器擷取到的大量且複雜之影像資料,與雲端運算中之影像辨識系統結合,當家庭成員不慎滑倒、昏倒或是其他因素倒地靜止不動時,監視器影像自動偵測,並發送求救訊息通知遠端醫護人員或家人。透過「雲」的分析與「端」的感知,智慧家庭將能夠得以實現。

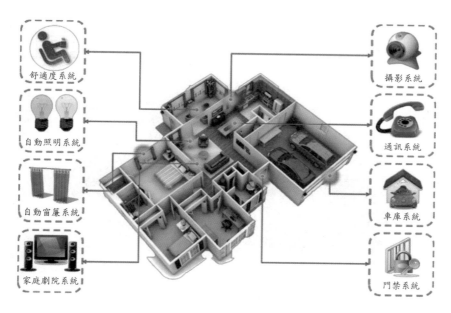

圖 15-4　智慧家庭雲示意圖。

2. 智慧社區

　　智慧生活雲應用在「智慧社區」，其所提供的自動化系統，諸如：安全設施監視系統、防災設備監控系統、硬體維護監控系統、公設資源管理系統、社區管理中心等，將能夠有效提升社區守衛的管理效率，進一步保障並提升社區住戶的居家安全與便利性。為實現智慧社區，智慧生活雲將包含兩個層次：分別是雲端運算中之「雲」的層次，以及「端」的層次。就「端」的層次而言，指的是布置在社區中，亦或是持有在守衛與社區人員的智慧物件，諸如：手機、電腦、監視器、電表、水表、停車場、公設、機電、排風機、發電機及水塔等，這些智慧物件能夠感知與監控社區環境狀況，並透過寬頻網路上傳至雲端，進行監控管理與處理，有如社區佈建了皮膚及神經，社區的運轉所發生的任何事情均是有感覺的。就「雲」的層次而言，社區雲端系統收集來自端設備的資訊後，便提供許多 SaaS 層的服務，包括機電毀損自動叫修服務、包裹透過門禁系統通知住戶服務、智慧電表及水表自動登記用電用水服務、停車導引服務、訪客管理服務等，均可進一步將功能分類，提供給社區守衛、管委會及住戶知道。由於環境感知的數據越趨複雜，再加上，各住戶的個人資料、社區端設備的使用行為、社區管理中心資料等，相互辨識與配合，經過雲端運算的資料分析、探勘、整合，以及辨識等步驟，方能成為一有效的資訊。如圖 15-5 所示，我們以社區停車管理系統為例：住戶開車進入社區停車場，已嵌入了 NFC 短距無線通訊模組，讀取器對車輛的標籤進行感應，以確認住戶的個人資料是否正確，其中讀取器讀到的資料將透過有線或無線網路，與智慧社區雲進行比對和辨識，辨識成功與否將成為閘門開啓或關閉之條件，而這些過程也都將儲入智慧社區雲中，供被授權檢視之相關人員參考。

圖 15-5　智慧社區之停車管理系統。

3. 智慧校園

　　智慧生活雲應用在校園中，亦即「智慧校園」，智慧校園所提供的自動化系統，諸如：自動化郵件與包裹管理系統、自動化公文派發管理系統、自動化校園安全監控系統、自動化車輛進出校園管理系統、自動化門禁系統、自動化導生系統、自動化圖書借用系統及自動化硬體設施維護與管理系統等，不僅能夠有效提升校園安全性，亦能提升校務人員行政效率、老師教學效率與學生學習效率。爲實現智慧校園，智慧生活雲將包含兩個層次：分別是雲端運算中之「雲」的層次，以及「端」的層次。就「端」的層次而言，指的是布置在校園中的智慧物件，諸如：電腦與校園監視器，以及嵌入各式感測器之校園公共電燈、冷氣、門禁等校園硬體裝置，這些智慧物件能夠感知與監控校園環境狀況；亦或是持有或配戴在老師、學生及行政人員身上的智慧物件，諸如：手機、學生證及教職員工證等，這些智慧物件能夠感知與識別老師、學生、與行政人員當前的狀態與身分，例如：手機上嵌入的 GPS 定位系統，可用以得知持有者的位置、學生證或教職員工證上嵌入的 RFID 無線通訊技術，可用以辨識持有人的身分，作爲出入口門禁系統的依據。而透過這些智慧物件感知的相關資訊，將上傳雲端進行儲存，並透過雲端運算的分析與整合，將能夠運用在智慧校園相關的自動化應用系統中。以自動化郵件與包裹管理系統爲例，如圖 15-6 所示，當有包裹送至學校收發室時，收發室人員可利用手機或其他嵌入式行動載具，對包裹進行掃描以將包裹資訊上傳雲端伺服器，該伺服器將自動依據包裹的收件者、寄件者、寄送時間、內容物與通知次數進行歸檔，而收發人員僅需點選通知按鈕，包裹領取訊息即可透網路信件發送至收件者，當收件者透過電腦收到包裹通知信件後，即可前往校園收發室領取包裹，此外，包裹通知訊息亦能透過 3G 或 4G 等電信網路，傳送簡訊至收件者的手機，使收件者能即時收到包裹的領取通知。校園郵件與包裹管理系統的自動化，將能夠有效減輕校園收發室堆積郵件或包裹的空間負擔，收發室人員亦能有效率地對收到的郵件或包裹進行歸檔與傳送通知訊息給收件者，而收件者則能更早收到郵件或包裹。

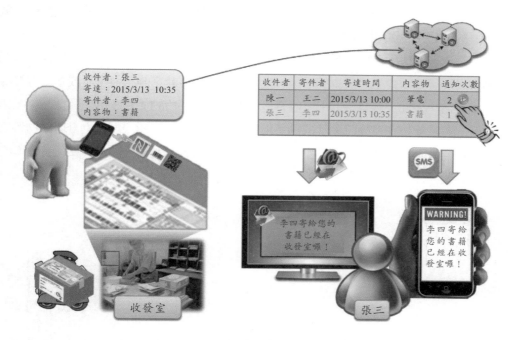

圖 15-6　自動化郵件與包裹管理系統示意圖。

15-2-5 小結

在日常生活中，我們所接觸的智慧物件，透過感知與網路的資料傳遞，以及雲端的儲存、管理與運算分析，形成智慧生活雲，其應用面很廣，諸如家庭、社區與校園等，皆能夠使我們的生活方式更加便捷與智慧，為此各國無不積極發展智慧生活產業，使資通訊科技普及於民眾日常生活中，以提升人民幸福感。智慧生活為各國發展之重點與機會，以台灣為例，台灣擁有良好的基礎建設、完善的硬體設備製造產業，以及人民的高素質與高創新能力，這將使得台灣發展智慧生活更具優勢。此外，雲端運算技術的支援，結合新興智慧物件的發明，這將使得智慧生活應用層面更加多采多姿，也預期能漸漸能夠滿足大量使用者之生活需求。

15-3 智慧能源雲

15-3-1 智慧能源雲簡介

　　隨著科技的日新月異，我們的生活越來越依賴各類電器產品，使得每個人的平均用電量快速地增加，而生活忙碌的我們，通常也對隱性的數據較不關心，這個數據反應在全國平均用電量的成長率，如圖 15-7 所示。台灣電力公司評估從民國 97 年至 117 年全國年用電量每年將以 2 至 3 成的速率成長。另一方面，為了有效負荷激增的用電量，供電設施因而必須擴增，將導致電力生產成本的增加，尤其在尖峰用電時刻的電力生產成本更是離峰時刻的 2 到 3 倍，因此尖峰時段的用電收費也必須是離峰時段的 2 到 3 倍，這樣一來，如何將用電時間盡量安排在離峰時刻就成為了現代人的一個重要課題。再加上全球原物料成本上升，迫使電費不斷上漲，而我們生活又脫離不了使用各種電器，因此，如何有效率的節約用電，將是急待解決的課題。

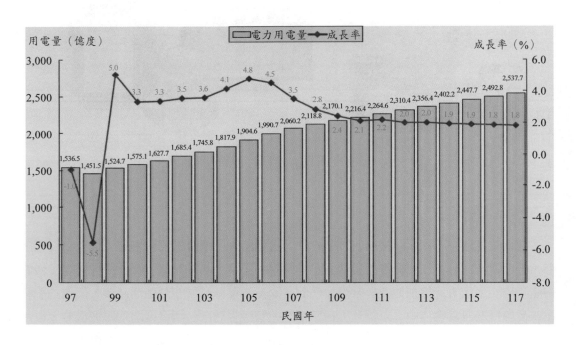

圖 15-7　台灣電力公司評估從民國 97 年至 117 年的全國年用電量。

圖片來源：經濟部能源局「電力政策與價格」http://web3.moeaboe.gov.tw/ECW_WEBPAGE/TopicSite/Policy_price_electronic/Default.htm

　　智慧電網（Smart Grid）被視為未來電力系統的發展主流，在節能減碳上具有極大的效益，因此，近年來受到全球的注目，且已為多國大力推動之能源建設發展重點，諸如：美國、歐盟、英國、日本、韓國、中國大陸等，而台灣也不落人後，行政院在 2010 年 6 月份核定經濟部研擬之智慧型電表基礎建設推動方案，正式啟動台灣對智慧電網的建設。智慧電網的定義為：透過資訊、通信與自動化科技，建置具智慧化之發電、輸電、配電及用戶的整合性電力網路，強調自動化、安全及用戶端與供應端密切配合，以提升電力系統運轉效率、供電品質及電網可靠度，並促進再生能源擴大應用與節能減碳之政策目標。為實現智慧電網，智慧型電表基礎建設（Advanced Metering Infrastructure, AMI）是智慧電網建設的首要步驟，下一節將詳加介紹智慧型電表基礎建設。

15-3-2 智慧型電表基礎建設

智慧電網的體現必需仰賴完備的智慧型電表基礎建設，打通用電戶與電力公司之間的橋梁，方能提供電力公司用電戶雙向溝通之目的。智慧型電表基礎建設，如圖 15-8 所示，是由智慧型電表（Smart Meter）、通訊系統與設備、電表資訊管理系統（Meter Database Management System, MDMS）所組成，在用電戶端裝設智慧型電表，讀出的用電資訊透過各式通訊系統與設備，傳至電表資訊管理系統，該系統可提供電力公司即時且完整地掌握用戶端的用電資訊，進而透過需量管理（Demand Response Management）、自動調控（Self-Healing）、即時量測（Real Time information）或最佳化電力資源配置（Optimization）等作為，針對配電與供電善加管控；可提供用電戶用電資訊查詢服務，諸如：用電高／低峰期、用電減價時段、電量計價方式，以及歷史用電紀錄等，藉以改變用電習慣。

圖 15-8 智慧型電表基礎建設。

15-3-3 智慧能源雲架構

　　智慧能源雲大致分成三個層次，依序為感知層、網路層、應用層，以下將分別介紹每一層的內容。

　　就智慧能源感知層而言，透過智慧物件，如：智慧電表、智慧插座（Smart Plug）等，能夠感知並監控家中電量使用的狀況，若進一步透過網路層之數據傳輸與雲端運算，更能提供使用者調控家中之電量使用習慣，以節省電量的消耗。如圖 15-9 所示，安裝在家庭插座上之智慧插座能夠統計該插座之電量消耗，並透過低耗能的 Zigbee 無線傳輸技術，將插座之電量消耗數據傳送至 Zigbee 接收器，Zigbee 接收器進一步透過有線網路的方式，將電量消耗數據傳送至雲端伺服器進行電量數據儲存、電量分析、電量計算與電量預測等，並以視覺化的方式，顯示出電量的各項分析數據，諸如：電量使用高峰期、電量使用時間、預估使用電量等。

智慧插座　　　　Zigbee 接收器

應用服務

雲端伺服器

圖 15-9　利用智慧插座監控電量。

　　就智慧能源網路層而言，由智慧電表或智慧插座所收集之電量數據，將透過網路層的無線或有線網路技術，傳輸至智慧能源控制中心（雲端伺服器）進行雲端運算，亦即，執行電量數據的儲存、分析、計算與預測，而分析出的電量資訊將能夠提供智慧能源控制中心調控電力公司配電量的依據，此外，也能夠提供消費者調整用電習慣的參考。智慧能源網路層之運作流程，如圖 15-10 所示，透過感知層，智慧插座感知家中各式電器所得知的電量消耗數據，將透過網路層之有線網路或各式無線網路，諸如：Wi-Fi、ZigBee 及藍牙，傳輸至家中電量數據匯集閘道器，更進一步，各個家庭網路閘道器所收集到的家庭電量消耗數據將匯集至一大廈網路閘道器，最後，各大廈網路閘道器所收集到的大廈電量消耗數據將再匯集至社區網路，電量數據資料一路傳遞從家庭、大廈、社區，最後到智慧能源控制中心，智慧能源控制中心將會收集到的電量數據進行電量儲存、分析、計算與預測，如此將能夠調控電廠之配電量，以達到節省電量之目的。

圖 15-10　智慧能源的傳輸架構。

　　在智慧能源控制中心對各個社區進行電量數據的儲存、分析、計算、預測後，如圖 15-11 所示，將會以視覺化的方式呈現家庭電量使用狀況給使用者，諸如：各時段之電量使用狀況、歷史用電紀錄、電量消耗量預測、哪些電器耗能最嚴重、哪些時段電費最便宜等等，使用者可以參考這些分析過後的電量資訊，改變用電習慣，達到節能減碳之目的。除此之外，使用者亦可遠端監看並控制家中電器，如圖 15-12 所示，家中電器的即時狀態，諸如：開／關狀態、開機時間、耗電量等，將會傳至雲端能源雲中進行儲存，可隨時透過手機下載查看，如發現家中電器（例如：電視）未正常關閉，則可進一步透過手機，遠端即時傳送關閉訊號以關閉該電器（例如：電視），達到節省電量的目的。而在另一方面，透過智慧電表收集用電戶的電量資訊，將上傳電表資訊管理系統進行儲存與分析，電力公司可下載查閱並作為各社區往後配置電力資源的依據，調整電力的生產與輸配，達到節約能源、降低損耗及增強電網可靠性的目的。

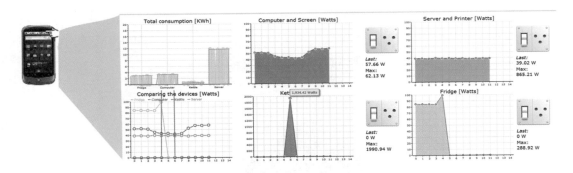

圖 15-11　電量消耗視覺化呈現範例。

圖片來源：D. Uckelmann, M. Harrison, and F. Michahelles (Eds.), "Architecting the Internet of Things," *Springer*, 2011.

圖 15-12　電量消耗視覺化呈現範例。

15-3-4 小結

　　智慧能源雲為整合發電、輸電、配電、終端用戶，再透過雲端運算之分析與整合，成為一先進智慧能源系統，其兼具自動化與資訊化之優勢，具備自我檢視、診斷及修復等功能，提供具高可靠度、高品質、高效率及潔淨之電力，可滿足世界各國能源政策發展方向與因應社會對供電可靠度與供電品質提高的要求。然而，對於智慧能源雲的發展尚有許多關鍵技術待解決，諸如：跨網路的整合通訊技術、先進的控制方式、感測、讀表及量測、先進的電力設備及電網元件與決策支援及人機介面，因此，在這現有的龐大傳統電網基礎下，該如何運用新科技、新思維、將其改變成爲所謂的智慧能源系統，除了需要電網相關技術的精進外，尚需產、官、學、研間不斷的溝通與協調，與人民的支持與鼓勵，方能成就智慧能源雲之發展。

15-4 智慧交通雲

15-4-1 智慧交通雲簡介

　　IBM 在 2010 年提出智慧交通的概念，其發想的概念爲：如何從今日的 A 點到達明日的 B 點，回想以前開車出門，要到某個每天去的目的地，不論塞車與否，均是照著既定的路線走，走久了以後會漸漸發現，在什麼時間、走什麼路線會比較省時，也比較不會塞車，但是這一切必須花費許多時間來成就。在 21 世紀的今天，交通運輸的發達對於繁忙的工作及生活有著重大的影響。然而，在全球人口快速的成長下，交通所衍生的問題日益嚴重。如圖 15-13 所示，自民國 99 年至 103 年這五年中，交通事故的件數日益增多，其中事故發生的原因大多來自駕駛人不良的行車習慣或對道路情況不熟悉導致。

年（月）別	總計			A1 類			A2 類	
	件數	死亡	受傷	件數	死亡	受傷	件數	受傷
99 年	219651	2047	293764	1973	2047	774	217678	292990
100 年	235776	2117	315201	2037	2117	858	233739	314343
101 年	249465	2040	334082	1964	2040	862	247501	333220
102 年	278388	1928	373568	1867	1928	776	276521	372792
103 年	267260	1637	354261	1597	1637	709	265663	353552

註：「道路交通事故」係指車輛或動力機械在道路上行駛，致有人傷亡；分類如下：A1 類係指造成人員當場或 24 小時内死亡之交通事故；A2 類係指造成人員受傷之交通事故。

圖 15-13　道路交通事故統計。

圖片來源：內政部警政署 *http://www.npa.gov.tw/NPAGip/wSite/ct?xItem=42038&ctNode=12593&mp=1*

　　有鑑於此，近年智慧交通的概念漸漸興起，如圖 15-14 所示，其結合了物聯網與雲端運算技術，利用物聯網技術對道路與車況進行全面感知，在每一台車內配置智慧型感知行車記錄器，並在車外裝設車載環境感測模組。車外的環境感測器對環境進行感知與監控，譬如：利用溫濕度感測器感知環境溫濕度、利用三軸加速計感知道路平坦度、利用二氧化碳濃度與音量感測器感知環境空氣品質與音量大小等等，車內的智慧型感知行車記錄器（例如，CCD）拍攝車外的行車影像，並透用 GPS 定位系統，將每張照片嵌入當下的位置與相對時間，此外，車外環境感測器所收集到的環境資訊，也將透過 Zigbee 無線通訊模組傳輸至車內智慧型感知行車記錄器，而車內智慧型感知行車記錄器，將進一步將所收集到之環境資訊嵌入至相對應時間的照片中，最後，智慧型感知行車記錄器透過 WiFi、3G 或 4G 等無線聯網技術，將影像資料上傳至智慧交通雲中進行儲存、分析、探勘、萃取與整合。當用路人欲得知某路段在某時間的路況與相關環境資訊時，可利用智慧裝置，諸如：手機、平板或家中電腦等，透過網際網路進入智慧交通雲資料庫，經過身分驗證與授權後，即可觀看智慧交通雲所釋出之任何時間與地點的道路環境資訊。智慧交通雲的發展能夠協助用路人避開壅塞路段，不僅能讓用路人盡快到達目的地，也能夠分散交通壅塞道路之車流量，進而避免塞車問題發生，因此能夠有效減少交通事故發生機會、降低環境空氣汙染及提高能源利用效率等。下一節為常見運用在日常生活中的智慧交通雲應用。

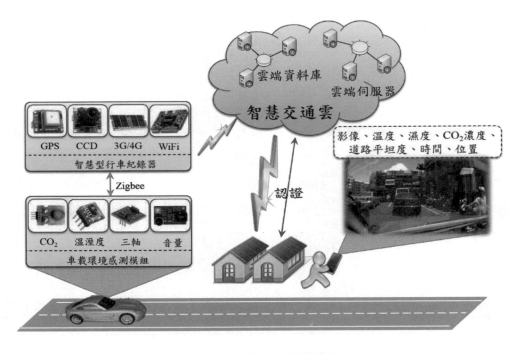

圖 15-14　智慧交通雲示意圖。

15-4-2 高速公路即時路況系統

　　現在人平日工作繁忙，只能利用假日節慶時，與家人或朋友相約出外遊玩，然而，往往選擇此時出外的人潮眾多，使得高速公路上或知名景點路段上擠滿了車潮，造成用路人花費太多的時間塞在車陣中，不僅浪費時間、增加空氣汙染、降低能源使用效率，亦降低了出外遊玩的興致。為了有效解決塞車問題，透過「高速公路即時路況系統」，用路人可在出發前上網查詢高速公路即時公路狀態，進行查看公路平均車速、公路即時影像、意外事件發生地點等，以評估是否以原路前往，或以替代道路方案取代，如此將避免塞車問題發生。如圖 15-15 所示，就感知層而言，高速公路兩旁架設雷達測速系統 / 高架橋上架設攝影系統、公路警察不定時 / 不定點對公路行車狀態進行監控、用路人透過手機回報交通廣播網當下即時路段狀態，上述感知公路的資料將進一步透過網路層所提供之各式聯網技術，上傳至交通部所維持之智慧交通雲進行儲存與路況分析，最後統整後的路況資訊將以圖形化或圖表方式，應用在提供用路人行前以手機、平板或電腦上網查詢。透過高速公路即時路況系統，查詢即時公路路況資訊，能夠避免所有用路人皆塞在同一公路上，如此將分散車流量，使得所有用路人皆能夠最快到達目的地。

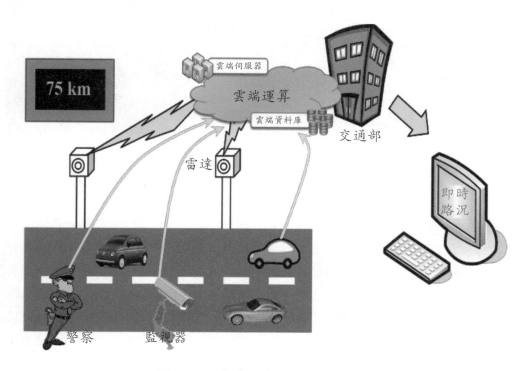

圖 15-15　高速公路即時路況系統。

　　台灣交通部所提供之高速公路即時路況平台，如圖 15-16 所示，用路人可從電腦、平板或智慧型手機，透過各式聯網技術進入此平台，其所提供之應用服務包含：即時路段平均車速，即時路段影像、施工路段公告、替代道路建議等資訊，用路人可透過此平台所提供之應用服務進行出遊規劃。

圖 15-16　台灣交通部所提供之高速公路即時路況平台。

15-4-3 先進大眾運輸服務系統

每每在上下班交通尖峰時刻，道路上總是充斥著公車、汽車，摩托車、腳踏車與行人，彼此牽制著彼此，造成交通壅塞與混亂，延長所有用路人到達目的地的時間，亦容易發生交通意外事件，危害人們生命財產安全。有鑑於此，發展「先進大眾運輸服務系統」一直是政府視為有效解決交通擁塞問題之救命良方，因而無不積極規劃與建設大眾運輸系統，例如：智慧公車網、大眾捷運系統、高速鐵路系統、巴士捷運系統（Bus Rapid Transit, BRT）、等等，期望以提升人們搭乘大眾運輸交通工具前往目的地的意願，進而減少自行開車與騎車的次數，以舒緩尖峰時刻交通的擁塞與混亂。

「先進大眾運輸服務系統」必須提供便利且彈性的搭乘環境方能提升民眾搭乘之意願，其系統環境涵蓋交通硬體之建設、民眾查詢之軟體建設與各式交通設施轉乘之韌體建設。以智慧公車網為例：就交通硬體之建設而言，如圖 15-17 所示，當駕駛欲執行載客任務前，必須透過公車上裝設的 USB 身分辨識系統，進行身分辨識，確認是否為該輛公車之合法駕駛；公車上裝設 GPS 全球定位系統，以提供公車即時動態位置，顧客亦可透過手機、平板或電腦，查詢公車當下所在之位置，作為顧客出門等待公車到來之依據；公車上裝設影像偵測系統，以提供駕駛公車死角之即時影像，避免行車意外發生，此外，其影像內容亦可作為發生意外後之證物，以保護乘客與司機之權益；公車上裝設車頭 LED 顯示器與車內站名播報器，分別提供車內／外乘客上／下車之提醒；公車上裝設操作／設定面板，提供駕駛視覺化操作公車上所有硬體設施，諸如：開／關門、LED 顯示器之內容、車內燈光調整等，最後，車上所有硬體設施之感知訊息，皆將透過車載機（OBU），以各式無線聯網技術即時傳送至大眾運輸服務系統，以進行儲存與分析等雲端運算程序。就轉乘韌體與民眾查詢軟體建設而言，大眾運輸服務系統，如圖 15-18 所示，將收集到的公車相關硬體訊息，結合其他交通運輸設施所收到的資訊，諸如：飛機、捷運及火車，以整合出不同地點、時段等轉乘資訊，以提供公車站牌上之公車即時資訊，諸如：公車動態位置、到站時刻、公車行駛路線、到站公車號碼等，此外，亦可提供民眾在家中或出外，以手機、平板或電腦上網查詢大眾運輸相關動態轉乘訊息。

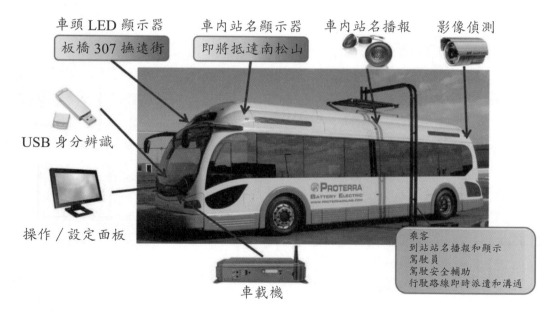

圖 15-17　智慧公車硬體設備。

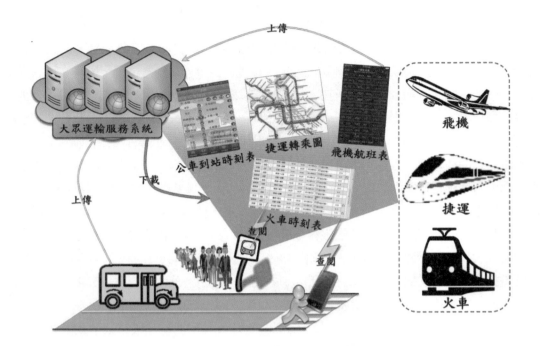

圖 15-18　智慧公車網示意圖。

15-4-4 智慧交通雲應用現況

　　隨著人類生活對於交通運輸的依賴性日增，許多國家皆努力發展智慧交通技術與應用，期望能對人民生活更便利外，亦希望藉此帶動運輸、物流相關產業的發展。從 20 世紀末至 21 世紀初短短十餘年的期間，智慧交通雲應用憑藉著資訊與通訊科技（Information and Communication Technology, ICT）技術進步、產品成本降低、路況資料網路化與透明化等因素，提升了許多智慧交通雲服務的普及化及多樣性。

　　透過結合物聯網與雲端技術，能使有限的運輸資源作最有效的利用，如圖 15-19 所示，台灣目前已有許多智慧交通雲的應用，這些應用的發展，大幅增進交通的便利，提升民眾的生活品質，而通訊技術成熟、行動裝置的普及，智慧交通雲的資訊能夠更有效的整合，並提供更多元化的應用服務。

　　中華智慧運輸協會（Intelligent Transportation System, ITS）指出，台灣 ITS 目前已邁向交通無縫（Seamless）、資訊分享（Sharing）、用路安全（Safe）及交通順暢（Smooth）的目標，透過物聯網與雲端服務的結合，已經發展出 9 大服務領域：

第十五章 雲端運算與物聯網 | *355*

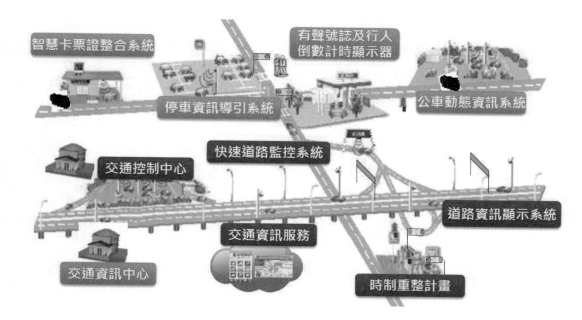

圖 15-19 智慧交通雲應用現況。

圖片來源：台北市政府交通局

1. 先進交通管理服務（Advanced Traffic Management Services, ATMS）

　　主要設備為車輛偵測器及攝影機，車輛偵測器主要用於偵測車流量、車種的速率還有車種的道路占有率，攝影機則是記錄道路行車畫面。透過偵測交通狀況，並經由通訊網路傳至雲端資料庫與控制中心，結合各方面之路況資訊，研訂交通控制策略，並運用各項設施進行交通管制及將交通資訊傳送給用路人及相關單位，執行整體交通管理措施。此系統強調各行車與道路資訊於雲端整合與即時控制之功能，並可提供匝道儀控、號誌控制、速率控制、事件管理、電子收費、高乘載管制、替代路線導引等服務。

2. 先進用路人資訊服務（Advanced Traveler Information Services, ATIS）

　　藉由先進資訊及通訊技術，配合雲端資料庫，使用路人不論於車上、家中、辦公室或室外皆可方便取得所需之即時交通資訊，作為運具、行程及路線選擇之參考。協助大眾於路線規畫時，可以選擇最適當的出發時間、運具及路線，進而使交通設施的運用能發揮其功能，達到抒解交通擁擠，提升效率的目的。依時間特性，可分為靜態與動態資料，靜態資料為可以預期或變動較低的資訊，如捷運時刻表、火車時刻表、高鐵時刻表等，動態資料為不可預期或變動率高的資訊，如行車速度、塞車情況、車禍事故等。

3. 先進公共運輸服務（Advanced Public Transportation Services, APTS）

　　將 ATMS、ATIS 與雲端運算技術運用於大眾運輸系統，以改善服務品質、提升營運效率及提高搭乘人數。主要包括自動車輛監控、車輛定位、電腦排班調度及電子票證等。可以大眾運輸車內與車外行車及到站顯示等資訊服務、提供車隊派遣調度等服務，提升大眾運輸營運管理的效率、提供大眾運輸車輛安全維護之服務。

4. 商用車輛營運服務（Commercial Vehicle Operations Services, CVOS）

將 ATMS、ATIS 與雲端運算技術運用於商用車輛，如貨車、公車、計程車、救護車與物流車等，以提升運輸效率及安全，並減少人力成本，提高生產力。主要包括自動車輛監控、車隊管理、電腦排班調度、電子付費、自動化路邊安檢、車隊管理、車輛安全監視、車輛電子憑證管理、重車安全管理等服務。

5. 電子收付費服務（Electronic Payment System/Electronic Toll Collection, EPS/ETC）

電子收付費為是利用車上單元之電子卡與路側系統作雙向之通訊，經由電子卡記帳之方式進行收費，取代人工收費之方式。讓使用者在行駛過程中即可進行付費行為，能夠使用共同且方便的付費媒介，不但可以節省旅行時間，而且不必隨身攜帶現金。大眾運輸業者更可藉由 ITS 整合技術，達到實施更公平合理的費率制度、降低維運成本並獲得更充分的市場資訊。電子收付費系統可提供行車及停車有關的付費工具、減少用路人與公共部門處理現金的需要、減少收費站區的交通延滯、降低收費單位的營運成本、減少現金的收取與處理等優勢。

6. 緊急救援管理服務（Emergency Management Services, EMS）

當緊急危難發生時，提供待救援車輛如何求援、救援車輛如何在最短時間內到達現場，以及如何警示其他駕駛人之服務。所構建的系統包括緊急事故通告、緊急救援車輛管理，以及自然災害交通管理等部分，其可以使意外能在最短時間獲得解除，降低傷害之程度。主要可提供緊急事故通告、緊急救援車輛之派遣調度、自然災害交通管理等服務。

7. 先進車輛控制及安全服務（Advanced Vehicle Control and Safety Services, AVCSS）

結合感測器、電腦、通訊、電機及控制等技術應用於車輛及道路設施上，協助駕駛人提高行車安全性，增加道路容量，減少交通擁擠。主要可以提供縱向防撞系統、側向防撞系統、路口防撞系統、視覺改善、自動化車況偵測與安全系統、碰撞前安全防護、自動車輛駕駛等服務

8. 弱勢使用者保護服務（Vulnerable Individual Protection Services, VIPS）

以交通弱勢使用者為主體，如行人、兒童、老年人、殘障人士及自行車與機車騎士等，考量其安全問題並可提供相關之安全維護服務。

9. 資訊管理服務（Information Management Services, IMS）

透過 ITS 相關資料文件於雲端建立管理系統，提供行車資料蒐集、歸檔、管理及應用之服務。

除了台灣以外，歐洲智慧型運輸系統協會（European Road Transport Telematics Implementation Coordination Organization, ERTICO）已於 2006 年即展開一系列車對車通訊（V2V）、車對路通訊（V2I）、車路整合、雲端運算等技術研發計畫，如 PReVENT、CIVS、SAFESPOT、COOPERS、Intelligent Car Initiative 等，其中已有許多研發計畫從研發階段跨越至實車測試階段，亦有部分計畫如 eCall，已有具體實施的推動成效。e-Call 計畫是將汽車事故警報系統整合至汽車中，一旦車內的感測器偵測到交通事故時（如車輛撞擊、安全氣囊啟動或車輛翻覆等情況），系統即會自動透過 GPS 定位系統及無線通訊，將事故發生的時間、車輛的所在位置、車牌號碼等相關資訊，透過雲端技術，緊急通知醫療急救人員與警察等相關單位，立即前往進行救援與事故處理，以便有效降低交通事故的發生率，以及事故發生後緊急醫療系統的即時啟動，減少緊急救援的時間。除了 e-Call 服務外，ERTICO 更進一步推動 EasyWay 計畫，此計畫主要是透過物聯網與雲端運算相關技術，連結道路、車輛、衛星與電腦，提供用路人更豐富充足的用路資訊，包括旅程前與旅程中資訊服務、跨交通工具轉乘旅行資訊、主要幹道交通策略管理、特殊路段管理、意外事件管理、管制品運輸規範及智慧停車休旅服務等。

大陸亦在「十一五計畫」時，已針對公路交通基礎設施，加強資訊化的系統建設，並在「十二五計畫」中進一步將車聯網納入重點發展，期望完成 80% 以上高速公路網交通情況調查站建設，開發部、省、市三級交通數據中心，實現跨區、跨系統之資訊交換與共享平台，建置區域物流公共訊息服務平台，讓全國高速公路 ETC 平均覆蓋率達到 60%，希望能一舉解決都會地區近年來因車輛快速成長，造成嚴重交通擁塞與環境汙染等問題，大陸政府並預期 2015～2020 年的車聯網產業商機，將超過 1,000 億人民幣。江蘇鎮江，除了是中國重點打造的旅遊城市外，亦是智慧城市試點城市，在鎮江公車系統中亦運用了許多物聯網與雲端技術，除了可得知每一輛公車的位置與到站資訊外，公車站上方亦有攝影鏡頭負責監測在公車站等車的人數，並將偵測結果即時回傳到雲端控制中心，藉由即時資訊的收集與分析，隨時動態調整公車的發車時間。而為了分析在公車站等車的民眾主要是在等哪一班公車，雲端資料庫會收集每天大約同樣時間該站台上的手機資訊，以及每支手機在不同時間點所出現的位置，在藉由雲端大數據分析出每個人大致的移動路線，判斷出公車站等車的民眾可能欲搭乘的公車，再將統計數據提供給公車調度中心，作為調派車輛的依據。藉此技術降低民眾等待公車的時間外，亦大幅提升公車使用率。

15-4-5 小結

　　交通雲可以將感測器所蒐集到的資料通過雲端系統加以分析處理，由最初的車輛數統計，到後來人們關心的事物越來越多，觀測所需的數據所需要的感測器種類也隨之增加，因此同時間所蒐集到的資料也變得龐大，處理時間也隨之增加，雲端運算能力也需相對提升，才能夠處理複雜度高的資料，並加以整合分類，程式設計師依照使用者所需要的服務去設計不同的應用程式，使用者則依照所要使用的服務去選擇相對的應用程式，或是在程式設計師所設計的網頁上去點選所需要的功能，來達到智慧交通的目的，使生活更便利。世界各國努力發展智慧型運輸系統至今，不論是資訊服務的提供，或是相關應用科技的導入，都已有不小的成就。未來的發展動向及定位，將不再只是單一技術、產品或服務的提供，而是必須提供更為人性化及貼近使用者需求的整體服務，才能落實智慧交通與物流的願景。

15-5 智慧健康雲

15-5-1 智慧健康雲簡介

　　健康為生命之本，而人身健康又可從「醫療」和「照護」兩方面談起。以「醫療」方面而言，在傳統的醫療體系中，醫生替病患診斷病況後，將會在病患的紙本病歷上登記診療情況與用藥資訊，以供該病患下次回診或就醫之參考。然而，紙本病歷的缺點是，只能在相同醫院中進行查閱，若病患需要到其他醫院就診時，除非病患自行攜帶，否則其他醫院將無法取得該病患之前的醫療紀錄，這將造成降低其他醫生對該病患病情的掌握程度，亦使醫生無法判斷新開藥物與舊藥物起衝突的可能性，使得影響病患的醫療權益與生命健康。另一方面，以「照護」而言，隨著醫療科技的進步與生活習慣的改變，已大幅延長了人類的壽命，全球老齡化已成為趨勢。根據世界衛生組織的定義，年齡滿 65 歲的老人即為高齡者。根據經建會的推計，台灣地區未來將在 2017 年邁入高齡社會，更將於 2125 年後，正式進入超高齡社會，即 65 歲以上的高齡者將超過所有人口的 20%，約略每 5 人即有 1 人是高齡老人。綜上所述，有效打造智慧醫療與居家照護的健康應用，將是勢在必行。其中，透過物聯網「感知／聯網／應用」三層運作概念以及雲端運算技術，打造「智慧健康雲」，更是時勢所趨。意即，利用物聯網「端」的感知、辨識與管理，再利用「雲」計算的儲存與分析，可有效達到人與物溝通與整合之目標，進而提升醫療作業流程效率與醫療品質。

　　就智慧健康應用來說，當民眾生病或受傷時，從就醫至療程結束期間，整段醫療過程與病患之相關診斷、用藥、狀態、等生理數據，皆由醫療人員註記在病患之『電子病歷』中，並將上傳至「智慧健康雲」中，可供病患與相關被授權人員查閱。未來該病患更可在個資與隱私安全無慮之情況下，即使至不同醫院就診，相關醫療人員皆能查閱該病患之同一套標準電子病歷，不再只是各家醫院皆留存一份不能互通之病歷，進而達到以病患爲中心之醫療服務。此外，當病患就診返家後，更可透過日常生活使用嵌有各式微型感測器之智慧物件，諸如：智慧手錶、智慧項鍊、智慧手機、智慧藥盒等，並透過嵌入在智慧物件中的無線通訊模組，可隨時將個人居家的生理數據上傳至「智慧健康雲」進行資料儲存、分析、萃取、探勘與整合，而透過智慧型手機或是電腦下載，藉此，病患（或老人）、家人（或義工）及醫生間，即可隨時針對病患的健康狀況給予最即時且適合的幫助。如圖15-20所示，獨居老人、幼兒保母可透過各式生理量測設備，將個人居家的生理數據上傳至「智慧健康雲」進行資料儲存與分析，家人與義工看護可隨時透過各式雲端設備進行即時監控，另一方面，家庭醫生更可參照儲存於健康雲中的電子病歷，時時確保居家人員的健康狀態。

圖15-20　　透過智慧健康雲，可達智慧醫療與居家照護之應用。

另一方面，如圖15-21所示，以老人跌倒爲例：老人身上配戴之智慧物件，嵌入有三軸加速度計與陀螺儀，可利用陀螺儀判斷老人傾斜角度，亦即是否爲站著、坐著、躺著、趴著等狀態，再利用三軸加速計偵測老人動作的劇烈程度，以判斷老人當下狀態是否爲跌倒。若判斷為跌倒後，微型感測器可立即將相關跌倒資訊上傳至「智慧健康雲」進行儲存與分析，並對老年人跌倒的嚴重性分級，接著依據嚴重程度傳相對應之救護人員通訊設備中，例如：若跌倒屬較危急狀態時，除了通知家人外，也必須通知鄰近義工即刻前往老人家住處協助處理，以及通知醫院盡速派遣救護人員到場，而在老人等待救援的同時，透過物聯網技術啟動因應的居家智慧照護系統，例如：開起攝影機觀看老年人受傷狀況，並透過通訊設備進行對老人家的心理輔導建設與臨時簡易傷口處理，以耐心等待救援。「智慧健康雲」的發展，將有助於老人或是患有慢性疾病之患者得到良好且完善的照護，醫師能夠密切掌握照護者之生理狀況並給最適當之醫療建議、家人更能隨時且遠端照護父母。

圖 15-21　健康照護應用系統。

15-5-2 智慧健康雲架構

　　智慧健康雲主要分成三個層次，依序為感知層、網路層、應用層，下面將分別介紹每一層的內容：

1. 感知層

　　在醫院場所與居家環境中，已存在眾多設備可用以運作在智慧健康雲之感知層之中。以醫療院所而言，許多的醫療物件，諸如：藥品、針筒、血包、血壓／血糖／血氧計、呼吸偵測器、心電圖設備、體重計等，可透過物聯網技術嵌入微型感測晶片，進而打造智慧化的醫療物件，可讓醫療人員在日常作業中，可更有效地管理、追蹤、查詢各種醫療物件的即時狀況，以提供病患最高品質之醫療保障。例如，將 RFID 無線射頻辨識技術嵌入血包，醫療人員可透過 RFID 讀取器辨識血包上的 RFID 標籤之內容，可直接獲得血包血型、捐獻日期、有效期限、開封與否等資訊，可避免拿錯血包之問題，給予病患更高保證之醫療照護。以居家環境而言，生活周遭亦有許多穿戴式裝置與嵌有微型感測器的智慧物件，諸如：智慧手錶、智慧手環、智慧藥盒等嵌有微型感測器之裝置，可感知與記錄居家人員的生理資訊與即時健康狀態，譬如：智慧藥盒內嵌 RFID 辨識技術、磁簧開關感測器與蜂鳴器，可針對病患／老人記錄日常用藥的習慣，更可進一步實現提醒的功能；手腕掛著內嵌三軸加速計、溫度感測器及脈搏／血壓感測器的智慧手錶，可統計配戴人員的日行步數，並可測量體溫／脈搏／血壓；紅外線感測裝置與攝影裝置可對居家人員的位置進行判斷、三軸加速計與陀螺儀可判斷人員是否跌倒。乃至於居家人員在進行吃飯、洗澡、看電視的行為，皆可透過布置在居家環境中的各式感測器，記錄每日作息與生活習慣，相關的感測資料更可提供給家庭醫師做為健康判斷之依據。

2. 網路層

在打造「智慧健康雲」感知層智慧物件的過程中，亦須同時嵌入各式的聯網元件，諸如：ZigBee、Bluetooth、Wi-Fi、3G 及 4G 等元件，可使各種智慧醫療設備及日常使用的智慧物件，即時將感測的生理／環境資訊，上傳至「智慧健康雲」進行儲存、分析、萃取、探勘與整合，以支援「智慧健康雲」各式自動化與智慧化之行為。舉例而言，居家人員的日常作息數據，可透過「智慧健康雲」感知層的智慧物件進行感知與記錄，若居家人員在任何吃飯、洗澡、看電視的過程中，發生任何意外事件（如跌倒）或違反健康狀態行為（如未按時服藥、失眠），智慧物件便智慧區分危急程度，並自動觸發相關的聯網行為，以便將意外事件或非健康的行為資訊，傳輸給家人、義工或家庭醫師，此時，收到訊息的照護人員便可遠端即時確認居家人員的健康狀態，並給予最適當的照護。同時，若該居家人員所面臨的意外事件必須緊急就醫，則相關的感測數據將透過網路層，即刻傳遞至鄰近的救護醫院，當院方接獲網路層的緊急通知訊息，「智慧健康雲」便可自動彙整該病患的電子病歷以及近期的居家生理數據，了解該病患的病史、用藥禁忌、所發生的意外事件與當前健康狀態，主動分析並給予智慧診斷與用藥建議，提高醫師看診的準確性。

3. 應用層

「智慧健康雲」可滿足各種使用者的多樣需求，並達成相關的應用目的。就居家環境而言，若在坐椅上加裝壓力感測器，並在各式家電或器具中內嵌 RFID 讀取器／標籤與微型感測器，便可用以辨識居家人員的行為與健康狀況。舉例而言，當「智慧健康雲」的感知層記錄了冰箱被開啟、茶罐移動、水杯移動、熱水壺傾斜等數據，便可判斷居家人員正執行泡茶的行為；若「智慧健康雲」的感知層記錄了客廳坐椅有重力數據，且客廳電視為開啟狀態，並同時記錄為時 3 小時的時間，可判斷居家人員已連續觀看 3 小時的電視節目，進而將此行為判斷為非健康行為。基於健康應用的目的，「智慧健康雲」可透過網路層觸發蜂鳴器提醒居家人員應適時休息，也可將訊息傳遞家人與看護，促進人與人間的互動與關懷。另一方面，就醫療環境而言，當嵌有 RFID 標籤的各式醫療設備、耗材、藥品、血袋庫存數量不足時，「智慧健康雲」可自動通知相關的醫護人員，以達到物品清查的目的，並有效節省人力清查之成本；若有病患在家中遭遇緊急事件，則病患居家感測的生理數據將事先透過智慧物件的聯網元件，即刻傳遞至鄰近的救護醫院，並觸發「智慧健康雲」彙整病患的電子病歷、分析病患病史、用藥禁忌、當前健康狀態等行為後，將主動給予智慧診斷與用藥建議，可大量縮短院方掛號、醫師看診（包含 X 光片傳至診間）、開藥、領藥、醫護人員協助住房等行為的時間與人力成本。

15-5-3 智慧健康雲提供的服務模式

　　就智慧健康雲所提供的基礎設施及服務而言，即是將醫療中的硬體設施以虛擬化的方式，透過網路提供給消費者租用。我們以電子病歷交換來闡述智慧健康雲所提供的基礎設施及服務與所帶來的好處：將紙本病歷電子化，並能夠使其流通與交換在各個醫院間，將有效減少醫療資源浪費與提升醫師診斷準確性與效率，對病患來說，更能保障其醫療權益。然而，台灣只有部分的大型醫院完成與衛福部的索引中心進行電子病歷連接，達到病歷流通之目的，其原因在於大型醫院可自行建置並維護一套存放電子病歷的伺服器，並在伺服器上建置閘道伺服器與衛福部連接，而對於較小規模之醫院則沒有足夠經費資源來建置、維護電子病歷交換的基礎設施。因此，若電子病歷的伺服器雲端化，則小醫院則可利用智慧健康雲所提供之基礎設施及服務，向提供者租賃電子病歷的虛擬伺服器，如此一來，小醫院不需要自行建置實體閘道伺服器，能以較低的建置成本，參與電子病歷交換。

　　就智慧健康雲所提供之平台即服務而言，醫院資訊科技人員可依據自身醫院欲開發之智慧醫療軟體功能需求，向提供平台即服務廠商租賃平台，醫院資訊科技人員可在該平台進行智慧醫療軟體開發，並可將開發出之應用軟體放上智慧健康雲所提供的軟體即服務中，供其他缺乏開發能力的醫院租用這些應用軟體。綜合基礎設施及服務與平台即服務，各醫院不一定需培養自己的醫院資訊科技人員，或是需要自行採購與維護硬體設備，在使用資訊科技時，就如同向電力公司或自然水公司購買資源一樣說明需求即可，不需知道電是如何生產；水是如何來，各醫院只需要向提供平台即服務廠商申請虛擬的醫療硬體與軟體開發平台，方能快速擴充與部署醫療應用服務。

　　智慧健康雲所提供之軟體即服務而言，擁有較多資源的大型醫院在開發平台開發出的軟體開發套件與應用軟體，可藉由軟體即服務，供無開發軟體發能力之小型醫院租用，如此將能節省小型醫院之醫療應用軟體開發成本，此外，智慧健康雲所提供之軟體即服務不只能夠體現軟體共享之優點，針對電子病歷的流通來說，若開發出的應用軟體，能夠使不同醫療機構的病例相互介接，使各醫院之不同格式之病歷標準化，將還能夠進一步推出更多整合性的加值應用服務，例如：智慧協同健康管理應用、智慧協同慢性疾病照護應用，打通不同醫療機構之溝通橋樑。

15-5-4 小結

　　智慧健康應用包含了智慧醫療與居家照護服務，透過物聯網概念的運作架構，打造完善的「智慧健康雲」將是現今社會刻不容緩之要務。智慧健康應用的感知層，可透過居家照護環境的感測器，建立個人居家行為的生理／環境數據資料庫，並藉此判斷個人行為與健康指數，再結合醫療系統的電子病歷，便可完整描述個人的生理特性與健康條件；智慧健康應用的網路層，可藉由各種智慧物件／家電之聯網技術互通有無，以達資訊通透之目的；透過智慧健康應用的感知層與網路層，每個人皆可享受到以人為本的醫療服務與無所不在的醫療照護，即使在不同的醫院就診，每個人皆可享受以人為本的無差別醫療服務與便利性。當醫療團體再與個人、居家、社區與社福機構結合，透過彼此的協同合作，如同在醫院與居家環境之間，搭起維護健康之橋梁，可提供個人、獨居者、老人、慢性病患、失能病患等弱勢族群更優質的居家醫療與照護。

15-6 習題

1. 請說明何謂物聯網。
2. 請說明雲端運算與物聯網的關係。
3. 請分別從物聯網的感知層、網路層及應用層來說明雲端在物聯網的運用。
4. 請說明何謂物聯雲。
5. 請說明智慧生活雲的架構。
6. 請說明智慧生活雲所提供的基礎設施即服務、平台即服務及軟體即服務三種服務模式。
7. 請說明何謂智慧家庭。
8. 請說明何謂智慧社區。
9. 請說明何謂智慧校園。
10.請說明何謂智慧電網。
11.請說明傳統電網與智慧電網的差異，並請說明推廣智慧電網所遇到的最大困難。
12.請說明智慧能源雲中感知層、網路層、應用層的運作內容。
13.請說明何謂智慧交通雲。
14.請說明智慧交通雲的普及化，將帶給現今交通什麼樣的影響。
15.請說明台灣 ITS 在智慧交通雲發展的 9 大服務領域。

16.請說明智慧健康雲中感知層、網路層、應用層的運作內容。

17.請說明智慧健康雲所提供的基礎設施即服務、平台即服務及軟體即服務三種服務模式。

18.請說明智慧健康雲的發展，將帶給現今醫療體系什麼影響。

參考文獻

1. 張志勇、翁仲銘、石貴平、廖文華，「物聯網概論」，碁峰資訊，2013。

2. 劉雲浩編著，「物聯網導論」，第二版，科學出版社，北京，2013。

3. C. C. Aggarwal, N. Ashish, and A. Sheth, "The Internet of Things: A Survey from the Data-Centric Perspective," Managing and Mining Sensor Data, Edited by C. C. Aggarwal, *Springer*, 2013.

4. L. Atzori, A. Iera, and G. Morabito, "The Internet of Things: A Survey," *Computer Networks*, Vol. 54, No. 15, pp. 2787-2805, 2010.

5. L. Atzori, A. Iera, and G. Morabito, "From "Smart Objects" to "Social Objects": The Next Evolutionary Step of the Internet of Things," *IEEE Communications Magazine*, Vol. 52, No. 1, pp. 97-105, 2014.

6. Z. Bi, L. D. Xu, and C. Wang, "Internet of Things for Enterprise Systems of Modern Manufacturing," *IEEE Transactions on Industrial Informatics*, Vol. 10, No. 2, pp. 1537-1546, 2014.

7. E. Borgia "The Internet of Things Vision: Key Features, Applications and Open Issues," *Computer Communications*, Vol. 54, pp. 1-31, 2014.

8. D. Boswarthick, O. Elloumi, and O. Hersent,（Editors）"M2M Communications: A Systems Approach," *Wiley*, 2012.

9. A. Botta, W. de Donato, V. Persico, and A. Pescapé, "Integration of Cloud Computing and Internet of Things: A Survey," *Future Generation Computer Systems*, In Press.

10.S. Chen, H. Xu, D. Liu, B. Hu, and H. Wang, "A Vision of IoT: Applications, Challenges, and Opportunities With China Perspective," *IEEE Internet of Things Journal*, Vol. 1, No. 4, pp. 349-359, 2014.

11.S. Cirani, L. Davoli, G. Ferrari, R. Leone, P. Medagliani, M. Picone, and L. Veltri, "A Scalable and Self-Configuring Architecture for Service Discovery in the Internet of Things," *IEEE Internet of Things Journal*, Vol. 1, No. 5, pp. 508-521, 2014.

12.M. C. Domingo, "An Overview of the Internet of Things for People with Disabilities," *Journal of Network and Computer Applications*, Vol. 35, No. 2, pp. 584-596, 2012.

13. A. Gluhak, S. Krco, M. Nati, D. Pfisterer, N. Mitton, and T. Razafindralambo, "A Survey on Facilities for Experimental Internet of Things Research," *IEEE Communications Magazine*, Vol. 49, No. 11, pp. 58-67, 2011.

14. J. Gubbi and R. Buyya, "Internet of Things（IoT）: A Vision, Architectural Elements, and Future Directions," *Future Generation Computer Systems*, Vol. 29, No. 7, pp. 1645-1660, 2013.

15. O. Hersent, D. Boswarthick, and O. Elloumi, "The Internet of Things: Key Applications and Protocols," 2nd Edition, *Wiley*, 2012.

16. L. Jiang, L. D. Xu, H. Cai, Z. Jiang, F. Bu, and B. Xu, "An IoT-Oriented Data Storage Framework in Cloud Computing Platform," *IEEE Transactions on Industrial Informatics*, Vol. 10, No. 2, pp. 1443-1451, 2014.

17. J. Jin, J. Gubbi, S. Marusic, M. Palaniswami, "An Information Framework for Creating a Smart City Through Internet of Things," *IEEE Internet of Things Journal*, Vol. 1, No. 2, pp. 112-121, 2014.

18. S. Kalra and S. K. Sood, "Secure Authentication Scheme for IoT and Cloud Servers," *Pervasive and Mobile Computing*, In Press.

19. B. Kantarci and H. T. Mouftah, "Trustworthy Sensing for Public Safety in Cloud-Centric Internet of Things," *IEEE Internet of Things Journal*, Vol. 1, No. 4, pp. 360-368, 2014.

20. S. L. Keoh, S. S. Kumar, and H. Tschofenig, "Securing the Internet of Things: A Standardization Perspective," *IEEE Internet of Things Journal*, Vol. 1, No. 3, pp. 265-275, 2014.

21. I. Lee and K. Lee, "The Internet of Things（IoT）: Applications, Investments, and Challenges for Enterprises," *Business Horizons*, Vol. 58, No. 4, pp. 431-440. 2015.

22. W. Lumpkins, "The Internet of Things Meets Cloud Computing," *IEEE Consumer Electronics Magazine*, Vol. 2, No. 2, pp. 47-51, 2013.

23. A. M. Ortiz, D. Hussein, S. Park, S. N. Han, and N. Crespi, "The Cluster between Internet of Things and Social Networks: Review and Research Challenges," *IEEE Internet of Things Journal*, Vol. 1, No. 3, pp. 206-215, 2014.

24. M. R. Palattella, N. Accettura, X. Vilajosana, T. Watteyne, L. A. Grieco, G. Boggia, and M. Dohler, "Standardized Protocol Stack for the Internet of（Important）Things," *IEEE Communications Surveys & Tutorials*, Vol. 15, No. 3, pp. 1389-1406, 2013.

25. C. Perera, C. H. Liu, S. Jayawardena, and M. Chen, "A Survey on Internet of Things from Industrial Market Perspective," *IEEE Access*, Vol. 2, pp. 1660-1679, 2015.

26. C. Perera, A. Zaslavsky, P. Christen, and D. Georgakopoulos, "Context Aware Computing for The Internet of Things: A Survey," *IEEE Communications Surveys & Tutorials*, Vol. 16, No. 1, pp. 414-

454, 2014.

27. P. Persson and O. Angelsmark, "Calvin - Merging Cloud and IoT," *Procedia Computer Science*, Vol. 52, pp. 210-217, 2015.

28. S. Savazzi, V. Rampa, and U. Spagnolini, "Wireless Cloud Networks for the Factory of Things: Connectivity Modeling and Layout Design," *IEEE Internet of Things Journal*, Vol. 1, No. 2, pp. 180-195, 2014.

29. J. A. Stankovic, "Research Directions for the Internet of Things," *IEEE Internet of Things Journal*, Vol. 1, No. 1, pp. 3-9, 2014.

30. F. Tao, Y. Cheng, L. D. Xu, L. Zhang, and B. H. Li, "CCIoT-CMfg: Cloud Computing and Internet of Things-Based Cloud Manufacturing Service System," *IEEE Transactions on Industrial Informatics*, Vol. 10, No. 2, pp. 1435-1442, 2014.

31. C.-W. Tsai, C.-F. Lai, M.-C. Chiang, and L. T. Yang, "Data Mining for Internet of Things: A Survey," *IEEE Communications Surveys & Tutorials*, Vol. 16, No. 1, pp. 77-97, 2014.

32. D. Uckelmann, M. Harrison, and F. Michahelles（Eds.）, "Architecting the Internet of Things," *Springer*, 2011.

33. Q. Wu, G. Ding, Y. Xu, S. Feng, Z. Du, J. Wang, and K. Long, "Cognitive Internet of Things: A New Paradigm Beyond Connection," *IEEE Internet of Things Journal*, Vol. 1, No. 2, pp. 129-143, 2014.

34. H. Yue, L. Guo, R. Li, H. Asaeda, and Y. Fang, "DataClouds: Enabling Community-Based Data-Centric Services Over the Internet of Things," *IEEE Internet of Things Journal*, Vol. 1, No. 5, pp. 472-482, 2014.

35. A. Zanella, N. Bui, A. Castellani, L. Vangelista, and M. Zorzi, "Internet of Things for Smart Cities," *IEEE Internet of Things Journal*, Vol. 1, No. 1, pp. 22-32, 2014.

36. http://www.ithome.com.tw/news/90459（iThome）

37. http://farmer.iyard.org/jwj/paper/cloud-12.pdf（農業世界雜誌 360 期 92-99 頁）

38. https://www.moeaidb.gov.tw/（經濟部工業局 - 智慧生活應用推動計畫）

39. http://www.smart-grid.org.tw/content/smart_grid/smart_grid.aspx

40. http://www.ndc.gov.tw/att/files/ 智慧能源總體規劃方案 .pdf

41. http://energymonthly.tier.org.tw/report/201109/10009.pdf

42. http://nfuee.nfu.edu.tw/ezfiles/42/1042/attach/48/pta_17110_4044407_03640.pdf

43. http://www.npa.gov.tw/（台灣內政部警政署）

44. http://www.digitimes.com.tw/tw/things/

45. http://www.its-taiwan.org.tw/C/Home.aspx（中華智慧運輸協會）

46.http://www.ibm.com/smarterplanet/tw/zh/healthcare_solutions/overview/

47.http://www.qidic.com/18214.html

48.http://www.ithome.com.tw/news/87822

49.http://www.ithome.com.tw/article/91038

索引

英文索引

中文索引

國家圖書館出版品預行編目資料

雲端運算概論／廖文華，張志勇，蒯思齊著
著. ——二版.——臺北市：五南圖書出版
股份有限公司，2021.02
面；　公分
ISBN 978-986-522-418-9 (平裝)

1.雲端運算

312.136　　　　　　　　　　109021408

5DF3

雲端運算概論

作　　　者 — 廖文華(334.9)、張志勇、蒯思齊

發 行 人 — 楊榮川

總 經 理 — 楊士清

總 編 輯 — 楊秀麗

副總編輯 — 王正華

責任編輯 — 金明芬

封面設計 — 郭佳慈

出 版 者 — 五南圖書出版股份有限公司

地　　　址：106台北市大安區和平東路二段339號4樓

電　　　話：(02)2705-5066　　傳　　　真：(02)2706-6100

網　　　址：https://www.wunan.com.tw

電子郵件：wunan@wunan.com.tw

劃撥帳號：01068953

戶　　　名：五南圖書出版股份有限公司

法律顧問　林勝安律師事務所　林勝安律師

出版日期　2016年4月初版一刷
　　　　　2021年2月二版一刷

定　　　價　新臺幣600元

經典永恆・名著常在

五十週年的獻禮 —— 經典名著文庫

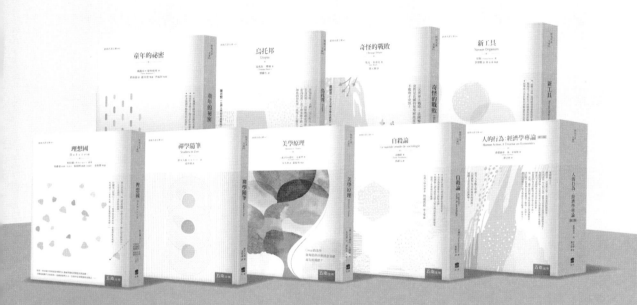

五南，五十年了，半個世紀，人生旅程的一大半，走過來了。

思索著，邁向百年的未來歷程，能為知識界、文化學術界作些什麼？

在速食文化的生態下，有什麼值得讓人雋永品味的？

歷代經典・當今名著，經過時間的洗禮，千錘百鍊，流傳至今，光芒耀人；

不僅使我們能領悟前人的智慧，同時也增深加廣我們思考的深度與視野。

我們決心投入巨資，有計畫的系統梳選，成立「經典名著文庫」，

希望收入古今中外思想性的、充滿睿智與獨見的經典、名著。

這是一項理想性的、永續性的巨大出版工程。

不在意讀者的眾寡，只考慮它的學術價值，力求完整展現先哲思想的軌跡；

為知識界開啟一片智慧之窗，營造一座百花綻放的世界文明公園，

任君遨遊、取菁吸蜜、嘉惠學子！